未读 | 探索家

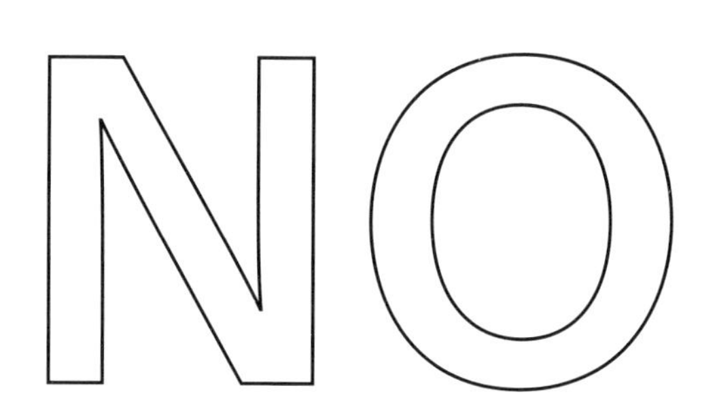
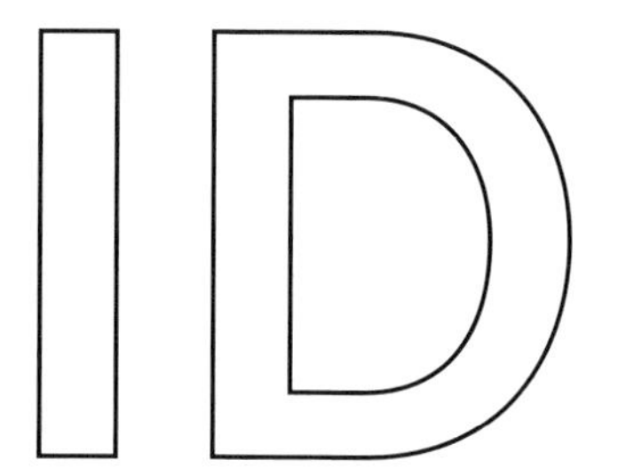
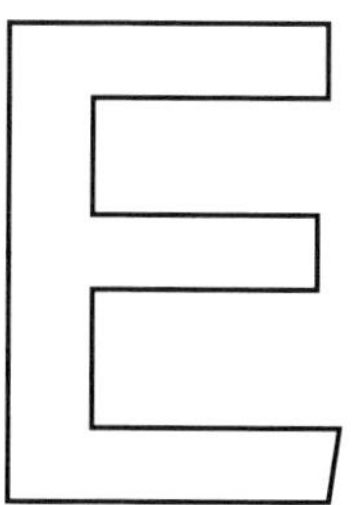

一想到还有95%的问题留给人类，我就放心了

[巴拿马] 豪尔赫·陈 [美] 丹尼尔·怀特森——著

苟利军 张晓佳 郝小楠 等——译

Jorge Cham

Daniel Whiteson

北京联合出版公司
Beijing United Publishing Co., Ltd.

献给我的女儿艾莉诺。

—— 豪尔赫·陈

献给我的家人，

我人生的每一个篇章都得到了他们的支持，

包括讲不好俏皮话的部分。

—— 丹尼尔·怀特森

目　录
Contents

前 言

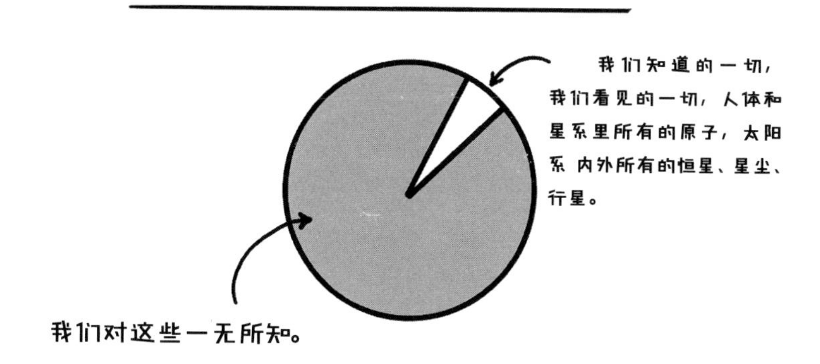

你想知道宇宙从何而来吗？你想知道宇宙是由什么组成的吗？你想知道宇宙最终会如何吗？你想知道时间和空间从何而来吗？你想了解我们在宇宙中是否孤单吗？

很遗憾！这本书不会告诉你任何答案。相反，这本书写的全都是宇宙中我们不知道的事情。你可能以为这些重大问题的答案科学家已经知道了，但事实并非如此。

我们时常会听到这样的新闻：某个重大的发现回答了有关宇宙的一个深刻问题。但是有多少人在此之前就知道这些问题呢？还有多少重大问题还没有答案？这就是我们写这本书的目的，我们想给你介绍一下这些悬而未决的问题。

在每章，我们都会告诉你一个重要的宇宙谜题，和你聊聊它的神秘之处。看完这本书，你会发现，认为人类已经了解了宇宙是多么荒唐的想法。从好的方面看，你至少能得到一点启示。你会知道为什么人类至今对这么多东西一无所知。

我们写这本书并不是为了让你心灰意冷，我们想让你知道还有这么多未知领域等待探索，我们希望你为此而兴奋。对每一个宇宙之谜，我们都会告诉你答案对人类的意义，以及未知背后令人惊奇的事实。我们会告诉你如何从不同的角度看待世界。通过了解自身的无知，我们会明白，未来充满了各种神奇的可能。

系好安全带，坐舒服了，准备探索人类的无知吧！发现之旅的第一步就是了解我们还不知道什么。在这之后，我们将开启穿越宇宙最大谜团的旅程。

第1章
宇宙是由什么组成的?

你将发现自己
其实非常古怪、非常特别

如果你是一个人（从现在开始我们将一直这么假设），那么你大概会对周围的世界忍不住有些好奇。这是人性，也是你选择阅读此书的一个原因。

这不是一种新的感受。有史以来，人们一直想知道某些问题的答案，这些问题关乎我们周围这个世界的根本，我们对此产生好奇是非常合理的——

宇宙是由什么组成的?

大块的石头是由小块石头组成的吗?

为什么我们不能吃石头?

如果我变成一只蝙蝠会怎样？[1]

1　根据美国哲学家托马斯·内格尔(Thomas Nagel)所言，这个问题是有史以来最为广泛引用的哲学论文题目。剧透：答案是“我们永远无从得知”。（这个有点类似庄子的“子非鱼”的故事。——译者）

第一个问题——宇宙是由什么组成的？——是个很大的问题。这不是因为这个话题很大（它不会变得比宇宙还大），而是因为这与所有人相关。这就好像是在问你房子里面的每件东西（包括你自己）是由什么组成的。你不需要丰富的数学或物理知识，就能明白这个问题影响着我们每一个人。

宇宙是由什么组成的？如果你是第一个试图回答这个问题的人，那么从最简单、最自然的想法开始思考会是个好主意。比如，你或许会说，宇宙是由我们能看见的东西组成的，于是你可以通过一张列表回答这个问题。这张列表或许是这样开头的：

宇宙

- 我
- 你
- 那块石头
- 另一块石头
- 那边那些石头
- 等等

但这个方法有很大的问题。你的列表会非常非常长，因为它需要包括宇宙中每个行星上的每块石头，还要包括你的这份列表本身（它也是宇宙的一部分）。如果你要用这张列表列出所有物体及其内部成分，那么它会无限长。如果你不需要列出物体的内部成分，那么这张表说不定只包含一项：“宇宙”。显然，不管你怎么做，这个方法都有很大的问题。

但更重要的是，列表并不能真正找到那个问题的答案。让人满意的答案不仅会记录我们眼中物质世界的复杂性——我们四周有无限多种类的东西——还会为我们进行简化。这正是元素周期表（就是那个包含氧、铁、碳等元素的表格）的重要之处。人们看见、摸到、尝到[1]，或者丢给伙伴的每一个东西，全

1 是的，包括三年级的时候，你朋友品尝的那只蜥蜴。

都基于元素周期表中的这些基本元素。它揭示了一点：宇宙的构成原理和乐高差不多。利用一堆小塑料块，你可以搭出玩具恐龙、飞机、海盗，或者创造一种你自己假想的会飞的恐龙海盗。

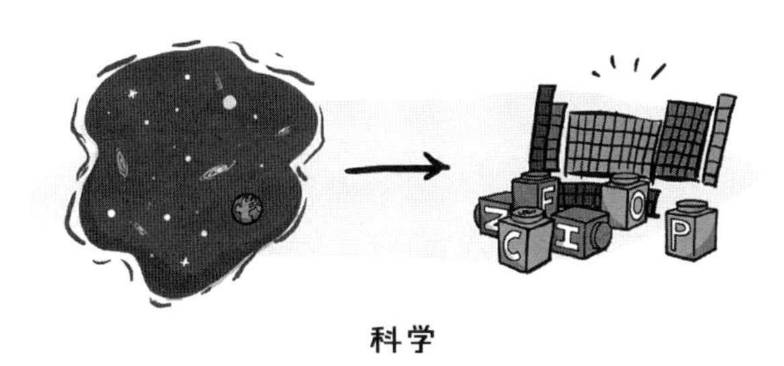

科学

像乐高一样，积木（元素）能组建宇宙里的许多东西：恒星、岩石、尘埃、冰激凌、羊驼。复杂物体是由简单的物体排列组合起来的，通过简单的例子，我们会更深刻地理解这个组织原理。

可是，宇宙为什么遵循这种乐高式的组织原理呢？我们无从确定宇宙真的可以简化成积木。据原始人时代的科学家所知，这个世界或许在以许多不同的方式运转。原始人奥克（Ook）和古可（Groog）根据经验总结理论，而他们的经验其实可以有很多种解释，每种解释对应不同的宇宙观。

也许，东西的种类是无穷的。在这样一个宇宙里，石头可能是由石头元素粒子构成；空气可能是由空气元素粒子构成；大象可能是由大象元素粒子（让我们称它们为小小象）构成。这样一想，元素周期表会包含无数个元素。

也许事情更加奇怪，我们可能生活在另一个宇宙，那里的东西根本不是由

最早的物理学家

微小粒子构成的。石头就是石头，我们可以无休止地把一块石头切成更小块的石头，只要你能找到足够锋利的刀。

这两种想法都可以解释奥克和古可教授在他们著名的岩石爆炸试验中收集到的数据。我们之所以提到了这些可能性，可不是因为我们认为宇宙就是这样的。我们只是在提醒你，我们所感知的这部分宇宙有可能是这样的，而宇宙中我们还未曾探索过的其他物质也有可能是这样的。

因此，在这本书里发现宇宙的未解之谜时，你应该感到鼓舞和激动，而不是变得沮丧和消沉。这将告诉我们，还有多少未知等待着我们去探索和发现。

在我们了解和喜爱的宇宙中，我们周围的事物看起来好像是由微小的粒子组成的。经过几千年的思考和研究，人们有了靠谱的物质理论[1]。从奥克和古可的第一个试验到现在，人们已经突破了元素周期表的尺度，看到了原子的内部情况。

据我们所知，物质是由元素周期表中这些元素的原子组成的。每个原子都有一个核，核周围是电子云。原子核包含质子和中子，它们由上夸克和下夸克组成。因此，有了上夸克、下夸克和电子，我们就能制造元素周期表中的任何元素。这可太棒了！我们把无穷无尽的宇宙成分列表简化为元素周期表，又进

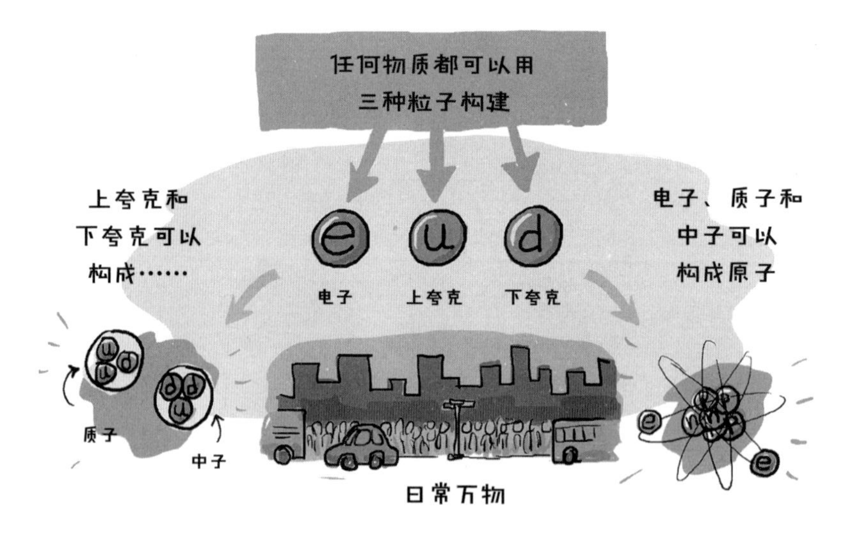

1 以试验、数据和实验为基础的现代科学只有几百年的历史，但是人们思考这些问题的历史已经有几千年了。

一步简化为三个粒子。我们看见的、摸到的、闻到的，还有用脚趾碰到的一切都能用这三个最小的积木构建起来。祝贺！这是千万个聪明的大脑共同的成就。

但是，尽管人类为此感到自豪，但是从两个非常重要的方面而言，这个结论还不完整。

第一，粒子还有其他类型，并不是只有电子和两种夸克。尽管构成普通物质仅仅需要这三种粒子，但是在 20 世纪，粒子物理学家们已经发现了其他九种物质粒子和五种传递力的粒子。这些粒子有的非常奇怪。比如，幽灵般的中微子可以穿过几万亿千米长的铅块，而不和其他粒子相撞[1]。对中微子来说，铅块就是透明的。其他的粒子与这三种构成物质的粒子非常相似，但是它们却非常非常重。

为什么会有这些额外的粒子？它们是用来干什么的？谁把它们“邀请”来的？还有多少种其他类型的粒子呢？我们不知道，我们无从得知。在第 4 章，我们会详细讨论一部分奇怪的粒子和它们身上有趣的模式。

第二，虽然三种粒子就可以构成恒星、行星、彗星和腌菜，但人们发现这些东西仅仅只占宇宙质量的很小一部分。我们所知道的唯一的物质，我们觉得很普通的物质，其实极不寻常。在宇宙的一切东西（包括物质和能量）当中，这种物质大约只占总量的 5%。

宇宙中其余的 95% 是由什么组成的？我们不知道。

我们可以用饼图来概括一下，你翻到下一页就能看到它。

那幅饼图看起来相当神秘。我们仅仅了解宇宙中的 5%，其中包括恒星、行星，还有这些星球上的一切。有 27% 的东西被我们称为“暗物质”。宇宙中剩余的 68% 是一些我们完全搞不懂的东西。物理学家称之为“暗能量”，我们

1　这是我们想象的。没有人可以真的做出这项实验。

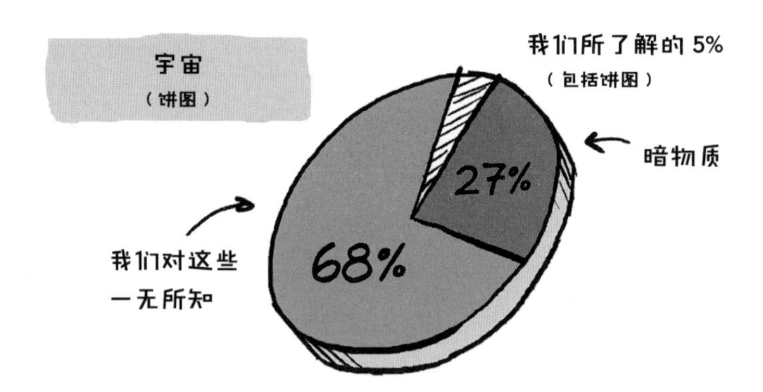

认为是它使宇宙膨胀，除此之外，我们对它一无所知。我们将会在后面讲解暗物质和暗能量的概念，以及我们是如何得到这些确切数字的。

还有更糟的：在那 5% 中，仍然有很多我们不清楚的东西。（还记得那些额外粒子吗？）在某些情况下，我们甚至不知道该如何提问，才有助于揭开谜团。

这就是人类所处的位置。在几段文字之前，仅仅因为我们简单概括了已知的物质，我们就觉得人类的智慧在探索中获得了不可思议的成就。现在看起来，我们祝贺得太早了，因为大部分的宇宙是由其他东西构成的。打个比方：几千年来人们一直在研究一头大象，却突然发现大家一直在看的东西仅仅是它的尾巴！

知道了这个之后，你或许有点失望。也许你曾认为，人类对物质世界的了解和掌控已经达到了巅峰。（我们连扫地机器人都有了啊！）但你千万不要把这当作一件令人失望的事。这应该是一个难得的机会，一个可以让你探索、学习和获得见识的机会。如果人类仅仅开发了地球上 5% 的土地，你会怎样想？如果你只尝过世界上 5% 的冰激凌口味，你会怎样想？你内心的科学家像渴望冰激凌一样渴望谜底，为潜在的新发现感到激动。

回想一下，你上小学的时候一定在历史课上听到过伟大探险家的冒险故事。他们向着未知的世界前进，然后发现了新大陆，最终描绘了世界地图。如果你曾觉得这听起来很令人兴奋，那么现在你或许已经感觉到了失落，因为所有的大陆都已经被发现了，所有的小岛都已经被命名了。在这个卫星和 GPS 导航的时代，对新世界的探索似乎已经离我们远去。然而，好消息是事情其实并非如此。

我们还有很多很多要探索的东西。事实上，人类刚刚开启一个全新的探索时代。在这个我们刚刚进入的时代，我们对宇宙的理解很可能会被重新定义。一方面，我们知道自己所知甚少（还记得 5% 吗？），因此我们大概知道该提出什么样的问题。另外，我们正在建造一些了不起的新工具，比如大功率的新粒子对撞机、引力波探测器，还有望远镜，它们会帮助我们找到答案。而现在，一切都在按照预想发展。

激动人心的是，科学的谜团有确切的答案，我们只是暂时不知道而已。有些问题的答案有可能在我们的有生之年变得明确。比如——在地球之外有没有智能生物？这个问题应该是有答案的。马尔德（Mulder）[1] 是对的：真相就在那里。这类问题的答案会从根本上改变我们对这个世界的认识。

科学的历史就是变革的历史，人类一次又一次突破狭隘的视角，发现世界的真相。地球是平的，太阳系以地球为中心，宇宙以恒星和行星为主——这些观点在很久以前都是合情合理的，但是现在我们觉得它们十分低级。可以肯定的是，在不远的将来还会有更多变革，我们现在所接受的一些重要观点，比如相对论和量子物理，可能被令人兴奋的新想法所颠覆并取代。200 年之后的人看我们，就像我们现在看原始人。

人类理解宇宙的旅程远远没有结束，这也是你的旅程。我们保证这趟行程比馅饼还要棒。

1 马尔德是科幻片《X 档案》中的角色。——译者

第2章
暗物质是什么？

你现在就在暗物质中畅游

根据我们有限的知识，宇宙中物质和能量的比例是这样的：

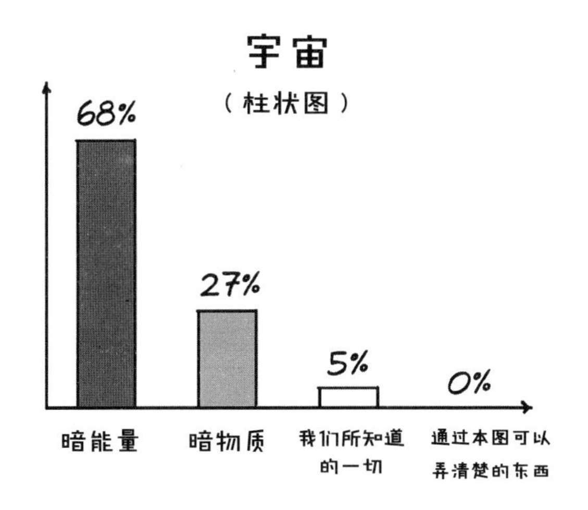

物理学家相信，在已知宇宙的物质和能量中，有27%是所谓的“暗物质”，这个比例令人吃惊。这意味着宇宙中的大部分物质不是人们已经研究了几个世纪的东西。这种神秘物质是我们熟悉的普通物质的5倍之多。事实上，说我们的物质“普通”并不公平，因为它们在宇宙中其实相当罕见。

那么暗物质是什么？它危险吗？它会把你的衣服弄脏吗？我们怎么知道它存在呢？

暗物质无处不在。事实上，你现在就在暗物质中畅游。暗物质的存在于20世纪20年代最早被人提起，但直到20世纪60年代才真正引起注意，因为那时的天文学家发现，星系的自转和质量令人困惑。

我们怎么知道暗物质存在？

星系自转

为了理解暗物质和星系自转的联系，你可以想象一整袋放在转盘上的乒乓球，如果转盘转动，你一定能想象出乒乓球会如何从边缘被甩出去。自转的星系差不多就是这个样子[1]。因为星系在旋转，所以里面的恒星有被甩出去的趋势。把它们束缚在一起的东西只有星系里这些物质产生的引力（引力把有质量的东西拉到一起）。星系自转越快，就需要越多的质量来拉住这些恒星。反过来讲，知道了星系的质量，你就能推测星系的自转有多快。

一开始，天文学家尝试通过星系中恒星的数量猜测星系的质量。但是，当他们用这个数字计算星系的自转速度时，有些东西就对不上了。测量显示，从恒星数量推测出的转动速度低于星系实际的转动速度。换句话说，这些恒星本应从星系的边缘飞出去，就像转盘上的乒乓球。为了让这个速度合理，天文学家必须在计算中让星系大大增加质量，这样才能把这些恒星拉拢在一起。但是人们看不见这些额外的质量从何而来。如果每个星系都有某种很重的东西，但是这种东西不可见，那么事情就说得通了。

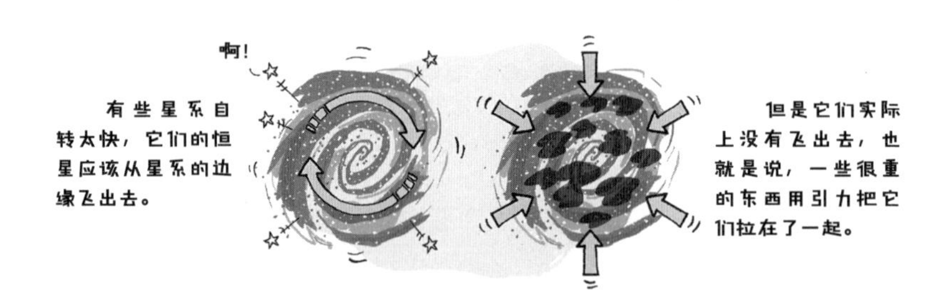

这个推断非常特别。著名的天文学家卡尔·萨根（Carl Sagan）曾经说过："特别的推断需要特别的证据。"因此，这个奇怪的难题在天文学界存在了数十年，一直没有得到解答。随着时间的推移，越来越多的人接受了这种神秘、不可见，还很重的东西（暗物质）的存在。

1 尽管星系通常要比转盘大很多。

引力透镜

有一个重要的线索使科学家相信暗物质真的存在，那就是暗物质使光线弯曲的观测现象。所谓的引力透镜，说的就是这个。天文学家有时会在天文观测中发现一些奇怪的东西。他们会在某一个方向上看到一个星系的图像，这倒没有什么奇怪的。但是，稍微移动一下望远镜，他们就会看见另外一个一模一样的星系，两个星系的形状、颜色、光线都一样，天文学家确定它们是同一个星系[1]。但是这怎么可能呢？同样的星系怎么可能在天空中出现两次？

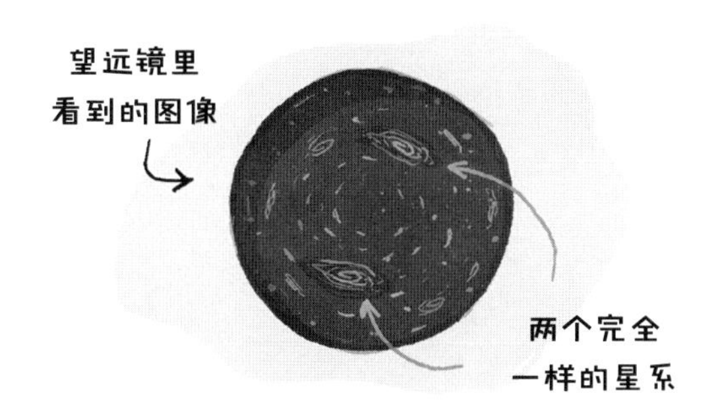

如果有某种非常重（而且不可见）的东西处在你和这个星系之间，那么这种现象就有了合理的解释：这个不可见的重块充当了一个巨型透镜，弯曲了从星系发出的光线，从而使光线看似来自两个方向。

你可以想象一下光线从星系各个方向发出的样子。现在，画两个光粒子，也就是所谓的光子，让它们从星系出发，然后朝着你的身体两侧飞去。如果在你和星系之间有某种非常重的东西，那么天体的引力会扭曲它周围的空间，使光粒子的运动轨迹发生弯曲并且朝向你。[2]

在地球上，你从望远镜里看到同一个星系的两个像，它们来自两个不同方向。这种效应在整个夜空中到处都是，非常重的不可见物质似乎无处不在。暗物质的存在不再是一个疯狂的想法。无论看向哪里，我们都能找到它存在的证据。

1　这个说法不太严谨。通常说来，引力透镜形成的两个星系图像的形状差别很大，天文学家主要依靠光谱认证两个像来自同一个星系。——译者

2　引力引起光线弯曲是由爱因斯坦推测出的，后来得到了证明，所以人们说他是一个非常聪明的人。

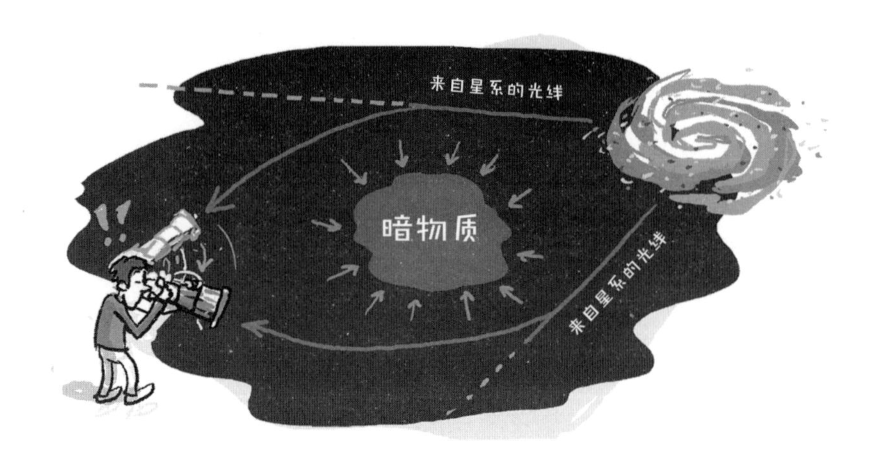

碰撞的星系

关于暗物质的存在，最令人信服的证据来自人们观测到的一次大规模星系碰撞。几百万年前，两个星系团冲向对方，发生了“史诗级”碰撞。我们不可能看到这次碰撞，但是这个过程发出的光要花几百万年才能到达地球，我们可以舒服地坐在这里观看结局。

当两个星系团碰撞时，它们的气体和尘埃会呈现壮观的景象。在巨大的爆炸中，巨大的尘埃云被撕裂。这是一场带有特殊效果的“豪华演出”。你可以想象两大堆水气球以近乎疯狂的高速撞向对方，那景象或许能帮助你想象星系团的碰撞。

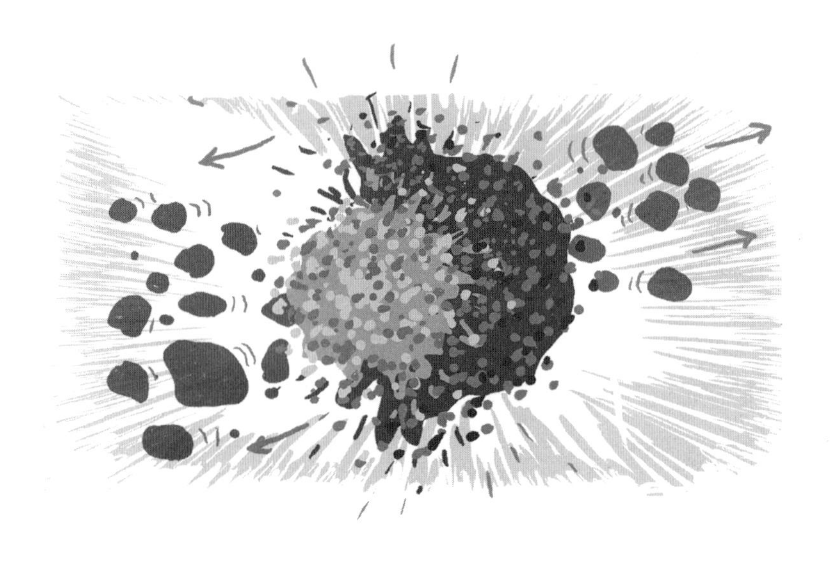

但是天文学家注意到了另一个现象。在碰撞地点附近，他们发现了两团巨大的暗物质。当然，暗物质是不可见的，但是天文学家发现，附近星系发出的光被暗物质团块扭曲了，这就证明了暗物质的存在。这两团暗物质沿着碰撞的方向运动，好像什么事都没发生过。

天文学家把这些信息放到一起，梳理了一番。曾经有两个星系团，每一个都包含常规物质（主要是气体、尘埃、恒星）和暗物质。当两个星系团碰撞时，大部分的气体和尘埃撞到了一起（你能想象的普通物质当然会这样）。但是暗物质撞进另外一团暗物质中会怎样呢？人们什么都探测不到！暗物质团块会继续运动，穿过对方，就好像它们都是透明的。两堆恒星也会互相穿过，但那是因为它们在太空中太稀疏了。

比许多星系还大的巨大物质团块就这样互相穿过了。从本质上讲，碰撞将星系中的气体和尘埃剥离了。

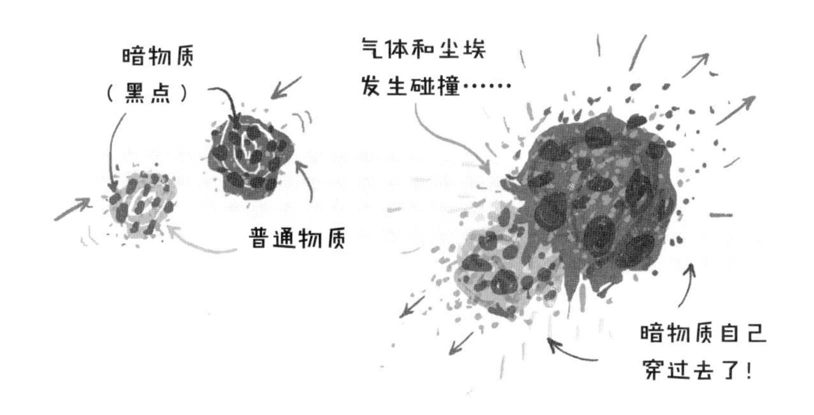

关于暗物质，我们知道什么？

暗物质肯定是存在的，而且它很奇怪，和我们所熟悉的东西不太一样。关于暗物质，我们知道：

- 它有质量。
- 它不可见。

· 它喜欢和星系待在一起。

· 普通物质碰不到它。

· 其他暗物质也接触不到它。[1]

· 它的名字很酷。

至此，你或许在想，天哪，我要是由暗物质构成的就好了，我会成为一个了不起的超级英雄。难道不是吗？好吧，也许只有我们这样想。

关于暗物质，我们还知道一点，那就是它并非躲在远处。暗物质倾向于聚集在一起，形成一个大质量团块，并且飘浮在宇宙空间中，和星系在一起。这意味着，此时此刻你很可能就待在暗物质中。而就在你看书时，暗物质很可能正在穿过书和你。但是，如果它就在我们周围，为什么它还是个谜？为什么我们无法看见和触摸不到暗物质？一件东西明明就在那里，我们却看不到，这怎么可能呢？

研究暗物质非常困难，因为我们和它没有多少相互作用。我们看不见它（所以它“暗”），但是我们知道它有质量（所以它是“物质”）。为了解释这一切，我们先回顾一下普通的物质是如何相互作用的。

物质如何相互作用？

物质的相互作用有四种主要方式。

（万有）引力

如果两个东西有质量，那么它们就会对彼此有这种吸引力。

电磁力

如果两个粒子带有电荷，那么这两个粒子之间就会产生电磁力。这种力可以让它们相互吸引，也可以让它们相互排斥，这取决于两个电荷的电性。

1 暗物质也许能通过某种未知的新力感觉到自己被别的东西穿过。

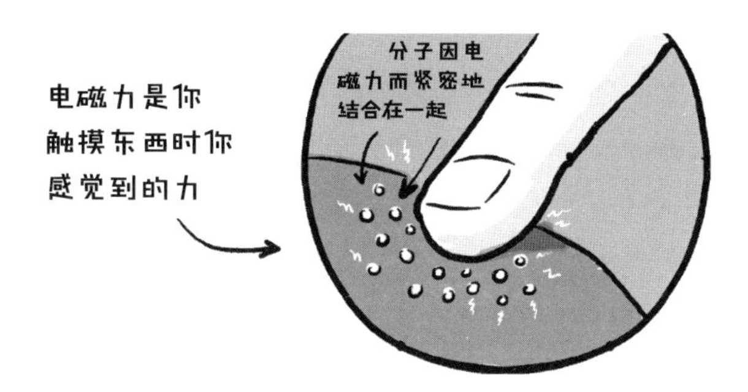

实际上，你每天都会在生活中感受到这种力。你用手按住这本书，这本书并不会被压垮，你的手也不会穿过纸张，因为书的分子通过电磁力的作用紧密结合在了一起，同时会排斥你的手。

电磁作用和光、电、磁有关。后面我们还会谈到光，以及粒子和力的深层联系。

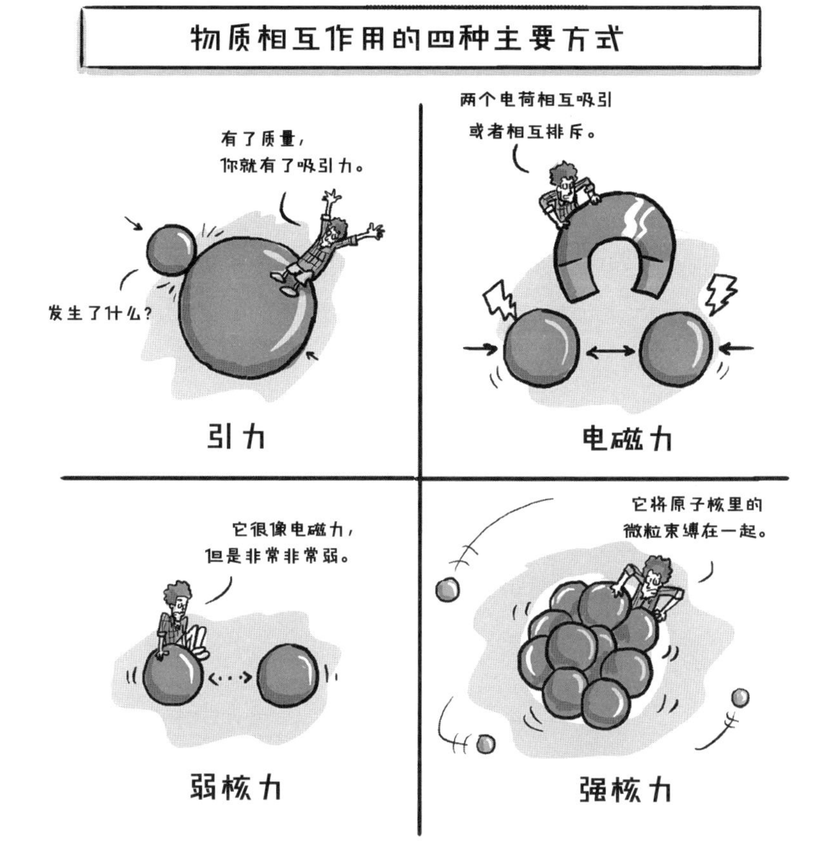

弱核力

这种力在很多方面和电磁力相似，但它弱得多。比如，中微子就是通过这种力与其他粒子（微弱地）相互作用的。在能量非常高时，这种很弱的力会变得像电磁力一样强。事实上，这一点已经得到了证实，就是这种弱作用组成了电磁作用。

强核力

这是在原子核内把质子和中子黏在一起的力。没有了它，原子核内带有正电荷的质子会互相排斥，最后四散而逃。

暗物质如何相互作用?

需要注意的一个重点是，我们这是在描述这几个力。在某种程度上，物理学和植物学相似。我们目前还不知道这些力为什么会存在。我们只是记下了我们观察到的情况，我们甚至不知道这个列表是否完整。但是，到目前为止，我们能够用这四种力解释粒子物理中的每个实验。

那么，为什么暗物质这么暗呢？好吧，暗物质有质量，所以它有引力。但是关于它的作用，我们能够确定的信息也只有这些了。目前，我们认为它不参与电磁作用，不会反射或者发出光线，因此我们很难直接看到它。暗物质似乎也没有弱核力和强核力。

除了某种我们还未发现的新作用，任何机制都不能使暗物质与望远镜、探测器，还有我们的身体接触。这使它非常难以研究。

在已知物体相互作用的四种基本力中，我们唯一确定与暗物质相关的只有引力。这就是暗物质中“物质”两个字的来源。暗物质是物质，它有质量，所以它有引力。

我们如何研究暗物质？

但愿我们已经让你相信了暗物质的存在。肯定有某种东西在那里，使得恒星不会飞离星系，飞向空旷的太空，它弯曲了星系发出的光线，在宇宙碰撞中全身而退，就像慢镜头中的动作英雄头也不回地离开汽车爆炸现场。暗物质就是那么酷。

但是这里还有问题：暗物质是由什么构成的？对于宇宙的构成，我们只研究了最简单的 5%。我们不能假装知道答案。我们无法忽视比例高达 27% 的暗物质。简单地说，我们还是不太清楚暗物质到底是什么。我们知道它存在、知道它的个头，也知道它的大概位置，但是我们不知道它是由什么类型的粒子构成的，我们甚至不知道它是否由粒子构成的。从一种不寻常的物质推测整个宇宙时[1]，我们需要特别小心。要想发现真相，真正了解宇宙以及我们在宇宙中的位置，我们必须保持开放的心态。

为了取得进展，我们需要检验一些特定的想法，验证这些想法的推论，还要设计实验进行测试。暗物质说不定是跳着舞的紫色宇宙大象，它由一种不可探测的怪诞新粒子组成——你可以这样想，但这太难验证了，因此它在科学上不是首选项。[2]

1　也许你今天午餐吃的是奶酪三明治，但这并不意味着所有的午餐都是奶酪三明治。

2　尽管在我们写这本书的日子里，科学基金还是无法预测的东西。

一种简单而具体的想法是，暗物质由一种新型粒子构成，它们以新的作用力极度微弱地与普通物质相互作用。人们为什么猜暗物质只包含一种新型的粒子？因为这样最简单，这样的想法适合优先得到检验。暗物质完全有可能由好几种粒子构成，就像普通物质一样。这些暗粒子可能有各种各样有趣的作用力，可能产生暗化学反应，也许还有暗生物过程、暗生命、暗火鸡（这是个恐怖的想法）。

这个候选粒子被大家称为 WIMP（Weakly Interacting Massive Particle），意思是弱相互作用大质量粒子（也就是与常规物质发生微弱作用的某种有质量的东西）。我们猜测它通过一种新的力与我们这种类型的物质相互作用，这种作用非常非常小，差不多发生在中微子的级别上。有一阵子，人们还考虑了其他想法，比如，暗物质也许是由普通物质构成的巨大团块（有木星那么大）。人们称这种东西为 MACHO （Massive Astrophysical Compact Halo Objects，大质量致密晕天体）。

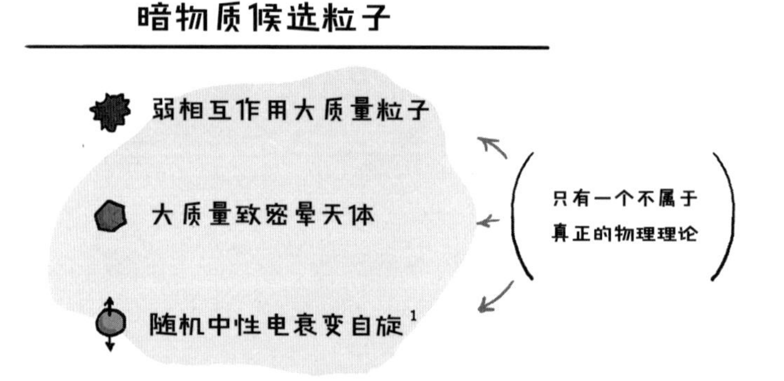

我们怎么知道暗物质粒子通过引力之外的其他力与普通物质发生作用？我们其实不知道，但我们希望它们是这样的，因为那样它们就比较容易被探测到了。因此，在我们开始几乎不可能完成的实验之前，我们先试着做了一些非常困难的实验。

物理学家已经设计了一些探测假想暗物质粒子的实验。一个经典的策略就是将一个容器装满被压缩的低温惰性气体，容器四周全是探测器，一旦气体中

1　Neutral Electric Random Decay Spin， 缩写为 NERDS，在英文里正好是书呆子的意思。此处是作者开的一个小玩笑。——译者

的一个原子被暗物质撞上，探测器就会响起。迄今为止，这类实验还没有找到任何暗物质，但是相关设备在近期才变得够大、够灵敏，有希望探测到暗物质。

另外一个方法是用高能粒子对撞机来制造暗物质，让普通物质粒子（质子或电子）疯狂加速，然后让它们撞到一起。对撞本身就已经非常精彩了，而且还能探索宇宙中的新粒子。这是因为对撞能把一种物质转变成其他类别的物质。在对撞中，粒子并非通过内部的重新排列呈现新的形态，而是消灭了旧的物质，产生了新的物质。这很像亚原子层面上的炼金术（我们没有开玩笑）。这意味着，在某些条件下，你几乎可以制造任何可能存在的粒子，而且不用事先知道你在寻找什么。科学家正在研究这种碰撞，希望找到暗物质粒子产生的证据。

第三个方法是把望远镜对准我们认为暗物质高度集中的地方，其中离我们最近的是银河系的中心，那里似乎有很大一块暗物质。这里的思路是：两个暗物质粒子可能会随机碰撞并因此毁灭。如果暗物质能够通过某种方式与自身发生作用，那么暗物质粒子就能通过碰撞转变成普通物质的粒子，正如两个普通物质粒子能碰撞产生暗物质一样[1]。如果这样的反应发生得足够频繁，那么由此产生的普通物质粒子就会满足特别的能量和位置分布。我们可以通过望远镜找出很可能是来自暗物质的碰撞。但是，要搞清楚这个，我们需要知道星系中心正在发生的很多事情，那是另一组谜团。

暗物质有什么重要之处？

目前，人类的所有发现和进步都无法解释宇宙的本质，而暗物质是一条重要的线索。就我们的理解而言，我们现在的水平比原始人科学家高不了多少。暗物质甚至还没有出现在我们的宇宙数学和物理模型中。宇宙中有大量的东西在悄无声息地拉扯我们，而我们连那是什么都不知道。在这种情况下，我们不能声称自己已经理解了宇宙。

现在，在你开始对离奇的、黑暗的、神秘的、飘浮在你周围的东西胡思乱想之前，请思考这个问题：如果暗物质是一种很棒的东西，那会怎么样呢？

1　如果两个普通物质粒子能转变成两个暗物质粒子，那么这个过程也是可逆的。两个暗物质粒子也能转变成两个普通物质粒子。

暗物质由一些我们没有接触过的东西构成。我们从来没有见过这种东西，所以它或许会有一些我们从来没有想象过的表现。

想想看吧，这里存在着神奇的可能性。

如果暗物质由某种新粒子构成，我们能够在高能对撞机里制造并控制它，那会怎么样呢？如果在发现它的过程中，我们发现了从前不知道的物理定律、基本作用力，或者已知力相互作用的新方式，那会怎么样呢？如果这些新发现能让我们以新的方式控制常规物质，那会怎么样呢？

请想象这样的情境：你一生都在玩一个游戏，然后突然之间，你意识到这个游戏还有特殊的规则或者特别的玩法。在搞清楚暗物质是什么，以及它如何产生作用的过程中，我们能够获得什么神奇的技术和知识呢？

我们不能永远对暗物质懵懵懂懂的。虽然我们看不到它，但它还是很重要的。

第 3 章

暗能量是什么？

膨胀的宇宙让人脑洞大开

你也许正困惑于这样的事实：你认为自己很了解宇宙，但你能学到的知识只占全宇宙知识的 5%。如果你要去高智能外星生物那里进行标准化考试，那么我们必须承认，你的分数很难考上外星人的大学[1]。我们再回顾一下人类已经知道的东西吧。请看下面的柱状图（不好意思，我们能用的图表类型不多了）。

假设你得到了自己梦寐以求的好房子，它十分宽敞，你非常满意。然后有一天，你发现这其实只是一栋百层豪华公寓最低的 5 层。突然间，事情变复杂了。这栋楼有 27 层属于某种非常重但不可见的东西，我们称其为暗物质。它们可能是很酷的邻居，也可能是很怪的邻居。由于某种原因，它们总是躲着你。

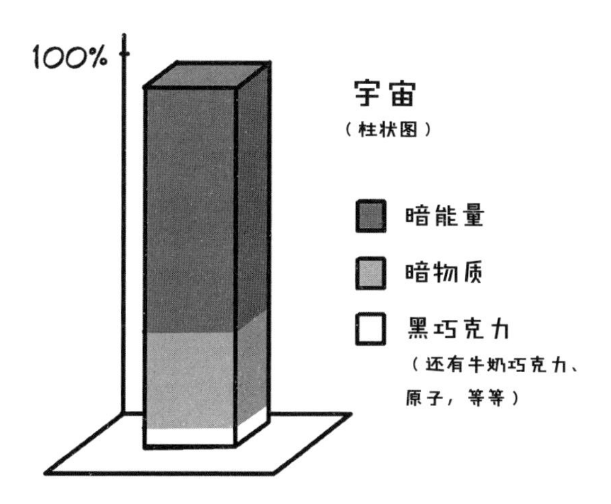

1 这也许是好事，因为它们食堂的饭菜都非常怪异。

剩下的所有68层完全是个谜。宇宙中有68%是物理学家所说的“暗能量”。它是庞大的存在，但我们并不知道它到底是什么。

你可能想知道我们为什么把这种东西叫作暗能量，其实我们怎么称呼它都行[1]。为什么？因为除了知道这东西让宇宙快速膨胀，我们对它一无所知。

接下来你大概会问：“我们怎么知道有暗能量这种东西？”答案是：纯属偶然。发现暗能量对科学家而言完全是个意外，他们原本在试图寻找别的东西。他们在尝试测量宇宙膨胀减慢的速度，却在无意中发现，宇宙的膨胀根本就没有减慢，反倒是在加快。是时候爬上楼梯，找出这些神秘的楼层里到底有什么了。

宇宙为什么会膨胀？

宇宙中超过 2/3 的能量是在人们寻找其他东西的时候发现的，为了弄明白这是多么神奇和疯狂，我们必须回到最初的问题——宇宙是有最初的状态，还是一直像现在这样？

这看上去也许是一个简单的问题，但事实上它有着非常深远的意义。100 年前，大多数明智的科学家认为宇宙显然一直是这个样子，而且永远是这个样子。大多数人甚至无法想象宇宙在变化。对他们来说，所有的恒星和行星都处于一种往复运动的永恒状态，星辰就像挂在屋顶的风铃，宇宙就像一间挂满永不停

1　好吧，不是什么都行，“黑暗面”这个名字就已经被占用了。

歇的钟表的房间。

但是某一天，天文学家注意到了一些奇怪的事情。他们测量我们周围恒星和星系的光，发现所有的东西都在远离其他东西。宇宙并没有老老实实待在那里——它在膨胀。

宇宙一直在膨胀，这意味着它现在要比以前大。如果你继续沿着这个思路想，那么将时间往回推，你一定能想到在某个时刻宇宙曾经非常小。

许多物理学家认为这很荒唐，于是将这个理论嘲讽为“大爆炸”。如果他们今天还健在，提起这个理论的时候，他们大概会举起手，翻着白眼，做出引号手势。他们取这个名字本来是想使提出这个理论的人尴尬，但这行不通了。要知道，物理学家变得恶声恶气，意味着有些东西从本质上改变了人类对宇宙的理解。

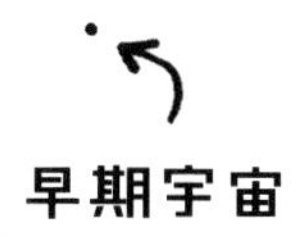

早期宇宙

在 1931 年，天文学家发现宇宙在膨胀，这意味着它最初可能是非常非常致密的一小点[1]。（注意，这个点并非飘浮在某个更大的空间之中，它本身就是所有空间，详见第 7 章。）有一些非大爆炸宇宙学理论与宇宙膨胀的现象并

1 我们无法在这里写下足够多的“非常”来表示这个点有多致密，整个宇宙都被压缩进了这个点。

不矛盾，但是这些理论的成立需要新物质持续而稳定地产生，以保证宇宙在当前的密度下保持膨胀。

如果宇宙有一个开始，那么它是否会有一个结束？这个巨大、壮丽、精彩、奇特的地方会如何走向终结？更重要的是，你还有时间完成一直在努力创作的小说吗？什么东西能终结宇宙？答案是我们的老朋友——引力。

当宇宙中所有的东西都在大爆炸中向外爆发的时候，引力是朝着相反方向起作用的。宇宙中的每一份物质都会被引力拉扯，引力在尽力让全宇宙回到聚集在一起的样子。这对宇宙的最终命运意味着什么？人们提出了几个不同的理论。

这是令人兴奋的地方。关键在于，这些答案全都不对！宇宙就是这么奇怪，正确答案是神秘的第四选项。正确答案看起来太疯狂了，只有几个科学家曾经考虑过那种可能。

极为强大而神秘的力量在使空间扩张，这使得宇宙膨胀得越来越快。

宇宙的命运	对应的表情
A. 宇宙中存在太多东西，引力最终会取胜，膨胀会减慢，所有的东西都会收缩回来。这叫作大挤压。	:O
B. 宇宙中没有那么多的东西，引力无法减慢膨胀，宇宙将永远膨胀，直到变得无限稀薄、寒冷、孤独。	:(
C. 宇宙中恰好有足够多的东西来让引力减慢膨胀，但还不足以使它停止并收缩。宇宙会持续膨胀，但是膨胀速度越来越慢，逐渐趋于零。	:|

第四个选项是唯一一个与宇宙观测现象一致的选项。

我们怎么知道宇宙在膨胀？

虽然这是关于宇宙命运的重要问题，但是你不必紧张。无论会发生什么，我们讨论的都是未来几十亿年后的事。你不仅有时间写完你的畅销小说，还能写个续篇。但是，这个问题对我们很重要，因为这种重大问题的答案会让我们更加了解宇宙。有时候，仅仅是提出这些问题，就能让我们发现一些令人诧异的事情，它们还会影响我们的日常生活。比如，你知道自己手机里 GPS 的工作原理吗？如果爱因斯坦没有提出“物体以光速运动会怎么样？”这个问题，那么我们就不可能用上精确的 GPS 系统。看似和地球无关的问题促进了相对论的发展。

为了预言宇宙的最终命运，科学家需要知道宇宙的膨胀速度，因此他们会测量周围星系离我们而去的速度。

你应该知道，在一个膨胀的宇宙中，每一件东西都会远离其他东西，而并不只是远离中心。假设宇宙是一片面包，而你是上面的葡萄干。当面包在烘烤中膨胀时，每一粒葡萄干都会远离其他葡萄干，但是葡萄干还是原来那么大。

为了知晓宇宙的命运，我们得知道宇宙的膨胀会不会发生改变。和几十亿

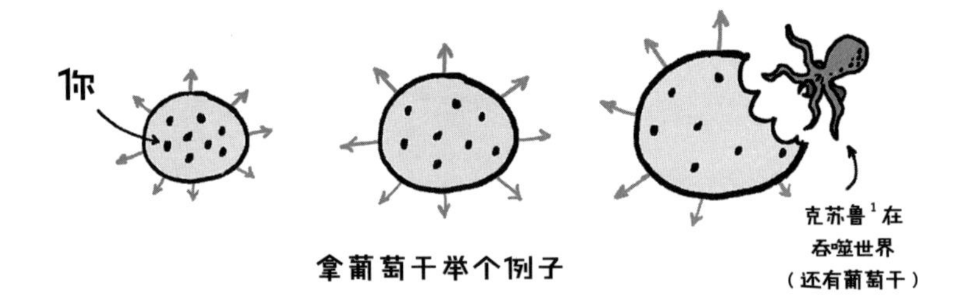

年前比，其他星系远离我们的速度是变慢了，还是变快了？我们想知道这个膨胀率是如何随时间变化的。也就是说，我们需要知道物体在过去远离我们的速度，然后和现在进行比较。预测将来是非常难的，但是对天文学家来说，调查过去很容易。宇宙是如此巨大，而光速是有限的，光需要花很长时间才能从遥远的地方来到地球。这意味着非常遥远的恒星发出的光是非常古老的，其中携带的信息也是非常古老的。看这光就看到了过去。

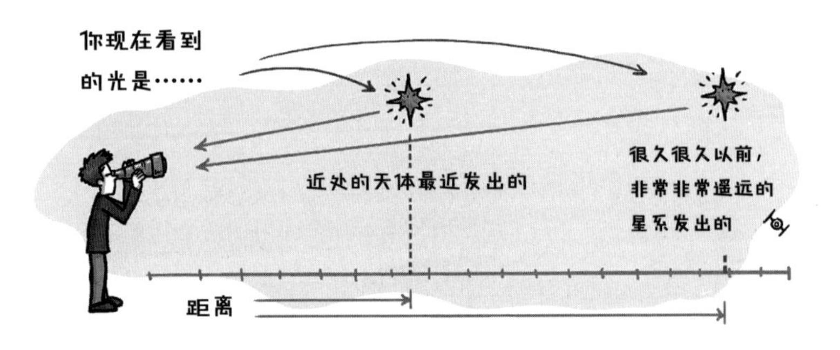

这反过来也是成立的。如果外星人在某个非常遥远的行星上通过他们的望远镜观察地球，那么他们看到的是很久以前离开地球的光线。此时，他们可能正在看几年前发生在你身上的囧事（我们就不明说了）。

所以，一个物体越远，它让我们看到的光越古老，我们就越能从中看到遥远的过去。也就是说，如果我们看到非常远的物体以某个速度运动，而近一点的物体以另外一个速度运动，那么我们可以推断，物体运动的速度是随着时间

1 Cthulhu，一种庞大而神秘的邪灵，源自美国作家 H. P. 洛夫克拉夫特（H. P. Lovecraft）所创作的小说。——编者

而改变的。我们可以通过遥远恒星的光谱测量它的移动速度，警察会用同样的原理（多普勒效应）给你开超速罚单。一颗恒星远离我们的速度越快，它的光在我们眼中就会变得越发偏红。

想知道天体的距离，我们需要一些科学技巧。以这个问题为例：如何区分一颗很近的暗星和一颗很远的亮星？从同一架望远镜里看，它们是一样的，都像黑暗夜空中的暗淡小光点。事情一直都是这样，直到科学家辨认出了一类特别的恒星，并且确信它们在宇宙任何地方都会做同样的事情。这些特殊的恒星会以同样的速率变大，达到特定大小时，它们会爆炸——准确地说，它们向内崩塌了，但是这个过程太过猛烈，所以会产生大爆发[1]。这类爆发的星被称为 Ia 型超新星。Ia 型超新星的有用之处在于，它们一般以相似的方式爆发。也就是说，经过校准之后，如果你看到一个暗的 Ia 型超新星，那么它一定离你比较远，如果你看到一个亮的 Ia 型超新星，那么它离你比较近。这就像宇宙里到处都放着相同的灯塔，从这一点我们就能想象它有多大、多壮观。（宇宙神秘而复杂。）

天文学家称这些 Ia 型超新星为“标准烛光”（他们就是那么浪漫）。有了这些，天文学家就能知道遥远的物体到底有多远（以及它们有多老），结合使用多普勒效应，他们还能知道这些物体的运动速度。这意味着天文学家们能够测量宇宙的膨胀是如何随时间变化的。

在意识到这些之后，有两个科学团队展开比赛，看看哪一方先测出宇宙膨胀的速率。然而，寻找 Ia 型超新星是有难度的，因为它们的爆发是一个持续

1　天文：这可比迈克尔·贝（Michael Bay）电影里的爆炸劲爆多了。

时间不长的过程。为了抓住一颗 Ia 超新星，你必须持续不断地扫描天空，找出那些突然变得特别亮然后又变得暗淡的亮点。这需要花一些时间。

这两队科学家都假设宇宙的膨胀会减慢或者保持不变。这是合理的。如果宇宙爆发了，而引力在试图把所有东西都拉回来，那就只有两种可能，要么引力胜利，所有东西被拉了回来，要么它失败，所有东西保持稳定的膨胀。

当科学家们展开测量和计算时，他们本以为引力会胜利。也就是说，他们以为自己会发现，相比近处的（较年轻的）恒星（也就是更晚出现的），远处的（较古老的）恒星远离我们的速度更快。让他们感到迷惑的是，事情恰恰相反：比起过去，恒星现在远离我们的速度更快。换句话说，宇宙的膨胀比以前更快了。

让我们花一点时间来想想这个结果有多意外。天文学家想到了两件事：第一，宇宙在很久以前爆发了；第二，引力在试图把它重新拉回去。可是这里还有重要的第三件事，关乎空间本身。我们会在第 7 章详细地讨论这个问题。空间不是静态的空幕布，供宇宙的剧场在上面演出。它可以弯曲（发生在大质量物体出现时），可以产生涟漪（引力波），还可以膨胀。它的确在膨胀，而且很快。空间在匆匆忙忙地变大。有什么东西在产生更多空间，把宇宙中所有的东西向外推。

我们应该注意到的是，实际结果显示宇宙膨胀在开始的时候的确减慢过，但是在最近的 50 亿年中，有些东西在促使宇宙中的事物越来越快地相互远离。

这个使宇宙加速膨胀的驱动力就是物理学家所说的暗能量。我们看不见它（所以它“暗”），它把所有的东西都向外推开（所以它是“能量”）。它是宇宙的主要力量，差不多代表了宇宙中所有物质和能量的 68%。

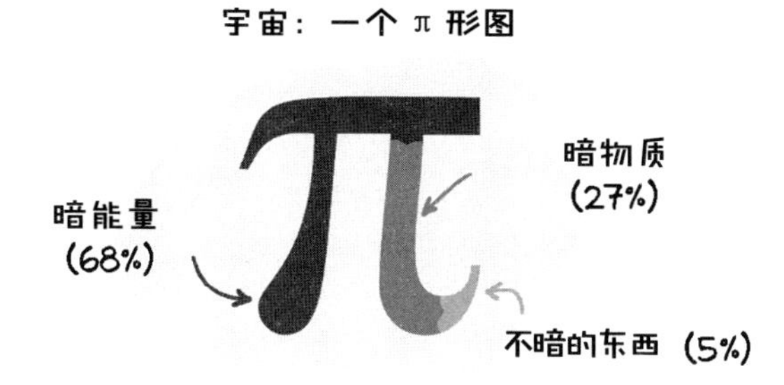

宇宙饼图是从哪里来的？

在宇宙饼图中，我们对每一个部分给出了具体数值。5% 听起来像是个估计值，但是当你听到暗物质和暗能量的占比时，你肯定知道这些数字不是物理学家瞎猜出来的。那么，人们怎么知道宇宙中到底有多少暗物质和暗能量呢？

对于暗物质，我们不能用之前的方法（引力透镜和自转星系）测量它的各个部分，然后把它们都加起来。这是因为恒星和暗物质并不总是好好地摆在一起，等着我们去测量，总有一些暗物质可能藏在我们找不到的地方。[1]

至于暗能量，我们真的不知道它是什么，所以我们不能直接测量它。

虽然我们对这些东西缺乏理解，但我们能用几种不同的办法测量它们的比例，这真令人惊讶。而且迄今为止，不同的测量方法都得到了一样的结果。

推断宇宙有多少暗物质和暗能量的最精确方式是仔细分析一张宇宙婴儿时期的图片，上面是宇宙还是小不点时非常可爱的样子。[2]

我们将在后面说一说这张宇宙婴儿图的来历，以及它背后的含意，但是就现在而言，你知道有这样一张图片就足够了。这张图片叫作宇宙微波背景辐射图，翻到下一页，你就会看到它。

好吧，它看起来并不可爱。事实上，它有点杂乱，充满褶皱（就像大多数的婴儿一般）。这张图片抓拍了宇宙形成时逃出来的第一批光子。更重要的是，它们形成的褶皱数量和图案会真实地反映宇宙中暗物质、暗能量和常规物质的

1　就像你丢掉的袜子和不知道放在哪里的钥匙。

2　奉承一下我们的创造者吧，这总归是件好事。

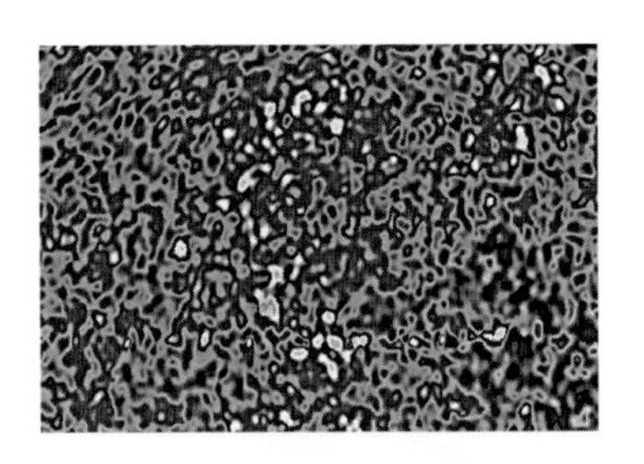

婴儿时期的宇宙
（不包括尿布）

比例。换句话说，如果你改变了它们的比例，那么图片中的图案就会不一样。从这张图片中，我们可以推断，宇宙中存在大约 5% 的常规物质、27% 的暗物质和 68% 的暗能量。其他任何比例都会使图片不一样。

测量暗能量的另一种方法是从宇宙膨胀的速率（这个数字通过超新星的标准烛光测得）中得出结论。我们知道，暗能量在以越来越快的速度把所有东西向外推。通过估算常规物质和暗物质的情况，我们能计算需要多少暗能量才可以实现这样的膨胀。

我们还能通过观察眼前的宇宙结构来判断暗物质、暗能量和常规物质的比例。宇宙通过一种特定的布局把恒星和星系组织在一起。使用计算机模拟，我们能够从宇宙现在的状态回溯大爆炸刚刚结束的时期，看看需要多少暗物质和暗能量才能使宇宙变成我们看到的样子。如果你在模拟中没有设定适当比例的暗物质，那么你就不能得到现在所看见的星系形状，它们在模拟中形成的时间也无法和现实情况对应。暗物质巨大的质量和引力吸引可以帮助普通物质聚集到一起，星系在极早期形成时必然需要这么多的暗物质。如果你试图仅从常规

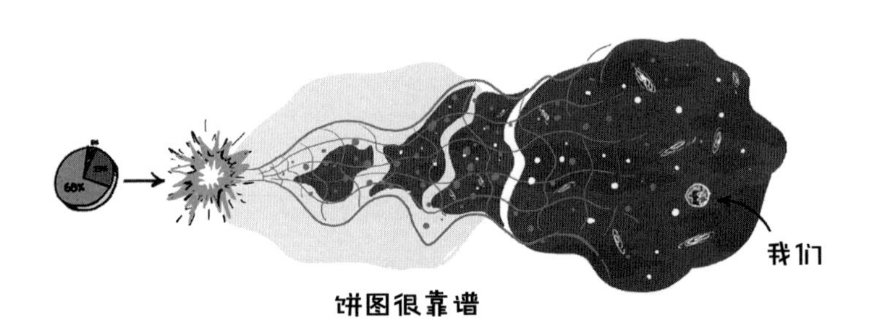

饼图很靠谱

物质和暗物质的角度解释宇宙中的所有能量，而将暗能量设定为不存在（即暗物质占 95%），那么你同样无法在模拟中得到符合实际情况的星系。

令人惊奇的是，所有的这些方法都得出了一致的结论：宇宙由常规物质（5%）、暗物质（27%）和暗能量（68%）组成。虽然我们不了解宇宙中的每一个东西，但我们可以信心十足地说，我们知道它们有多少在那里。我们不知道它们是什么，但我们知道它们存在。欢迎来到“精确无知”的年代。

暗能量可能是什么？

我们已经向你展示了暗能量的比例，以及发现暗能量的方法。但是，暗能量到底是什么？我们还不知道。我们知道它是一种力，当前它正在使宇宙膨胀，把宇宙里所有要紧的东西向外推。此时此刻，它推着我，推着你，推着我们知道的所有东西互相远离[1]。不过，我们还不知道它是什么。

千万别低估暗~~黑势力~~能量

1　拆散我们的不是破碎的爱，而是暗能量。

当前流行的观点是，暗能量来自空的空间的能量——没错，空的空间。

当我们说什么东西是空的时，我们的意思是那里面没有“东西”。说得专业一点，我们认为东西是空的反面。星系之间有些空间没有物质粒子，甚至没有暗物质。现在，请考虑这个情况：如果这个空的、没有物质的空间有能量（比如一缕红光或者嗡鸣一样的声波），那会怎么样？别问为什么，它就是有能量。如果这就是事实，这个能量就能提供一个引力效应，把宇宙向外推。

空的空间

（相信我们，这东西真的存在）

这听起来有点荒唐，却有着令人意外的合理性。事实上，在量子力学里，真空能量的存在很自然。根据量子力学，小物体（比如粒子）和大物体（比如人和腌菜）的世界运行规则很不一样。微粒可以做到腌菜做不到的事，比如拥有不确定的位置，比如穿过不可逾越的障碍，比如在被观测和不被观测的情况下呈现不同的样子。还有，根据量子物理，粒子可以在本来空的空间里从能量中突然出现然后又退回去。

量子力学给了我们不同的世界，相对论使我们放弃了绝对空间和时间的想法。既然如此，我们为什么不能接受看起来空的空间实际上充满了可以把宇宙推开的真空能量呢？

但这个解释存在一个问题：根据量子力学计算空的空间应该有多少能量时，科学家得到了一个太大的答案。这不是有一点大，而是大了 10^{60} ～ 10^{100} 倍。这简直就是个古戈尔普勒克斯（googolplex，你可以自己去查一下这个词的意思）。人们估计整个宇宙的粒子数也就 10^{85} 个。应该说，这个解释有点过头了。

暗能量还有其他解释，比如渗透到空间中的新型力或者特殊场（就是像电

能量的梦之田

磁场那样的场）。这些作用场中有一些在概念上随时间变化，以解释宇宙的加速膨胀为何开始于 50 亿年前。这类理论有许多不同的版本，它们的共同点是很难验证。毕竟，这些作用场中有一些不与我们的粒子相互作用，我们很难探测它们。有些作用场可能会有新的特征粒子（就像希格斯场有希格斯粒子），但是那些粒子质量非常非常大，远超我们目前能测量的范围。那到底有多大呢？它们比我们以前见过的粒子都重，但是没有你家猫重。

这类理论都处于发展初期，它们仅仅是最早的原型理论，引导科学家发现更好的解释，直到我们最终了解宇宙中的大多数能量。通过比较，暗能量使暗物质看起来简单而且易于理解——至少我们知道它是物质。毫不夸张地说，暗能量可能是任何东西。如果 500 年后的科学家回过头来看今天的我们，我们当前关于暗能量的讨论可能让他们觉得滑稽，就像我们现在看原始人解释恒星、太阳。听古人说天气和上帝穿的长袍相关，我们也会觉得离奇。我们知道有强大的力量存在，它超出了我们的理解能力。关于宇宙，还有很多东西等着我们去学习。

这对未来意味着什么？

如果宇宙因为暗能量膨胀得越来越快，那么所有的东西每天都在更快地离我们远去。随着膨胀持续加速，宇宙中物体互相远离的速度最终会超过光速。这意味着恒星的光无法再传播到我们这里。今天，我们能够在夜空中可见的星星已经比昨天要少了。由此可知，在几十亿年后，夜空就只有几颗可见的星星了。有朝一日，夜空可能只剩一片漆黑。

假如你是未来的科学家，你将如何在无法看见恒星和星系的情况下知道它们的存在？[1] 如果膨胀继续下去，它可能撕裂太阳系、行星，甚至你重重重孙子的手机。不过，我们对于宇宙膨胀的原动力所知甚少，宇宙膨胀也有可能变慢。

但这会使你思考：如果夜空中曾经有更多繁星，那么我们是否错过了什么原本明显的真相？

未来的夜空

1　如果你打算看星星，最好不要把野营的日期再推迟 10 亿年。

第 4 章
最基本的物质粒子是什么？

我们竟然如此不了解
组成物质的最小单位

发现人类的知识和科学仅仅与宇宙中 5% 的质量（即常规物质）相关，你或许会有以下几种不同的反应。

1. 你感到渺小和卑微，甚至有些恐惧。
2. 你不断否认这个事实。
3. 你变得对宇宙极为感兴趣。
4. 你受到鼓舞，继续阅读此书。[1]

如果你感觉到了卑微和恐惧，那么我们有个好消息要告诉你：本章的大部分内容只关乎常规物质。顺便说一下，暗物质的确有一些难以捉摸的物理反应、没人理解的化学反应，或者未知的生物反应，不过由暗物质构成的物理学家一定认为他们的物质才是正常的。或许我们的确不该太拿自己当回事儿。

我们也有坏消息：对于所已知的 5%，我们也不是完全了解。这或许会让你感到很诧异。毕竟，我们在这个星球上只生活了几十万年，就科学探索而言，我们已经做得很不错了。你或许会说，我们已经控制了这个宇宙中的小小角落。现在，人们有那么多先进的技术，你或许认为我们对常规物质的研究已经非常充分了。我们甚至可以随时随地在线观看数小时无聊的电视节目。这对于任何文明而言都是里程碑式的进步。

1　并且把本书推荐给你的朋友。

非常有趣的是，这既是对的也是错的。我们对现实有一定的掌控能力，但我们不可能 24 小时不间断地盯着录像观察现实世界。

我们的确比较了解常规物质，但常规物质也的确有很多让我们疑惑的地方。尤其值得注意的是，我们现在甚至不知道构成物质的某些粒子是什么。这就是我们的处境。在日复一日的物理探索中，我们发现了十二种物质粒子。其中六种被称为“夸克”（quark），剩余的六种被称为“轻子”（lepton）。

然而，组成你周围的一切事物只需要上面十二种粒子中的三种：上夸克、下夸克、电子（轻子的一种）。记住，上夸克和下夸克能够组成质子和中子，这些和电子一起能够组成原子。既然这样，那么剩下的九种粒子是做什么的呢？它们为什么存在？我们不知道。

这太让人困惑了。想象一下，你做了一个很棒的蛋糕，在烘焙、装饰、品尝之后（你是个出色的蛋糕师，蛋糕尝起来非常棒），你发现还有九种原料未曾用过。谁将这些原料放在了那里？它们应该用在什么地方？是谁想出了目前的这个食谱？

真实的情况是，我们对于常规物质的了解还比不上对粒子蛋糕的了解。

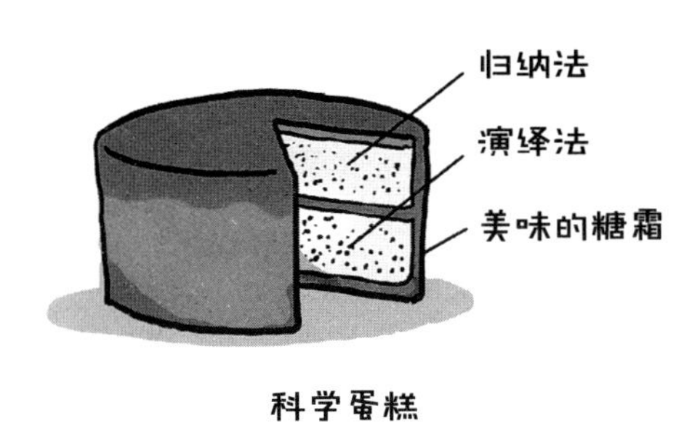

科学蛋糕

简而言之，我们明白如何将三个粒子（上夸克、下夸克和电子）结合在一起，组成任何一种原子。我们也知道原子如何组成分子、分子如何构成复杂的物体，比如蛋糕或者大象。但我们知道的也只有这么多了。我们对于这一切非常熟悉，从吸汗的内衣到太空望远镜，我们能够制造很多很多东西。我们非常神奇，对吧？[1]

然而，我们不知事物为什么按照现有的方式组成，也不知道它们能不能按照另外一种方式组成。这是宇宙自洽的唯一方式，还是像弦理论学家所预言的那样，存在着 10^{500} 个不同的版本？

到目前为止，我们并没有在基础的层面上了解宇宙中所有事物组合在一起的原因。这就像音乐，我们明白如何产生音乐，我们会随之起舞，也会一起唱歌，但我们并不明白这为什么会让我们产生愉悦的感觉。宇宙也一样，我们知道它如何运转，但是不知道它为什么要这样运转。

有些人或许认为这样的解释根本就不存在，或者即使存在，我们也永远没法知道或者理解。我们将在第 16 章讨论这个问题。目前，我们肯定还不具备那样的知识。

现在，假设你是一个很有好奇心的人，你对这个问题真的非常感兴趣。[2] 你或许在寻找这个问题的答案，寻找这个答案和那些无用粒子的关联。

好吧，如果想解答宇宙中最基本的“为什么”，我们首先要明白，宇宙在最基本的层面上是什么样子的。也就是说，我们应该将宇宙分解到不能再分解。现实世界最小、最基本的单元是什么？如果那个单元是粒子，那么我们想知道

1　但我们还不能制造会飞的车。

2　这应该是个合理的假设——如果你连脚注都忍不住要看看的话。

构成这个粒子的粒子的粒子的粒子是什么，直到分无可分。

一旦发现了这样的基本粒子，你或许能够仔细研究一番，由此了解事物为何是现在这样的。这就像在乐高的世界中寻找最小的积木。如果你找到了，那么你将知道每一件东西是如何与其他东西联系在一起的。以同样的方法，你也将了解现实世界深层次的真相，其中说不定就包括暗能量和暗物质的真相。

目前，我们并不确信自己已经知道了宇宙中最小的尺寸。就算我们目前所知的最小微粒不可分，我们也不知道是什么组成了这些乐高积木。但是让人兴奋的是，我们并非全无线索。这是宇宙填字拼图游戏，它很像我们非常熟悉的一个东西：元素周期表。

基本粒子周期表

在撞击实验过去一个世纪之后，物理学家发现了十二种基本物质粒子，并把它们排列在了下面的表格里。

基本粒子

	第一代	第二代	第三代	电荷
夸克：	上夸克 u	粲夸克 c	顶夸克 t	+2/3
	下夸克 d	奇夸克 s	底夸克 b	-1/3
轻子：	电子 e	μ 子 μ	τ 子 τ	-1
	电子中微子 ν_e	μ 子中微子 ν_μ	τ 子中微子 ν_τ	0
	轻	重	更重	

让我们花一点时间了解这个表格的重要性。记住，原始人物理学家奥克和古可最初的宇宙理论是这样的：

宇宙理论

作者 奥克和古可

宇宙包括：

- 奥克 古可
- 奥克喜爱的石头
- 古可的宠物羊驼
- 等等[1]

这是一幅完整的宇宙信息图像，但它没有什么用处，因为它没有呈现任何基本的、有价值的信息。它只是呈现了显而易见的事情。后来，古希腊人提出，万物是由四种元素构成的：水、土、空气和火。现在我们知道，这完全是错误的，但是古希腊人至少在正确的方向上迈进了一步，因为这个想法试图简化人类对于这个世界的描述。

接下来，人们发现，元素、石头、土壤、水和羊驼都是由原子组成的。再后来，人们发现原子是由更小的粒子组成的，其中一些还可以分成更小的粒子（夸克）。以往的经验告诉我们，原子和羊驼都不是构成宇宙的基本单位。如果存在一个宇宙的基本公式，那么我们可以确定，不管这个公式是什么样的，它肯定不包含一个叫作 $N_{\text{羊驼}}$的变量。羊驼和原子都无法定义物质的本质，它们仅仅是基本单位所堆积出来的东西（抱歉，羊驼！），就好比龙卷风是风的表象，恒星是气体和引力的表象。

1　这里的“等等”包含了多少东西？想想看吧。

宇宙非基本单位

原子　羊驼　龙卷风　龙卷风里的羊驼

为已知和未知的情况列表可以帮助我们发现规律和缺失。假设你是 19 世纪的科学家（是的，你可以想象自己戴着很丑的眼镜），你并不知道原子实际上由更小的电子、质子和中子构成。如果你把自己知道的信息归纳成一个元素周期表，那么你会发现一些有趣的事情。

你会注意到，元素周期表一侧的元素非常容易发生化学反应，而另外一侧的元素则是惰性的。位置相近的元素（比如金属元素）具有相似的性质。一些元素比另一些更难找到。

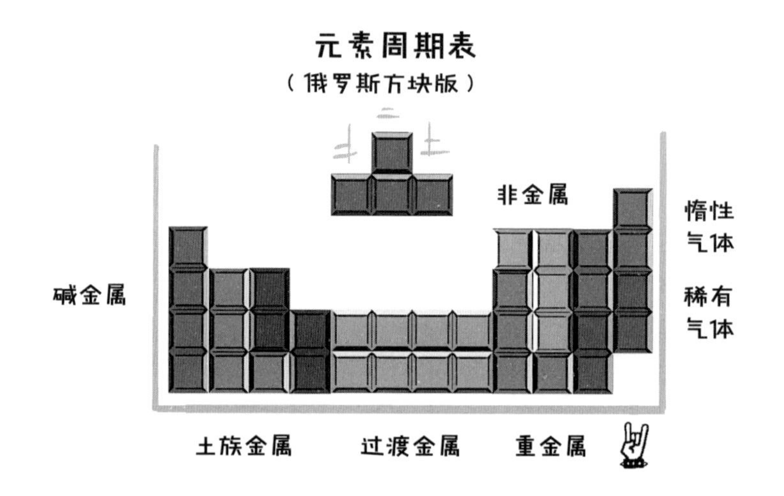

所有这些令人好奇的规律都提供了一个线索：元素周期表呈现的并不是最基本层面上的宇宙。也就是说，这背后还有更深层次的东西。举个例子：你碰到一群孩子，并且注意到了他们的共同点。虽然各有特点，但他们的长相和行为相似，你或许会假设他们的父母是同一对夫妻。同样，科学家在查看周期表早期版本的时候，也注意到了这些规律，于是他们开始思考这背后藏着什么。

我们现在知道，元素周期表中的规律关乎电子轨道的排列方式。我们还知道，元素周期表上每一个位置都有一个元素，一些元素之所以稀有，是因为它们会产生放射性衰变。只要把合适数目的中子、质子和电子放在一起，我们就可以得到任何一种元素。

重点在于，我们需要把已有的知识组织起来，仔细研究，发现其中的规律和缺失，并且由此提出正确的问题。通过这样的过程，我们最终会在更深的层面上了解宇宙。

整理基本物质粒子表（包含夸克和轻子）让科学家花费了 20 世纪的大多数时间。我们称这些粒子为基本粒子，这并不是因为它们有趣（尽管它们确实很有趣），而是因为我们还没发现它们是由更小的粒子构成的。其实我们没有任何证据能证明它们是宇宙中最基本的粒子，但它们是我们目前所知道的最小物质单位。

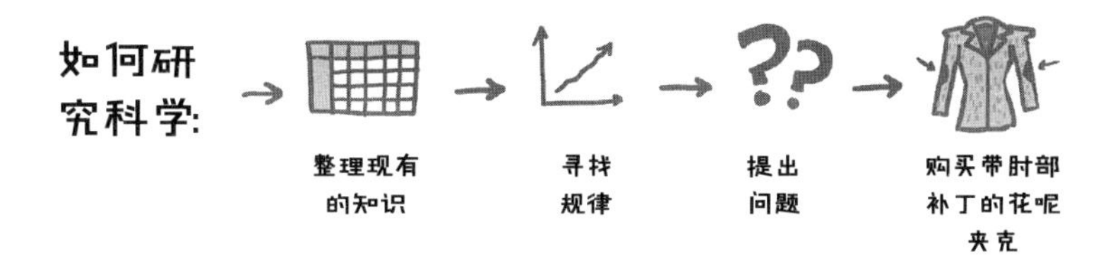

研究一下前面出现过的粒子表格，你也会注意到一些有趣的规律。你会发现两种不同的物质粒子：夸克和轻子。我们知道它们有所不同，因为夸克还会受到强核力的作用，这一点和轻子不同。你还会注意到，构成常规物质的粒子都位于第一列（上夸克、下夸克、电子）。第一列中有被称为电子中微子（ν_e）的第四个粒子，它像幽灵般快速穿过宇宙，几乎不与其中的东西相互作用。

这还不是全部，除了这四个粒子，还有一些粒子位于其他列。除了质量更大之外，每一列的粒子都和第一列很像（具有相同的特性，比如电荷和力的相互作用）。每一列都是一代，人们已经列出了三代。

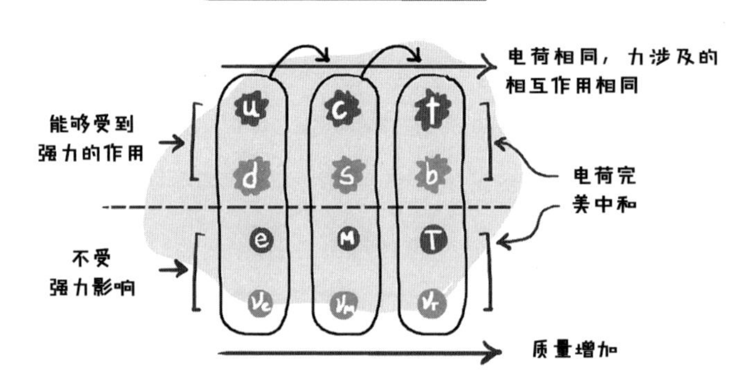

你或许很快就会提出一些问题：

- 这些粒子为什么是一列一列出现的？
- 这些粒子是用来做什么的？
- 这些粒子的质量有什么规律？
- 那些 1/3 电荷的粒子是用来做什么的？
- 还有别的粒子吗？

你自然会提出这些问题。谜团会让一部分人感到害怕，所以保持放松的心态很重要的。记住，我们的策略是把已知的知识组织起来，寻找其中的规律和缺失，从而提出问题。提出好的问题可以帮助我们得到更深刻的答案。

几十年之前，这张基本粒子表更加不完整。有几种夸克和轻子还没有被发现。不过，物理学家注意到了表中的规律，于是通过这种规律找到了缺失的粒子。很多年前，物理学家就知道应该有第六种夸克存在，因为表中为这种粒子留下了一个空缺的位置。虽然还没有找到它，但人们已经如此确信它是存在的，很多的教科书都包含了这个知识点，还预测了第六种夸克的质量。20年后，上夸克终于被发现了，它的质量比人们预测的要大很多。这也是人们花了这么长的时间寻找它的原因，这意味着很多教科书必须修改。

物理学家填补了这张重要的表格并且研究了其中的规律。在过去的几十年当中，我们得到了某些答案，也提出了更多的问题。

这些粒子是用来做什么的？

我们可以确定的是，粒子只有三代。希格斯玻色子的发现排除了第四代粒子存在的可能（详见第 5 章）。这意味着什么呢？宇宙是否存在这样一个基本数呢？如果你最终要用一个方程来总结宇宙中的一切，那么它会包含 3 这个数字吗？天主教徒很喜欢这个数字，但是科学家不一样，他们更喜欢 0、1、π、e 这样的数字。那么 3 呢？科学家并没有看出这个数有什么特别之处。

这意味着什么呢？我们现在还不知道，准确地说，我们只是略有所知。对于粒子代的数目，人们也没有什么很好的解释。这很可能是更深层规律的表象，就像人们在元素周期表中看到的一样。几百年后的科学家或许会认为我们已经得到了显而易见的线索，但目前我们依旧觉得这是一个谜。如果想到了答案，那么你可以试着去找粒子理论学家聊聊。

这些粒子的质量有什么规律？

在元素周期表中，原子的质量和性质是非常重要的线索，可以帮助我们探索其背后的规律。我们从不同原子的质量中看到了规律，并且推断每一种原子的原子核都包含有特定数目的质子和中子。

遗憾的是，基本粒子的质量并没有很明显的规律。下面这张表列出了粒子的质量。

除了每一代的粒子质量都比前一代大之外，我们还没有想到其他规律。这或许与希格斯玻色子有关，但是目前并没有明确的答案。让我们看一下超级重

质量值

	第一代	第二代	第三代
夸克：	2.3	1275	173070
	4.8	95	4180
轻子：	0.5	105.7	1777
	< 0.000002	很小但不为 0	很小但不为 0

单位：MeV/c^2（大约是巧克力豆质量的0.0000000000000000000000000009倍）

的上夸克，它的重量是质子的 175 倍，这和金原子的原子核重量一样[1]。另外，粒子质量的变化范围非常大。为什么会这样？我们并不知道。我们还没有任何线索，也没有找到线索的影子。

那 1/3 电荷的粒子是用来做什么的？

夸克不同于轻子，它们可以受到强核力的影响，并且它们有奇怪的分数电荷（+2/3 和−1/3）。如果把上、下夸克以正确的方式混合在一起，你能得到质子（包含 2 个上夸克和 1 个下夸克，电荷为 $2/3 + 2/3 - 1/3 = +1$）和中子（包含 1 个上夸克和 2 个下夸克，电荷为 $2/3 - 1/3 - 1/3 = 0$）。对我们来说，这一点非常重要（也非常幸运），因为电子的电荷正好是−1。如果夸克的电荷多了一点或者少了一点，那么质子的正电荷就不能平衡电子的负电荷了，我们也就得不到稳定的中性原子了。如果没有这些完美的−1/3 和 +2/3 电荷，我们就不会存在，物质世界将没有化学反应，没有生物，没有生命。

这令人兴奋（或者令人疑惑，就看你怎么想了），因为按照目前的理论，粒子可以携带任何大小的电荷，同样的理论适用于任何电荷值。据我们所知，电荷达到这样完美的平衡完全是巧合，要归功于好运气。

1 这估计会让你印象深刻。

虽然不多，但科学的世界里的确有巧合。月亮和太阳在体积上差别巨大，但是宇宙的巧合使得我们眼中的月亮和太阳差不多大，我们也因此有可能看到神奇的日食。古代的天文学家一定非常困惑，但日食也是一种线索。很多人可能沿着错误的思路思考并猜测太阳和月亮的关系。但这个巧合其实并不完美，因为太阳和月亮的尺寸在天空中有 1% 的差别。

然而，对于基本粒子而言，质子和电子的电荷数完全一样，而且正好正负平衡。我们不知道这是为什么。根据目前最先进的理论，这里可能出现任何数字。这才是完美的巧合。这对于电子和夸克的关系意味着什么呢？我们现在还不知道，但这明显指向了更为简单的解释。如果你丢了 2000 美元，在同一天，你的邻居捡到了 2000 美元，那么你会把这归于巧合吗？你至少要先想想更为简单的解释[1]。

也许电荷的平衡是另一条线索：在这些粒子之下存在更小的成分。也许这两种类型的粒子是同一枚硬币的两面，或者是同一组超小粒子乐高模块的组合[2]。

还有别的粒子吗？

除了十二种物质粒子（其中不包括反物质粒子）——六种夸克和六种轻子——还有传递力的粒子。比如，电磁相互作用是通过光子传递的。当两个电子相互排斥的时候，它们实际上在交换一个光子。尽管这在数学上并不准确，但是你可以认为一个电子朝另外一个电子发射了一个光子，以此将后者推开。

1　或许你应该搬家。

2　如果被你踩到，它们也会痛。

一个关于粒子力相互作用的比喻

以下是我们所了解的五种传递力的粒子。

传递力的粒子

力粒子	传递的力
光子	电磁力
W 玻色子和 Z 玻色子	弱核力
胶子	强核力
希格斯玻色子	希格斯场
~~纤原体~~	~~力~~

这些再加上之前提到的十二种物质粒子就是我们发现的全部粒子，但是我们并不知道这张表是否完整。理论并没有给出允许存在的粒子上限。物质世界的粒子可能只有十七种，也可能有千百种甚至百万种。我们知道夸克和轻子没有多少代，但是世界上当然可能存在其他种类的粒子。有多少呢？我们不知道。

物质的最基本元素是什么？

这些粒子是用来做什么的呢？如果我们只需要三种粒子（上夸克、下夸克和电子）构成常规物质，那么为什么会有无用的粒子？以下是可能的答案。

· 没人知道，但事情就是这样的。
· 有人知道，事情不是这样的。
· 它们也许没用，也许有用，这要看你怎么说。

或许这就是宇宙存在的方式。这些粒子是宇宙中最基本的东西，没有为什么，宇宙就是这样。或许还有别的宇宙包含了十几种不同的基本粒子，但我们永远也没有机会看到它们。

也有可能，这些粒子并不是宇宙中最基本的物质，它们由一组更为简单的粒子组成，只是我们目前还没有发现它们。也就是说，我们知道的这些粒子是更为基本的粒子结合在一起的结果。这或许能解释粒子列表中的一些规律和巧合。这个回答或许是正确的，但是我们还没找到证据。

或许质量大的粒子就是没有用处，因为它们不能合成质量最小的稳定粒子（质子、中子和电子）。广阔而寒冷的宇宙主要由最轻的粒子组成。要是宇宙更小、更热、更致密，我们也许会看到更多质量大的粒子派上用场，一切都会不同。

我们依然在努力了解那 5% 的宇宙。尽管努力了很久，但是我们还没有透彻地理解物质的本质。我们有一张粒子表，我们认为是表中的粒子组成了宇宙，但是我们并不确定这张表目前是完整的。

令人高兴的是，对于这个问题的探索，我们已经有了坚实的基础。基本粒子表（物理学家称它为标准模型）一般会包含所有无法解释的规律和无用的粒子，这些都是有现实依据的，我们可以把它当作地图，在它的指引下发现宇宙的规律。发现新的粒子是令人兴奋的事，就算新粒子对常规物质而言没有用处，我们也可以通过它们得到更加完整的宇宙地图。

想象一下，如果暗物质由我们还未发现的粒子组成，那会怎么样？它将让我们开始了解 27% 的宇宙。事实上，发现暗物质仅由 1 种（与常规物质作用很弱的）粒子构成是最无聊的情形。如果暗物质由许多疯狂的粒子，甚至完全不同的非粒子组成，那不是更令人兴奋吗？

重点在于，要回答宇宙的基本问题，我们必须尽可能地深入了解常规物质的组成。通过这种思路，我们或许可以探索对常规物质没有明显作用的粒子或者现象。我们知道，我们暂时不能解释的事物也是宇宙的一部分，因此它们也隐藏着关乎物质本质的线索。回答这些问题将从根本上改变我们对自己的看法。换句话说，我们不仅可以拥有宇宙饼图，还能把它吃透。

第 5 章
质量是什么？

浅谈一些分量很重的问题

某些穿着实验服的科学家，或者穿着短裤和T恤的物理学家或许跟你说过，大部分的你是空的。请不要觉得他们冒犯了你。他们的意思是，构成人体的原子将其大部分质量集中在微小的核子中，周围大片都是空的。这么一说，你好像能穿墙而过似的。

这还是有些道理的。但细究之下，这里的情况其实很奇怪，这与质量的谜团有关。你看，在宇宙中，并非所有的重大谜团都关乎恒星、星系、奇异的粒子。它们中的一些就在你身边，甚至就在你身体里。

我们对质量有很多种描述，但没有一种能解释质量到底是什么，以及我们为什么有质量。我们都能感觉到自己的质量。婴儿时期，你就已经有了自己的感受，你知道有些东西比别的更难推动。虽然这种感受人人都有，但是物理学家仍在努力解释这背后的科学道理。在这一章，你会看到，你的大部分质量不是由你的粒子质量所组成的。我们甚至不知道为什么有些东西有质量而另一些东西没有，也不知道为什么惯性完美地平衡了引力。质量是神秘的，你不能责怪昨天晚上吃的那份甜点。

继续阅读吧，了解一下质量的未解之谜，否则你一定会后悔的。

物质的原料是什么？

对于有质量东西，你大概会考虑它们包含什么。这种思路在多数时候都是有益的，因为你可以想象一个具体的东西，它的质量等于各部分质量之和。如果你把羊驼切成两半，那么羊驼的质量是这两半羊驼质量的和。如果你把它切成 4 块，它的质量就是 4 块质量的和。如果你把羊驼切成 n 块，你就可以把这 n 块质量相加，算出它的质量[1]。这没错吧？

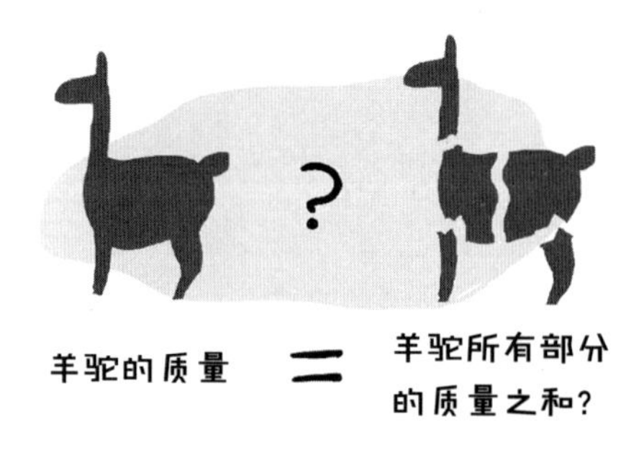

错啦！好吧，这在大多数情况下是对的。如果 $n \leqslant 10^{23}$，那就没问题。可是一旦超过这个数，情况就不一样了。原因听起来非常奇怪：羊驼的总质量不仅仅包括它各个部分的质量，还包括使这些部分维持在一起的能量。这是一个非常奇怪的道理，我们花点时间了解一下。

如果你从未听说过这个道理，你大概会觉得我们在玩文字游戏——也许物理学中的质量和日常生活中的质量不是一回事？答案是：不，我们的意思就是你理解的意思，但质量并不完全符合你之前的印象。

说来话长，我们应该先澄清质量的定义。质量是抵抗物体速度发生改变的性质。如果你推了什么东西，它就会加速（改变速度），如果你用同样的力气去推不同的东西，你会发现它们的加速情况各不相同。你可以试着用玩具枪射击不同的东西，比如毛巾和沉睡的大象。每粒玩具枪子弹携带了等量的力，但

1 这是一个思想实验，请不要真的去切羊驼。

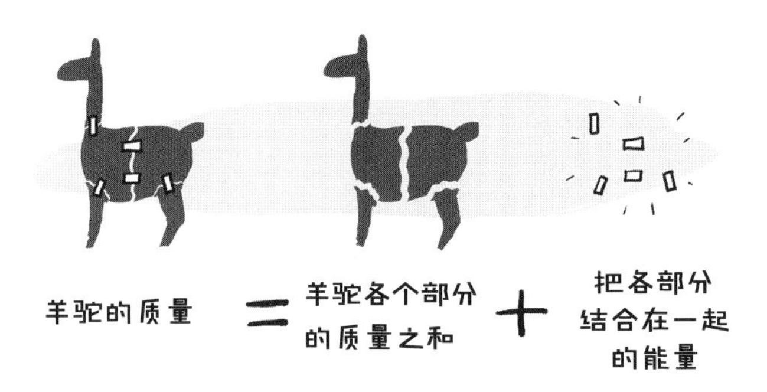

是它们对毛巾的加速效果要比对沉睡的大象明显多了[1]。你会从中看出质量的不同。

你在日常生活中感受到的质量就是这样的，就这么简单。一头大象比一条毛巾质量大，这并不是一个东西更难推动的原因，而是质量本身的一种体现：同样的力在大质量物体上会创造较少的加速度。这有时也被称为“惯性质量”，因为对加速度的抵抗通常被称为惯性。通过施加一个已知的力并且测量其加速度，我们能测出惯性质量。（注意，我们会在后面的章节讨论引力质量。）

1　这可能取决于你打了大象的哪个部分。在慎重考虑之后，我们认为你不该在家里做这项实验。

定义了质量，我们就可以用这个定义测量羊驼的质量了。我们还需要使用合法购买的玩具枪，这把枪要经过美国国家航天局的工程师校准。一切准备妥当，我们的羊驼会被原子化，从而推动科学的发展。

束缚羊驼原子的结合能打破了，结合能释放了，被切成几块的羊驼总质量就会减少。如果羊驼只切成两半，那么你可能不会注意到这一点。但是如果能够把羊驼完全原子化，然后再把各个部分相加，你就能看出结合能决定了多少质量。这不是什么理论推测，而是实验观测到的现象[1]。

对于一只羊驼，这个效应并不明显。即使你打破了束缚羊驼原子的所有的化学键，羊驼的质量和所有羊驼原子的质量和也不会相差很大。即使你打破了所有的原子使它们变成质子、中子和电子，也不会损失很多质量（大约 0.005%）。

但是对于更小的粒子，情况就完全不同了。如果把羊驼的每个质子和中子分割成夸克（每个质子和中子都是由三个夸克组成的，还记得吧？），我们将会看到巨大的质量差。事实上，质子和中子的大部分质量来自束缚夸克的结合能。

换句话说，如果你比较三个夸克的质量（用玩具枪射击的办法测其质量）之和，和三个夸克束缚在一起组成的质子或中子的质量（也用玩具枪射击的办

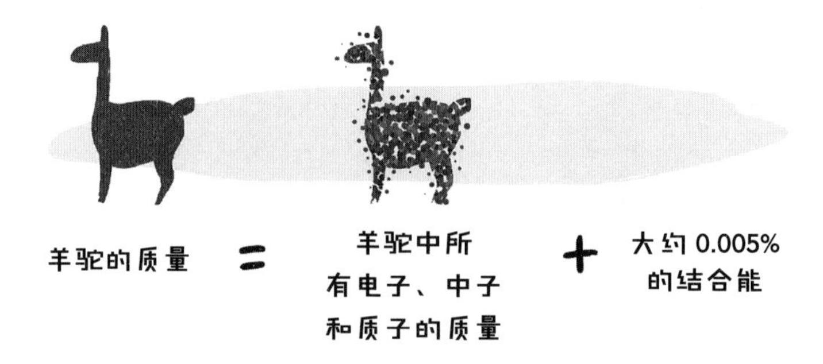

1　还没有人成功地把一只羊驼原子化，但是有人做过类似的实验。在此声明一下，我们不支持把羊驼原子化。不过，如果你决定把你的秘鲁朋克摇滚乐队命名为“原子化的羊驼”，那么我们爱你。

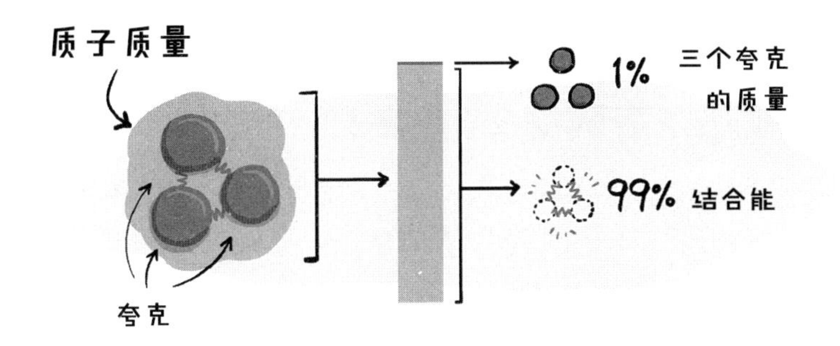

法测其质量)，那么你会看到非常大的差别。夸克的质量只占质子或中子质量的约 1%，其余质量都来自使夸克聚集在一起的能量。

这些例子让我们了解了储存在粒子之间的结合键中的能量，它使结合在一起的物体质量比各部分的质量和更大。

这完全不符合人们的直觉。假如你拿了三颗豆子，然后分别测量它们的质量，那么三颗豆子的质量一共是多少呢？是三者的质量和。这很简单。可是，如果你把三颗豆子放进一个小袋子里，然后用非常大的能量把这三颗豆子压在一起，那么你会突然发现袋子的质量比三颗豆子的质量大了很多。它称起来更重了，也更难移动了。这一切的原因就在于，袋子的质量并不仅仅来自里面豆子的质量，还来自把豆子束缚在一起的能量。

疯狂的是，你身体的大部分都是由这些装着豆子（质子和中子）的小袋子构成的，这意味着你大部分质量并不来自构成你的“东西”（夸克和电子），而

杰克和豆荚：
一个关于质量的物理学比喻。

是将你各个部分束缚在一起的能量。在宇宙中，物体的质量包括这种起束缚作用的能量。

令人吃惊的是，我们并不知道这是为什么。

我们的意思是，我们真的不知道为什么这种能量会影响物体对力的反应（获取加速度的大小）。推一下你的小袋豆子，你也不是非得感觉到其中的能量不可。我们似乎不应该关心束缚这些豆子的是口水还是强力胶，但我们就是要关心这个。这是质量最大的谜团。尽管我们能测量它，我们真的不知道惯性是什么，也不知道它和质量、能量之间为什么有这种奇特的联系。可以说，我们所知道的惯性质量知识能堆成一座豆子小山。

我们所知道的惯性质量知识

粒子质量有什么奇怪之处？

物理还不能解释惯性这种基本的东西——如果知道了这个，你的脑袋还没有爆炸，那就准备好迎接下一轮暴击吧：我们确定的基本粒子（比如夸克和电子）也不是真正的“东西”。事实上，根本没有“东西”这样的东西，这在我们的物理理论中是不存在的。

在我们当前的理论中，粒子实际上是空间中不可分割的点。也就是说，在理论上，它们处在三维空间中一个无限小的位置上，所占据的空间（体积）为零。实际上它们根本没有“大小”[1]。你是由粒子构成的，这并不意味着大部分的你是空的，这意味着你就是空的。

花点时间想一想，质量的概念竟然如此没道理。有些粒子的质量几乎等于零，然而另一些粒子的质量却非常大。比如，电子的密度就很奇怪。一个电子的密度是多少？电子有非零质量，但它的体积为零，因此它的密度（质量除以体积）……没有定义？这根本讲不通。

我们再看一看除了质量其他方面都一样的两个粒子：顶夸克和上夸克。顶夸克就像上夸克的胖表兄，它们电荷相同，自旋相同，相互作用相同。它们都被认为是基本的点粒子，但是顶夸克的质量是上夸克的 75000 倍。它们占据着同样大小的（零）空间，具有几乎一样的行为。那为什么它们中的一个有那么多质量，却不包含更多的“东西”呢？

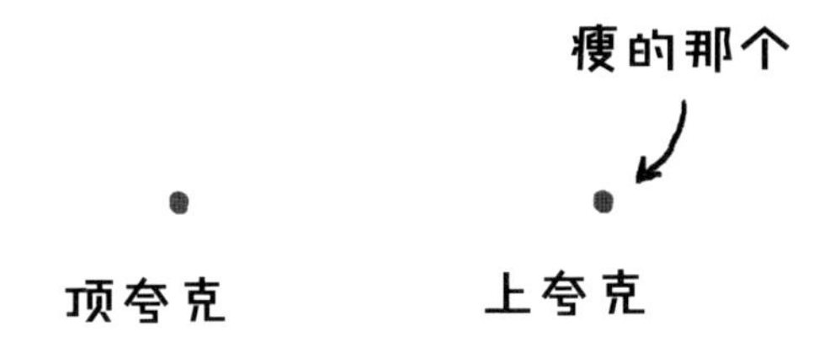

这看起来根本讲不通，因为粒子不像你通过日常生活了解的任何东西。我们自然会基于已知的东西去理解新东西[2]。我们还能做什么呢？这就像给三岁的孩子解释老虎是什么。你可能会说它“就像一只大猫”，但那只能暂时管用，一旦孩子在动物园试图把手伸进笼子撸老虎，你的老婆（老公）就会冲你大喊大叫，说你是不靠谱的家长，说你的类比死板而片面。那些思想模型很有用，但是你总要记得它们有局限性。

1　有一些关于粒子大小的定义结合了它们周围的虚拟粒子，我们使用的是严格的定义。

2　用已知的知识描述未知事物是物理的核心目标，这会使你在鸡尾酒会上显得非常聪明。

我们很喜欢把粒子想象成由某种东西构成的微小的球形物。实际上它们并不是小球，甚至一点都不像小球，但我们可以这样想。根据量子力学，它们是超级怪诞的场的小波动，弥漫在整个宇宙之中。这意味着微小球模型根本解释不了它们遵守的规则。比如，它们可以某刻处在一个不可逾越障碍的一端，在下一刻又出现在另外一端，而且无须穿越这一障碍[1]。量子粒子能够办到的事太奇怪了——如果你把它们想象成你知道的东西的话。这是因为它们和你所知道的东西不一样。

我们大脑中的模型非常有用，它能提供给直觉，帮助我们完成可视化，但我们一定要记住，模型只是模型，模型也有可能失效。当你想象点粒子的质量时，这样的事情就发生了。

粒子模型失效

我们来看一个极端的情况：一个粒子质量为零。这说得通吗？比如，光子的质量就是零。如果它没有质量，那么它怎么可能是一个东西的粒子？如果你要求质量等于东西，那么你必会得到这样的结论：无质量的粒子不存在。

与其把一个粒子的质量想象成一个超级小球里的东西，倒不如把它当作一个贴在极小量子对象上的标签。

你也许还没有意识到，但是在讨论粒子的电荷时你就已经这么想了。我们都知道电子有负电荷，但是当想到这个的时候，你大约也会思考这些问题：电荷在电子里的哪个位置？是什么东西把电荷给了电子？电子里面有那么多空间

1 量子隧穿效应已经被证实。某些超微显微镜已经在应用这种效应了，这是真的。

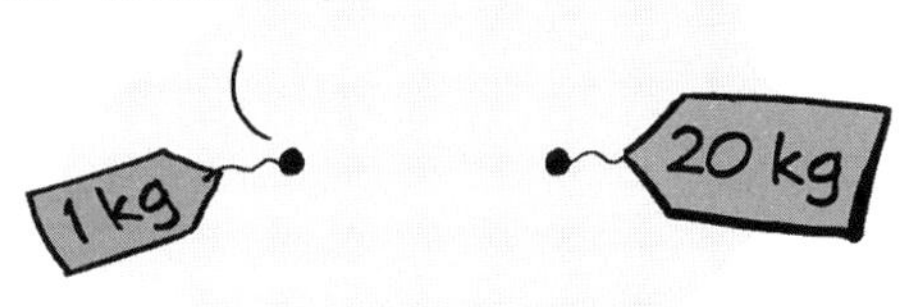

容纳这么多电荷吗？这类问题很蠢，因为这样想的人认为电荷就是粒子所具有的某种东西，但电荷只是一个标签，可以有许多不同的值。如果你以同样的方式来考虑质量，事情就说得通了。

如果电荷意味着一个粒子能受到电的影响（比如被其他电子推开），那么质量对于一个粒子意味着什么呢？质量是给了粒子惯性（阻抗运动）。但是，为什么物体有惯性？它从哪里来？它意味着什么？在我们最需要帮助的时候，谁会帮我们？答案是：希格斯玻色子。

希格斯玻色子

2012 年，粒子物理学家宣布了希格斯玻色子的发现，这是重大成就。虽然当时几乎没有人明白希格斯玻色子是什么，但是很多人都非常兴奋。《纽约时报》称这是“科学进程可以提供给现代文明的最好例证”。没错，希格斯玻色子显然比计算机、抽水马桶和真人秀节目更好[1]。

1　退一步说，希格斯玻色子至少比这些东西中的某一个重要。

什么是希格斯玻色子？这里有个小测验可以检测你的知识水平。现在，试着做做这些题吧。你读完这章后再测试第二遍，我们希望至少你的分数不降低。

希格斯玻色子小测验

（1）在成为一种粒子的名字之前，“希格斯玻色子”最容易让人们想到以下哪一项？

A. 小朋友喜爱的电视节目小丑

B. 美国中情局最危险的特工代号

C.《星球大战》中天行者卢克（Luke Skywalker）的儿时好友

D.《龙与地下城》中的角色

（2）判断正误：如果直接吃，希格斯玻色子比奇多火辣芝士脆条更容易上瘾。

（3）判断正误：希格斯玻色子是一种粒子，由名叫希格斯（Higgs）和波色（Boson）的理论物理学家首次发现。

答案在脚注中，快去看看你答对了多少[1]。

非常严肃地说，找到希格斯玻色子是科学的一项伟大胜利。这证实了一点：寻找规律的过程可以引导人们理解宇宙。

希格斯玻色子存在的想法来自对力传递粒子（光子、W玻色子和Z玻色子）的规律研究，以及对它们质量的研究。物理学家提出了问题：为什么光子没有质量，W玻色子和Z玻色子的质量却那么大？它们都是传递力的粒子。这根本说不通。

彼得·希格斯（Peter Higgs）和其他几位粒子物理学家研究了好长一

1 好吧，答案太明显了，没必要说出来了。其实这个测试真正目的是检测你看书的时候有没有开小差。

段时间，最终他们找到了一个自圆其说的办法：再编出点东西。没错，就是这个意思。给方程添加一个粒子（希格斯玻色子）及其力场（希格斯场），然后把质量当作粒子的标签（所以有些粒子的质量比其他粒子的大），这就能说通了。

我们大致解释一下这个理论。

假设有一个弥漫在整个宇宙间的力场。这个力场能够做一些其他力场做不了的事情：不是吸引或排斥任何东西，而是使粒子更难加速或减速。这个力场的效果等价于惯性质量带来的效果。

粒子与这个力场的相互作用越多，它表现出来的惯性就越大，或者说它的质量就越大。更进一步说，一个粒子与这个力场的相互作用所产生的惯性就是这个粒子的质量。有些粒子会受到这个场的强烈影响，这意味着它们需要费很大劲才能加速或减速，这些粒子的质量大。其他粒子几乎不受这个场的影响，所以它们能够轻松地加速或减速，这些粒子几乎没有质量。这就是希格斯理论中的质量。

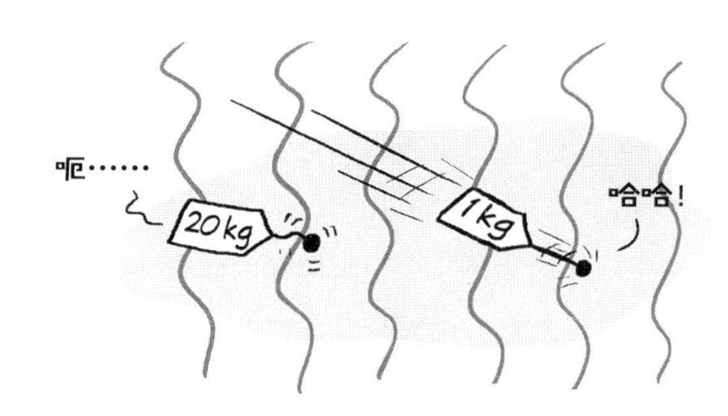

让我们花点时间仔细思考一下。这既是一个打破常规的重要理论，也是一番没意思的描述。

这是打破常规的重要理论，因为这里提供了另一种质量观。这一点相当了不起。

但这很没意思，因为一旦你相信质量是粒子的一种神秘标签，而不是实实在在的东西，那么这个神秘的宇宙力场也无法帮你理解质量到底是什么。

事实上，这对解答最重要的问题并没有任何帮助。为什么不同的物质粒子有不同的质量？希格斯理论给出的原因是，希格斯场对它们的影响不一样。这个理论其实是把一个问题转化成了另一个问题：为什么希格斯场对不同的物质粒子影响不同？

这个理论没有告诉我们物质粒子的质量遵循什么规律。这好像是随机的，它们好像也可以有完全不同的质量值。就算它们的质量都变了，这个理论也不会失效，现有的物理定律依然有用。当然，有些粒子变得更重或更轻时，其他事情会因此受到很大的影响，比如，组成昂贵的限量拿铁的质子、中子和电子不一样了（当然更普遍的影响关乎化学和生物）。但是根据当前的理论，物质粒子的质量就是随意设定的参数，想取什么值就取什么值。

希格斯理论的确解释了传递力的粒子为什么质量各不相同，却没有就物质粒子为什么质量不同给出一般的解释。它没有解释为什么一部分粒子与希格斯场的作用很强。质量很有可能存在一种规律，但是我们一直没有发现。我们的理论并不比原始人的理论复杂很多。奥克和古可通过枚举解释物质。我们最先进的宇宙理论不过是给物质粒子的质量派发了数字而已。

也许未来的科学家会写下更简洁的理论，在这个理论里，质量不再是任意的参数，而是更深层、更明了的总结。在未来科学家眼中，我们的理论或许非常可笑、非常无知。我们也无从得知。

引力质量是什么？

这是最后一块拼图了。

关于测质量，你可能有别的主意。使用玩具枪的方法更为精确，但你也可以用秤来测质量。秤测量的是地球对物体的吸引力。重量和质量紧密相关，因为东西的质量越大，地球对它的吸引力就越强。地球对一只大象的引力比对一条毛巾的引力大多了。

回到一个粒子的情况，你也可以把引力质量想象成引力电荷。当两个粒子有电荷的时候，它们能互相吸引，而且这个力和电荷量成正比。同样，当两个粒子有质量的时候，它们相互吸引的力和质量成正比。

引力就是要吸引

说来也怪，你不能拥有负质量，所以引力永远不会造成排斥，只会造成吸引[1]。从这个方面看，引力与其他作用力是不同的，我们会在后面探究这一点。

这两种质量一样吗？

质量大游行

引力质量和前面提到的惯性质量一样吗？一样，也不一样。

说它们不一样，是因为这个质量叫作“引力质量”，它似乎决定了一个对象的引力大小。另外，我们测量引力质量的方法（称重）和测量惯性质量的方法不一样。[2]

说它们一样，是因为我们能够利用这两种方式测量质量，而且我们还没发现哪个物体的引力质量和惯性质量不一样。

想想这有多离奇吧，根据直觉，这两个质量没有相同的道理。惯性质量是物体对运动的阻抗，而引力质量是物体被引力移动的倾向。

1 几乎永远不会有排斥。暗能量和暴胀也许是由于引力排斥。

2 这是牛顿的观点。接下来，我们会了解广义相对论，在那里没有引力，质量更像扭曲的空间。

一个简单的实验就可以证实这一点。在真空中（没有空气阻力），让两个不同质量的物体（比如一只猫和一只羊驼）自由下落，你会发现它们速度相同。为什么会这样？如果羊驼的引力质量更大，那么地球对它的吸引力就该更大，但是羊驼的惯性质量也很大，它需要更大的力才能加速。两种质量达到了平衡，于是猫和羊驼以同样的速度下落。

现在，我们所掌握的物理知识还不能解释这一切。我们只是假设两种物体质量相同。这个假设是爱因斯坦广义相对论的核心。爱因斯坦从一个完全不同的角度看待引力。他没有将其想象成作用于粒子中的电荷或者让粒子结合的能量的一种力。相对论把引力描述为质量和能量周围的空间弯折和扭曲。因此，在爱因斯坦的理论里，这种联系更加自然，但这仍然没有把问题解答清楚。惯性质量和引力质量到底是两个任意的参数，还是相互联系的参数？在不破坏物理定律的情况下，它们能不能不一样？

在相对论之外，粒子物理理论在概念上区别对待引力质量和惯性质量，但是在实验中，我们认为它们是一样的。这是一条重要线索，它们在深层次上是有关联的。

沉重的问题

先来总结一下，这里是质量的几个奇怪之处。

- 物体的质量不仅仅包括其各个部分的质量，还包括把各个部分束缚在一起的能量。但是我们不知道这是为什么。
- 质量实际上就像一个标签或者一个电荷（并不是什么实实在在的“东西”），但是我们并不知道为什么有些粒子有质量（受希格斯场影响），而另外一些没有。
- 无论通过惯性还是引力去测量，质量都是一样的。但是我们还是不知道这是为什么。

有意思的是，所有的质量谜团都加深了我们对宇宙其他部分的理解。你应该还记得，星系的旋转曲线和质量缺失的问题暗示我们，宇宙中存在一种不可见物质：暗物质。实际上，我们只知道暗物质有质量，确切地说是引力质量。

对于我们的存在那么重要的东西现在还是未解之谜——这有点不可思议。如果物理学家不能破解谜团，我们无法安心入眠，那我们为什么要给物理学家付工资呢？你可别这么想。科学就是这样的，你钻研得越深，你遇到的问题就越多。你会真正明白质量的谜团是多么巨大。

现在，我们知道的是，质量是使宇宙运转起来的一个基本特性，它明显与运动相关（想想能量、惯性、引力）。我们一直在试图理解庞大、神奇的宇宙，弄清楚这些联系无疑是有帮助的。破解质量谜团真的是件很酷的事情。

第 6 章
为什么引力与众不同?

小引力，大问题

你一定知道什么是引力。控制恒星的运动，制造黑洞，让苹果掉下来砸在某位大名鼎鼎但又毫无头绪的科学家脑袋上——这些都是引力的功劳。

但你真的了解引力吗?

引力的存在如此普遍，但和其他基本作用力的工作模式比较一下，我们立刻就会发现它很另类。和其他形式的力相比，引力的强度出奇地弱，而且它一般只能让物体互相吸引，而不能让它们互相排斥。当你站在量子力学的角度看待引力时，事情就变得一点也不好玩了。

引力因“不合群”而显得神秘，这让科学家很苦恼，因为理解世间万物的关键就在于掌握其模式。举目四望，你也许会觉得这个美妙的世界纷繁复杂，变幻莫测。不过，发现了事物背后的模式，你就能理解这一切了。这就像分析某个人的网页浏览记录，借此多了解他一些。不过话说回来，你可能对宇宙的这一部分没什么兴趣。

但是物理学家总是想通过模式理解物质，这也是他们痴迷于理论统一的原因[1]。然而，引力的“不合群”是实现这个愿望的极大阻碍。在这一章，我们会探索为什么引力如此特别，为什么它的力度只够扯下一个普通的木瓜或者放倒一头羊驼。引力的秘密就像一个深深的洞，就让我们掉落其中吧，说不定还能吸引到一些答案呢。

引力为什么这么弱？

每个人都曾思考过这样的问题：我们为什么在地球上？我们的答案是：因为有引力。如果没有它，我们都会飘浮在太空中，而整个宇宙也会变成一团漆黑且充满尘埃和气体的庞大混沌体，没有行星，没有恒星，没有奇特的热带水果，没有星系，也不会有你们这些爱看趣味物理学读物的帅哥美女。引力的存在如此广泛，但它的力道非常弱。

引力有多弱呢？粗略地说，对于其他三种基本作用力，它的强度大约是 $1/10^{36}$ 倍。为了更直观地感受这个差距，你可以回想自己在一年级的时候是如何学习“分数”这个概念的。你把 1 个木瓜等分成 4 份，那么每份就是 1/4 个木瓜，这很容易。那如果把它等分成 10^{36} 份，那么每份……要比单个木瓜分子[2]更小。事实上，你可能要切 200 万个木瓜才能成功地得到单个木瓜分子。

1 说真的，物理学家其实有很多愿望。

2 木瓜的分子叫木瓜子，它们很小、很甜。

做个小实验你就知道引力到底有多弱了。你不需要在地下室搭建粒子加速器，随便找一块磁铁从上方吸住一枚铁钉即可。铁钉被整个地球的引力向下拽，但一块小小的磁铁产生的磁力足以让铁钉保持悬浮，而不至于掉到地上。一块小磁铁就可以抗衡整个行星，可见磁力比引力强大得多得多。

此时此刻，你大概会觉得奇怪：既然引力这么弱，为什么它在我们的宇宙中如此重要？难道它不应该被其他的力彻底碾压吗？它难道不应该像龙卷风中的一个喷嚏[1]一样，毫无存在感吗？它怎么会让行星绕着恒星转圈，让我们无法像超人那样在空中飞来飞去？既然其他形式的力如此强劲，它们为什么没有轻易消除引力的作用，在宇宙中彻底抹掉它？

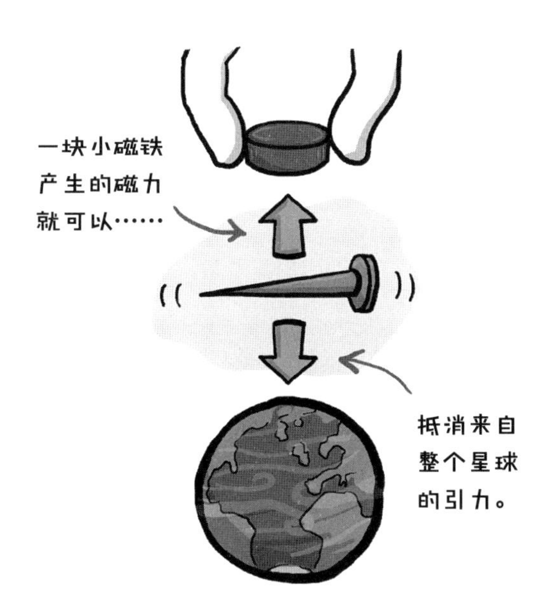

1　或者一个屁。

答案是，在超大尺度、超大质量的情况下，引力会变得非常重要。[1] 强核力和弱核力都是短程力，一般只在亚原子尺度上起作用。电磁力的强度远超引力，却不能成为主宰恒星和星系运动的作用力，因为引力有一项有趣的属性：引力是单向作用力，只会使物体相互吸引，而不会使它们分开。[2] 这里的原因很简单：引力的大小和物体的质量成正比，而质量不能是负的。与之相反，电磁力涉及两种类型的电荷（正电荷与负电荷），而强核力和弱核力也涉及类似的属性，它们是超荷和色荷 [3]，同样具有多重数值。

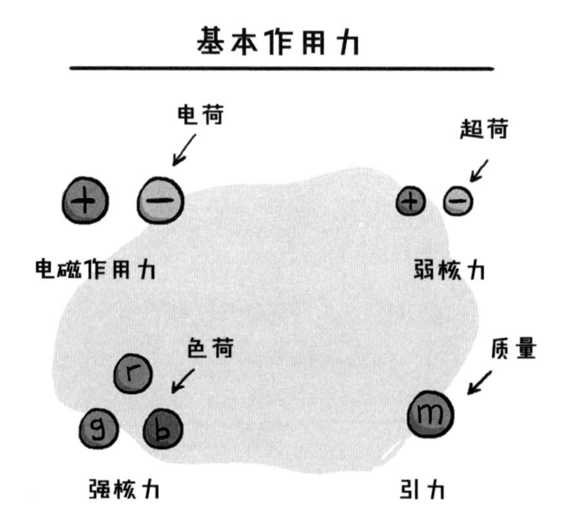

1 引力喜欢大质量的家伙，对于这一点它不能说谎，其他的力也不能否认。

2 关于这个话题的更多信息详见第 14 章。

3 色荷有红、蓝、绿三种。为了平衡一个红荷的粒子，你可以加一个蓝荷的粒子和一个绿荷的粒子，或者找一个拥有反红荷的反粒子。

引力也差不多，但又不完全相同。你可以把质量当作粒子的引力荷（gravity charge），它决定了该粒子会受到多强的引力。但质量不可能取负值，所以引力不会使粒子相互排斥。

这一点非常重要，因为这意味着引力是不能互相抵消的。在大尺度上，电磁力可以相互抵消。如果太阳基本只带正电荷，而地球基本只带负电荷，那它们之间的引力会大得惊人。如果这是真的，我们的行星早就被拽进太阳里了。

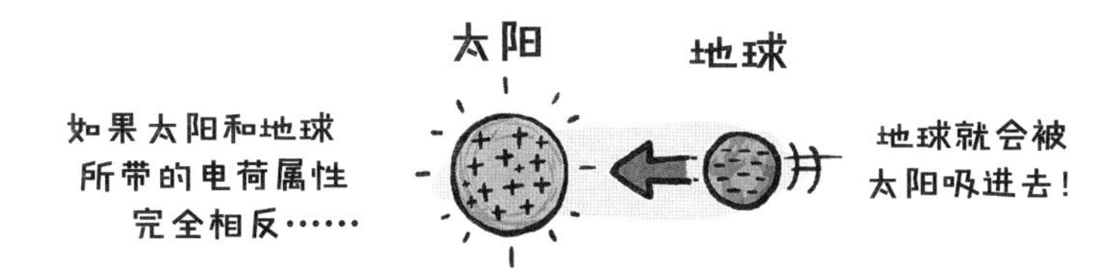

然而，地球所带正电荷与负电荷的数量基本各占一半，太阳差不多也是这样，所以它们之间的电磁力几乎可以忽略掉。地球的正电荷吸引太阳的负电荷，同时排斥太阳的正电荷；地球的负电荷吸引太阳的正电荷，同时排斥太阳的负电荷。总体算下来，所有的电磁力互相抵消。

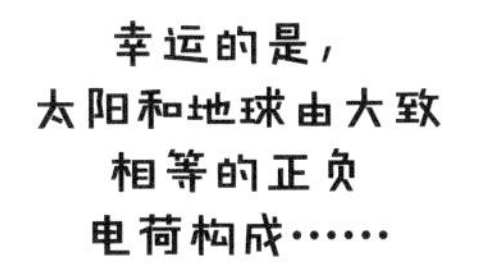

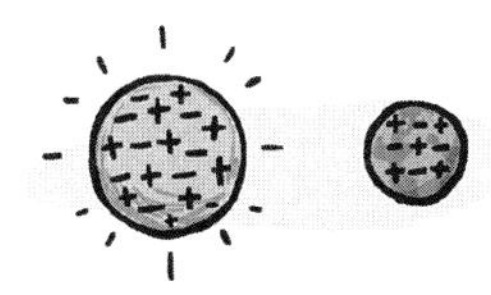

这并不是什么巧合。在强大的电磁力作用下，电荷会被反复调整，直到所有残余的不平衡都消失。在宇宙早期（那时它很年轻，只有 40 万岁，那是没有木瓜的时代）这个过程就基本完成了，几乎所有的物质都以中性的形态存在，电磁力也达到平衡。

既然太阳和地球间的电磁力总体为零，而且弱核力和强核力在远距离上也

没什么效果，那剩下的就只有引力了。这就是引力在行星和星系尺度上成为主导的原因：其他的作用力都达到了平衡态。这就好比在宴会上，其他人都结伴回家，只剩下引力孤零零地站在那里，尽管它有的是吸引力。因为引力只有吸引力，它不会自我抵消。

总之，引力有两个人们至今还无法解释的有趣特性：（1）和其他几种基本作用力比起来，它很弱，这就好比在战场上，其他人都拿着《星球大战》里的光剑，而引力却拿着一把牙刷；（2）其他的作用力会根据物体的属性吸引或者排斥它们，只有引力不管三七二十一，统统表现为吸引。为什么它这么特别？我们不知道。

量子力学也拿引力没办法吗？

尽管不完全如此，但是引力差不多遵循其他三种基本力所设定的模式。我们可以将它同其他几种力进行比较，将质量当作某种电荷。但是，引力的强度很弱，而且是单向的。这种明显的不一致意味着它不符合现有的模式，或者还有什么重要的部分我们没有发现。

事实证明，在更深的层次，引力也显得很怪异。我们有一种可以同时解释所有物质粒子和三种基本作用力的数学框架，叫作量子力学。在量子力学里，所有的东西都可以用粒子来描述，三种基本作用力也不例外。当一个电子推另外一个电子时，它并没有使用“力”或某种不可见的心灵感应来驱使对方运动。物理学家认为，这种相互作用来自一个电子向另一个电子扔出的某种粒子，这可以转移一部分动量。对于电子，这个携带力的粒子是光子。在弱相互作用下，粒子交换 W 玻色子和 Z 玻色子。粒子通过交换胶子 [1] 来表现强相互作用。

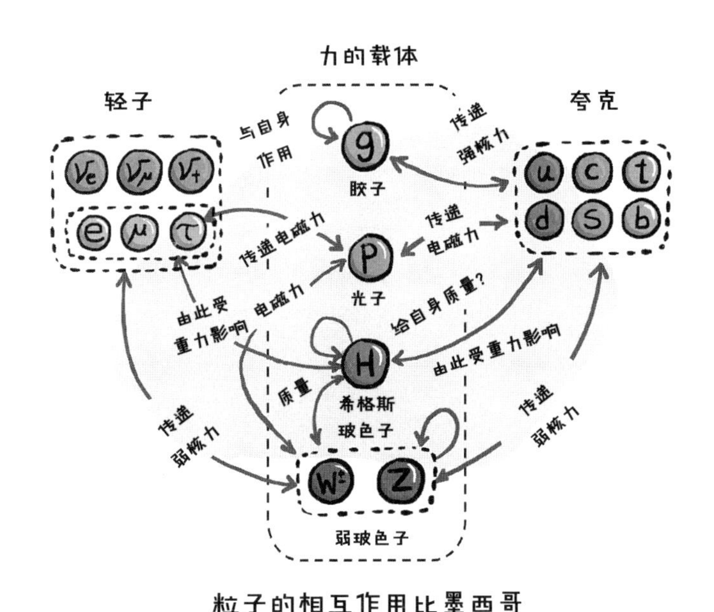

粒子的相互作用比墨西哥
肥皂剧还复杂

在这个量子力学框架下，第 4 章介绍的粒子物理标准模型可以成功地解释大多数的自然现象。（注意，这个“大多数”是 5% 的宇宙中的“大多数”。）按照量子粒子的方式看待这个世界，我们在实验中看到的现象都能得到解释，这也可以预言我们还未看到的东西，比如其他种类的物质粒子或者希格斯玻色子。这甚至可以解释弱核力为什么是短程力：因为搬运这种力的粒子质量很大，这限制了它们的运动距离。然而，标准模型有一个很大的问题：用同样的理论不能很好地解释引力。

1　别因为我们编了个木瓜子就不相信我们。胶子是真实存在的！

引力子是基本粒子还是漫画中的超级恶棍？

有两个原因使得引力不能用量子力学解释。第一，如果要把引力融入标准模型，那么我们需要一种粒子用于引力的传递。物理学家创造性地把这种假想的粒子命名为引力子。如果真有这种东西存在，那就意味着，当你坐着或站着被引力吸引的时候，你身体的所有粒子和地球的所有粒子在持续地互相投掷和接收微小的量子球。而地球之所以会围绕太阳公转，是因为一股恒定的引力子流在地球和太阳之间互换。问题是，从来没有人观测到引力子的存在，所以这个理论也可能完全是错的。

不是你懒，是这个星球的
每一个粒子都在拖你的后腿。

物理学家不能轻松地将引力量子化的第二个原因是，我们已经有了一个伟大的引力理论，也就是在 1915 年由爱因斯坦提出来的那个。它叫作广义相对论，其自身非常完美。广义相对论从一个全新的角度诠释引力，认为引力不是两个物体之间的相互作用，而是空间自身扭曲的效果。这是什么意思呢？爱因斯坦意识到，如果把空间想象成某种动态的流体，或者一块可以变形的弹性板，而不是某种抽象的概念，也不是躲在物质后面的背景，引力就变得很简单了。因为质量（或者能量）的存在会弯曲它周围的空间，从而改变物体的轨迹。在爱因斯坦的理论里，引力不是一种力，它只是时空弯曲的一种体现。

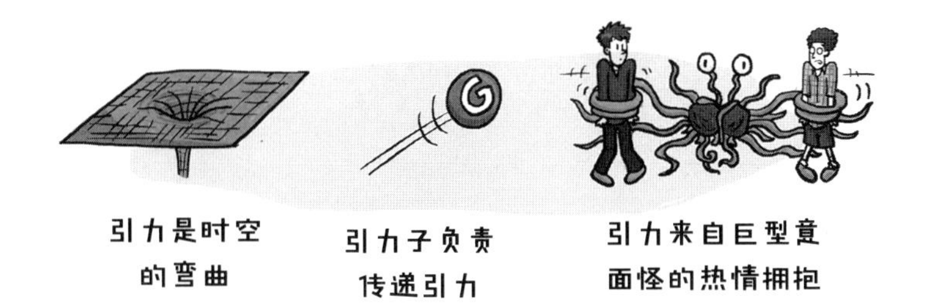

广义相对论认为，地球之所以会绕着太阳转而没有飞向遥远的太空，并不是因为地球被某种力困在了轨道上。它围着太阳转，是因为太阳周围的空间以这样一种方式弯曲了——地球以为自己沿着一条直线运动，实际上它沿着一个圆（或一个椭圆）运动。这样一来，引力质量不再被看作部分粒子有部分粒子没有的特殊荷子，它衡量的是一个物体可以多大程度地弯曲它周围的空间。尽管这个说法听起来很怪异，但这成功地解释了局部引力、宇宙尺度的引力，以及很多在太空中看到的奇异现象。这可以解释光线经过天体后的偏转和 GPS 的工作原理，还曾预言了黑洞的存在。

这里的问题在于，广义相对论非常完美，我们觉得它很可能是对自然的正确解释。可是，另一个基础理论——量子力学——似乎也是对自然的正确解释，但我们还没有办法把它们合并到一起。

这两套理论之所以很难统一，一部分原因在于它们从完全不同的视角理解这个世界。量子力学把空间看作平坦的背景，而广义相对论却认为空间是动态

引力是个让人扫兴的家伙

的、有弹性的事物（时空）。那么，引力究竟是一种时空弯曲现象，还是粒子之间飞来飞去的量子小球造成的？如果我们的宇宙中除了引力之外所有的东西都是符合量子力学的，那么引力也应该遵循同样的规则。然而到目前为止还没有确凿的证据表明引力子是真实存在的。

更大的问题在于，我们甚至无法想象这两套理论合二为一之后，量子引力理论会是什么样子。物理学家常常用理论预测某种粒子的存在，然后通过实验找到实证，顶夸克和希格斯玻色子都是这样被发现的。但在统一两套理论上，人们却没有成功过，只是不断抛出一些荒唐的结论，比如“无穷大量”。（理论上来说）理论学家是一群聪明人，他们也有一些好点子，也许在之后的某天，这些点子会帮助人们完成统一的理论——比如弦论或者圈量子引力——但平心而论，现在人们的进展太慢了。第 16 章会有更多关于统一理论的内容。

黑洞对撞机可以发现引力的秘密吗？

总的来说，在基本作用力之家里，引力是个和兄弟姐妹大为不同的家伙。它可能是被“宇宙太太”收养的，也可能是她出轨的结果。引力比其他形式的力弱很多，而且是单向的（只吸引不排斥），它似乎无法像其他作用力一样融入同样的理论结构，我们也不知道这是为什么。这些都是宇宙中的重大谜团。为了解答这些难题，人们正在做什么呢？

一种方法是用实验检验宇宙运作的规律，再想出一些聪明的理论解释我们看到的现象。在理想的情况下，我们希望能同时检验广义相对论（经典引力）

和量子力学效应，如果它们中只有一个是对的，我们还要看看谁对谁错。比如，如果观测到两个有质量的物体相互交换引力子，我们就可以证明引力必然是一种量子现象。

如果真的可以这样做那就太好了，但我们得想想这个实验有多难做。引力非常弱，整个地球产生的引力也难以抗衡一枚小磁铁产生的磁力。把两个粒子放到一起，它们之间的引力微乎其微，强大的电磁力、弱核力和强核力却可以轻易让它们弹开。

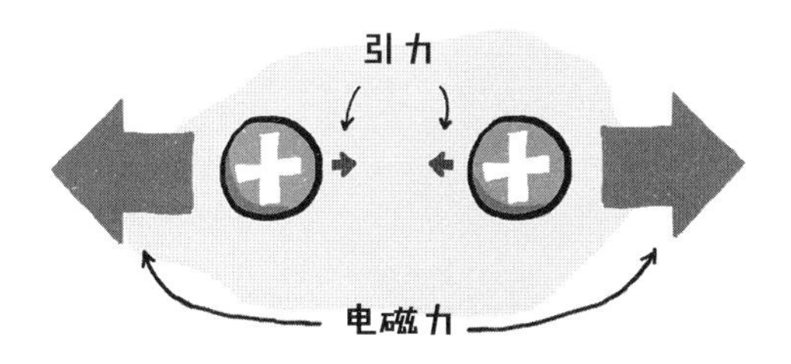

想要观测到引力子，我们需要动用质量很大的东西。对于这样的实验，我们要碰撞宇宙尺度的巨大物体，这样可以消除所有其他作用力的影响。不，我们不打算撞击几百万千克的木瓜。[1] 请把脑洞开得再大一点，试着想想不可思议的黑洞碰撞机。

让两个宇宙尺度的大质量物体相撞，这就是在量子层面探测引力所需要的。显然，这不是人能够建立和操作的实验（合理的预算估计会让《星球大战》中的“死星”飞船都显得很便宜）。好在宇宙本身就是一个充满了奇异物品的大世界。只要耐心寻找，你几乎可以找到任何想要的东西，包括相撞的黑洞。

这种事通常是不会按计划进行的，而且是不可重复的。不过通常来讲，当黑洞彼此靠近的时候，双方都想要吞噬对方。这正是科学家们寻找的情况。在宇宙的某些地方，黑洞正在彼此绕转，进入死亡螺旋，在它们合并的过程中，可能会有引力子向四面八方放射。我们要做的就是看到它们！这并不容易。黑洞碰撞产生的引力子也不容易识别。引力很微弱，这意味着即使有一个引力子

1　好吧，其实我们真的是那么想的。

黑洞的生死决战

从你身边掠过，你也几乎感觉不到什么。还记得中微子吗？那个像幽灵一样的粒子能穿过 1 光年厚的铅。和引力子比起来，中微子简直就像聚会上和谁都能聊两句的交际花。实际上，人们通过计算发现，即使是在引力子的强放射源附近，像木星那样大的接收器探测到引力子的频率也只有 10 年一个这么低。

我们如何进入黑洞？

既然我们很难看到单个引力子，那我们怎么知道引力是否可以用量子理论解释呢？这里还有一种方法，就是找出某种情况，使得两种理论给出不一致的预言。这可以用来检验两种理论哪个对哪个错。比如，人们正在考虑一个不太现实的方案：探索黑洞的内部。

广义相对论告诉我们，在黑洞的内部存在一种叫作“奇点”的地方，在那一点上物质的密度非常高，那里的引力场强度因而趋于无穷大。在那里，你会经历一种“无法理解”的状态，这是真的，因为那里的时空会弯曲成你完全无法想象的形态。广义相对论认为，这种奇点是可以存在的，但量子理论可不这样认为。根据量子力学的基本原理，物体不可能分离到只剩下一个孤立的点（比如奇点），因为其中总会存在一些不确定性。所以在这种情况下两种理论必然有一个是错的。如果我们能知道黑洞内部到底是什么样子，我们就能得到一些至关重要的线索，从而理解量子力学和引力是怎样共同作用的。很遗憾，进入黑洞而不被它摧毁，在那里做实验，然后从那不可能逃脱的引力场里逃回地球，这一切目前想想就令人发怵。

黑洞是最糟糕的度假目的地，
没有之一。

还有别的吗？

我们不能通过黑洞找到引力子，但我们可以通过黑洞死亡前的旋近得到些信息，因为它们会产生引力波。

具有质量的物体加速运动时会使周围的时空产生涟漪，这种时空的波动就叫作引力波。这就好比你用手在装满水的浴缸里来回移动。手的运动激起的水波可以一直传到浴缸的另一头。大质量的物体在空间里运动时也会带来类似的效果。运动的质量弯曲空间，对其产生的扰动也会像波纹一样传播开来。

有意思的是，当引力波经过时，沿着它路径方向的每一个物体都会被拉伸和扭曲。一个圆会瞬间变为一个椭圆，一个正方形会瞬间变为一个长方形。听起来很酷，是不是？先别急着去看你手里的书是不是正在变形，你要知道，引力波能够引起的时空扭曲大概只有原物体尺寸的 $1/10^{20}$。也就是说，如果你有一根 10^{20} 毫米（10 光年）长的棍子，那么引力波大约能让它变短 1 毫米。这个效果是很难测量的。

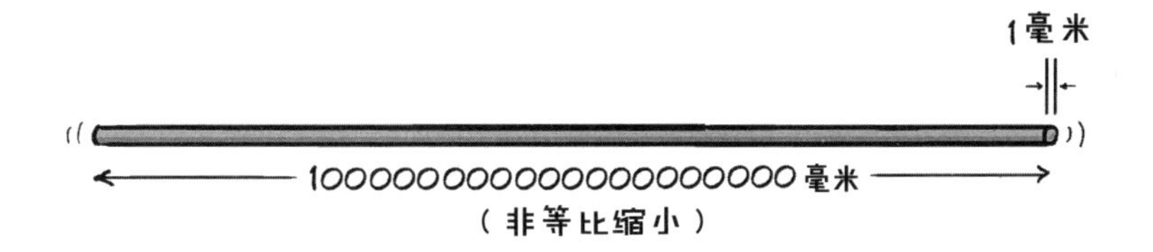

不过，科学家既聪明又有耐心。他们建造了一个实验室，取名为 LIGO（Laser Interferometer Gravitational-Wave Observatory，激光干涉引力波天文台）[1]。它由两个互相垂直的 4 千米长的管道组成，科学家利用激光测量两个管道顶端的距离变化。当引力波经过时，会在某一个方向拉伸空间，而在另一个方向压缩空间。通过测量激光在每个管道中反射若干次后再叠加产生的干涉条纹，物理学家可以很精确地测出两者之间的空间是不是被拉伸或被压缩了。

2016 年，在花费了 6.2 亿美元的经费和数十年的观测时间后，科学家终于识别出了首个引力波信号。这个发现完美地证实了爱因斯坦引力会弯曲时空的理论。糟糕的是，我们无法从中得知引力是如何在量子视角下发生作用的，因为引力波不等同于引力子。这就好比证明了光是存在的，并不等同于证明了光是由光子组成的。不管怎样，这是一个重量级发现，应该得到人们的重视。

1　在本书翻译期间，LIGO 的三位主科学家因为引力波的探测获得了 2017 年的诺贝尔物理学奖。——译者

也许引力就是很特别？

那要怎样解释引力的奇特属性呢？为什么它这么弱，为什么它不能和其他作用力的理论统一起来呢？

也许引力本来就是特殊的。没人规定引力必须和其他作用力相似，我们也不一定要用同一套理论解释所有力。有一个更大的问题我们必须时刻铭记于心：我们对宇宙的大部分基本原理尚不清楚。很多时候，我们的假设会被推翻，或者只适用于某些特定的情况。也许引力就是和我们之前看到的所有东西完全不一样，也许它并不特殊，两种可能都存在。记住，我们的目的是理解宇宙，我们应该避免先入为主地假设它应该是个什么样子。

如果引力真的很特殊，和其他的基本作用力不同，这也可能是解答更大物理问题的线索。这可能意味着引力是某种更本质的存在，和宇宙的基本结构密不可分。我们往往能从特例中学到更多东西，而且我们也不缺乏能够解释神秘现象的精彩想法。

有一种十分大胆的说法，用“额外维度”解释引力为什么这么弱。这里说的可不是你在漫画里看到的那种异次元空间，这里的关键在于，你所在的空间可能比你以为的维度更多。一些物理学家提出，引力强度很弱是因为它被稀释到了其他维空间里，形成了一些我们看不到的微小环路。如果你把其他维空间都考虑进来的话，引力强度就会像其他类型的力一样强。我们会在第 9 章详细讨论这个理论。

我们谈到了统一量子力学和广义相对论的一些困难，以及探测引力子的困难，尽管如此，物理学家也没有放弃以统一的理论解释已知的所有力。我们离预言一切的简单理论有多远？我们会在第 16 章介绍这方面的进展。

这意味着什么？

揭开引力的神秘面纱对于理解我们所在的世界极为重要。不要忘记，引力基本上是唯一可以在宏观尺度上发挥作用的力。这意味着，它是决定宇宙形状和最终命运的关键作用力。引力可以弯曲时空这一事实，也可能带来某些令人兴奋的结果。我们很有可能永远无法访问太阳系以外的恒星系，因为那太遥远了。但如果能够解开引力的谜团，那么我们或许会更清楚如何弯曲和控制空间，或者如何制造和操控虫洞。如果这能实现，那么凭借折叠时空的本领，人类畅游宇宙的狂野梦想就可能变为现实。引力可能蕴藏着这一切的关键。谁说引力只会把你困在地面上？

物理学家评价电影时很苛刻。

第7章
什么是空间？

为什么空间如此广阔？

我们在前面几章讲了和物质有关的谜题，包括组成宇宙的最小单元，以及它们如何运作。可是，即便我们理解了身边这些有形的东西，依然有一个隐藏在背景中的谜团悬而未决，这个谜团的主角就是“背景”本身：空间。

那么，空间到底是什么呢？

如果你去问物理学家和哲学家空间的定义是什么，你恐怕会卷入一场冗长的讨论，然后被一堆听起来很高深但毫无意义的词搞得晕头转向。如果再给你一次机会，你大概不会一上来就找哲学家还有物理学家进行这种高深的讨论。

空间是给世间万物当背景的一片无尽的虚空吗？空间是用来填充物体与物体之间缝隙的虚空吗？或者，空间是某种和流动性有关的物质，就像加满水的浴缸？

这样看来，空间的本质反而成了宇宙中最大的谜团。做好准备，接下来的内容会越来越空的。

空间是个东西吗？

和很多艰深的问题一样，“什么是空间”听起来不是个很难回答的问题。可是，如果你尝试挑战自己的直觉，重新审视这个问题，你会发现自己很难找出一个清晰的答案。

大多数人把空间想象成一片空旷的场地，比如一个空荡荡的仓库，或者宇宙万事上演的舞台。

基于这个观点，空间从字面上理解就是一个静静地待在那里的空洞，等待着有什么东西填满。这类似于我们说的“我要留点地方（胃口）吃饭后甜点”或者“我找到一个停车的好地方”中的“地方”。

展品 A：空间

从这个概念出发，空间即使没有被填满，它本身也是一个独立的存在。这么说吧，如果宇宙中所有物质的总和是有限的，那么你总能走到一个足够远的

地方，把宇宙中所有的东西都甩到身后。[1]那时呈现在你面前的将是绝对虚空的无尽世界。也就是说，空间是可以无限延伸的虚空世界。

这种东西有可能存在吗？

这种对于空间的描述听起来合情合理，也符合我们的日常经验。然而我们要牢记之前的教训，每当我们想当然地觉得某个事情肯定没错（比如地球是平的，比如吃很多女童军饼干有益健康）的时候，我们都应该抱着怀疑的态度退后一步，再仔细检查一下。更重要的是，我们应该考虑那些能够解释同样的现象但机制完全不同的理论。也许我们漏掉了什么，或者有某些相关的理论，在它的框架下我们对宇宙的体验只是它的一个特例。鉴定前提假设有时候是很困难的，尤其是那种看起来很自然、很直截了当的前提假设。

既然要重新审视空间，那我们不妨看看这些似乎合理的空间的理论。我们是否可以假设空间必须和物质并存？如果空间本身只不过是物质之间的“关系”呢？如果真是这样的话，那就不可能存在纯粹的“空”间，因为不包含物质的空间从概念上是说不通的。打个比方：如果你要丈量两个粒子的间距，那么你要先有两个粒子才行。在没有任何物质粒子的尽头，空间的概念也就终止了。那没有物质的地方又是什么呢？反正不是空的空间。

关于空间，这个思考的角度很奇怪，它违反了我们的直觉，特别是在我们对“非空间”毫无概念的情况下。但是一个理论很怪异并不代表它没有物理学意义，就让我们保持一种开放的心态来看待吧。

1　你要走很久很久，我们建议你带上这本书。

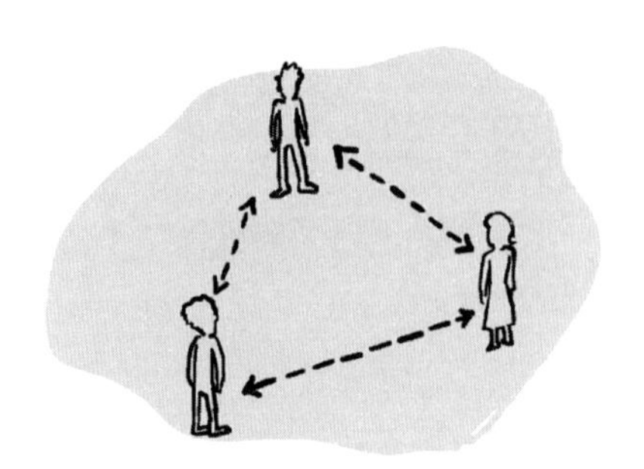

展品 B：空间

我们要找的是哪种空间？

到底哪一种对于空间的解释是正确的呢？空间是一个等待被填满的无穷大的空洞，还是必须与物质共存的东西？

事实上，我们可以确定两者都不是。空间绝不是什么巨大的空洞，也不仅仅作为物质之间的关联而存在。之所以这样说，是因为我们观测到了不支持任何一种理论的现象。我们发现空间会扭曲、荡漾和膨胀。现在你一定在想：“什，什么？”如果没有走神的话，你一定会惊讶于空间会弯曲和膨胀。这是什么意思？这怎么可能？如果空间本身只是一个概念，那么它不可能产生弯曲或者膨胀这样的形变，就像它不可能被切成丁和香菜一起炒。[1] 如果空间是用来给物体定位的标尺，那我们该如何测量空间本身的弯曲和膨胀呢？问得好！对大多数人来说，空间弯曲这个概念之所以令人费解，是因为一直以来我们都把空间脑补成一块看不见的幕布。就像我们之前提到的，你可能会把空间想象成一个剧院的舞台，它的地板和墙壁都是硬木板做成的。你可能会觉得这世上没有什么力量可以掰弯这样的舞台，因为这是一个抽象的框架，它本身并不是宇宙的一部分，它所包含的部分才是宇宙。

很可惜，事情并不像你想的那样。为了能用广义相对论那样前卫的思想来理解空间，你必须把空间当作一个具有物理属性的东西，而不是把它看作一个抽象的剧院舞台。你必须努力想象空间具有的属性和行为，宇宙中的物质对空

1　加利福尼亚人除外，他们能用香菜做各种事。

间会产生影响。你可以掐住空间，挤压它，甚至用香菜填满它。[1]

听到这些，你可能很想吐槽：“我去 #@#¥？！？！”你一定觉得这些简直是胡言乱语，你甚至会一脸嘲讽地把这本书扔到墙上。这些都是完全可以理解的行为。我猜之后你还是会把书捡起来，耐着性子继续听我们掰扯，因为我们还没讲到真正“丧心病狂”的部分呢。等我们全都掰扯完，你大概已经无力吐槽了，但我们还是要认真仔细地把这些概念掰开了揉碎了说个清楚，只有这样才能让大家很好地理解关于空间的各种理论，欣赏它背后那些奇特的、尚未揭开的谜团。

黏黏空间，任你畅游

空间是一个具有物理属性的实体，可以荡漾和弯曲——这该如何理解呢？

这意味着，空间不是一个（超级大的）空房间，而更像一大团黏糊糊的物体。一般情况下，物体可以在这团黏性物质里顺畅移动，就像我们可以在充满空气的房间里走来走去，而不会注意到周围的空气分子。但在某些特殊情况下，这团黏性物质会扭曲，这时穿过它的物体的运动轨迹也会随之发生改变。除了扭曲，它还可以收缩和荡漾，其中的物体也会随之发生形变。

1　请关注我们的下一本书，《物理学家教你做菜》（*Cooking with Physicists*）。

展品 C：空间

用黏性物（以下统称为“空间黏性物”）比喻空间并不十分恰当，但这有助于我们理解概念。我们要明白，我们此时此刻所处的空间不见得是某个固定的、抽象的东西。[1] 相反，它是一个实实在在的东西，可以在你察觉不到的情况下伸展、摇摆、扭曲。

或许一个空间的涟漪刚刚穿过你，也可能我们正沿着某个奇怪的方向被拉长，但我们对此一无所知。实际上，直到最近我们才发现这团黏性物一直在动来动去，而不是安静地待在那里，但它不粘在任何地方，这导致我们之前误以为它是某种虚空。

这个空间黏性物都能干些什么？它能干的怪事可多了。

首先，它可以膨胀。让我们认真思考一下这意味着什么。这意味着空间中的物体，即使它们并没有移动，也会距离彼此越来越远。还是用我们之前的比喻，你可以想象自己坐在一大团黏性物里，这团包裹着你的黏性物忽然开始膨胀。这时你对面还坐着一个人，即使你们俩相对这团黏性物都没有移动，你对面的这个人也会离你越来越远。

我们怎么知道空间在膨胀呢？难道我们用来测量距离的尺子不会随着空间一起膨胀吗？的确，组成尺子的原子之间的空间也会膨胀，这些原子也会彼此远离。假设我们的尺子是用很软的太妃糖做的，那么它会膨胀。但如果我们有一把很坚硬的尺子，它内部的原子之间有很强的结合力（电磁力），那么这把尺子可以维持原有的长度，利用这种尺子我们可以观察空间是否膨胀了。

1 之所以说把空间比作黏性物不恰当，是因为黏性物依然是一种存在于空间内的东西，虽然空间有着和黏性物相似的特性，但我们并不清楚它是不是也和黏性物一样存在于某种东西之内。

空间膨胀

之所以说空间可以膨胀，是因为我们已经看到了这种现象——暗能量就是这样被发现的。我们知道宇宙在早期曾以十分惊人的速度膨胀和扩张，如今相似的事情仍在持续发生。第 14 章有关于大爆炸（宇宙早期膨胀的机制）的讨论，第 3 章有关于暗能量（一种正在推动宇宙膨胀的物质）的讨论，如果感兴趣的话，你可以看看这两章。

其次，空间还可以扭曲。黏黏空间就像太妃糖一样可以被挤压变形。在爱因斯坦的广义相对论里，空间的这种特性正是引力的本质——空间弯曲产生了引力。[1] 如果物体具有质量，那么它周围的空间就会扭曲形变。

一旦空间发生形变，其中的物体就不再沿着设想中的轨迹运动了。在一块被弯折的黏性物里运动的棒球不再沿直线运动，它的运动方向会朝着黏性物弯曲的方向发生偏转。如果空间被一个质量很大的物体（比如保龄球）严重扭曲，那么这个棒球的轨道甚至会变成一个环状，就好像月球围绕地球运动的轨道，

1 爱因斯坦名言里没有这一句——黏性物从不掷骰子。

测量空间膨胀

或者地球围绕太阳运动的轨道。

这种情况我们用肉眼就可以观察到！比如，光线在经过太阳或者暗物质团这类大质量天体时会发生偏转。如果引力是具有质量的物体之间的相互作用力——而不是空间弯曲的表现——那它对光子应该没有影响，因为光子是没有质量的。因此，只有用空间弯曲理论才能解释为何光子的轨迹会发生偏转。

爱因斯坦式花样投球

最后，空间可以荡漾。如果空间可以伸展和弯曲，那么它有这种特性也不算离谱。有意思的地方在于，拉伸和弯曲是可以在空间这个黏性物里进行传播的，这就是引力波。如果空间瞬间被扭曲，这种形变会像声波或者液体中的波纹一样向外传递。这只有在空间具有某种物理属性时才会发生，如果空间只是一个抽象的理念或者某种虚空，那就不会产生这种现象了。

我们之所以知道空间的这种波动性是真的，是因为：（1）广义相对论预言了它的存在；（2）我们已经探测到了它的存在。在宇宙的某个地方，两个无法摆脱彼此的大质量黑洞以疯狂的速度互相绕转，同时它们对周围空间造成的巨大形变如同水中涟漪一般扩散至宇宙深处。借助高灵敏度的仪器设备，位于地球上的我们探测到了这些空间的涟漪。

你可以把这种涟漪想象成空间反复伸展和收缩所产生的波。实际上，当这一涟漪经过某处时，本地的空间会沿着某一个方向收缩，同时沿着另一个方向膨胀。

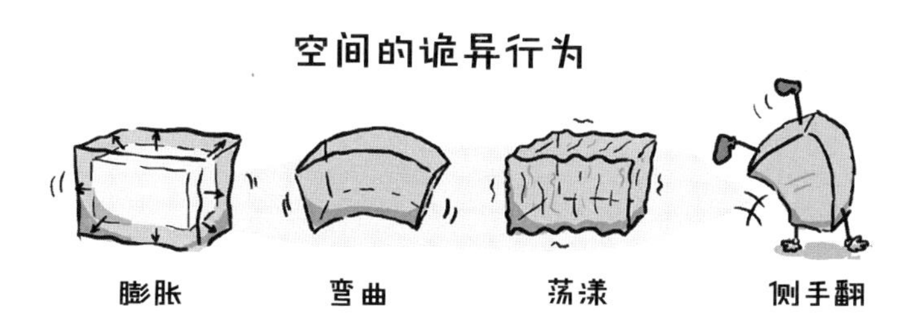

这听起来太荒唐了，如何确定这是真的？

空间是一个实实在在的东西，而不仅仅是纯粹的虚空，这个听起来很疯狂的想法来自我们的实际经验。观测结果明确指出，空间中物体的间距并不是在某种隐形的抽象背景下测出来的值，而是取决于这个空间黏性物的属性，这就是我们过日子、吃饼干、切香菜时所在的空间。

如果把空间想象成某种具有物理属性和行为的生动物体，或许我们的确可以解释它的扭曲和拉伸，但这又会带来更多的问题。

比如，你可能会觉得我们以前称为空间的东西应该叫作物理学黏性物（“物胶”），可是这个黏性物必然被另一种物体包含，那么装它的这个容器就又变成空间了，不是吗？这个想法很机智，不过根据我们已有的了解（尽管极为有限），这个容器并不是必需的。当我们谈论弯曲时，这种弯曲并不是该黏性物相对于它所在的某个背景所发生的形变，这是一种从本质上改变了空间中不同区域的相关性的形变。

不过，空间不需要容器不一定意味着这个容器不存在。说不定在我们讨论的空间之外真的有更大的“超级空间”，而那才是一片无穷无尽的虚空。是否存在这样的情况，我们无从知晓。

宇宙中是否存在没有空间的区域呢？既然空间就像一团黏黏球，那么会不会有些地方的空间不黏？会不会有些区域什么都没有？这些我们目前也说不清楚。所有的物理定律都是假定空间存在的，当空间不存在时这些物理定律又会变成什么样子？对此，我们一无所知。

事实上，对于空间的这些新认识是人们近期才有的，我们对空间的认知还

处于初期阶段。在很多方面，我们依然受困于自己的直觉。在原始人忙着狩猎觅食和采摘史前香菜的时期，这些直觉还是挺有用的，但是空间的本质和我们想象中的样子差别太大了，在理解它的过程中我们必须摆脱直觉的束缚。

空间如何弯曲？

如果这些关于空间弯曲的黏糊糊的概念还不足以让你脑仁儿疼的话，那么请继续思考关于空间的奥秘吧——空间是平的还是弯的？如果是弯的，空间朝哪个方向弯？

一旦你接受了空间可塑的设定，一些古怪的问题也就不难回答了。如果有质量的物体会扭曲它周围的空间，那空间会不会在整体上有一个曲率呢？换句话说，空间这块黏性物不是平直的，你知道戳它一下空间就会抖动和形变，但那会是什么样的形变呢？它会整体下沉吗？它会笔直地挺立吗？对于空间，这些都是可以探讨的问题。

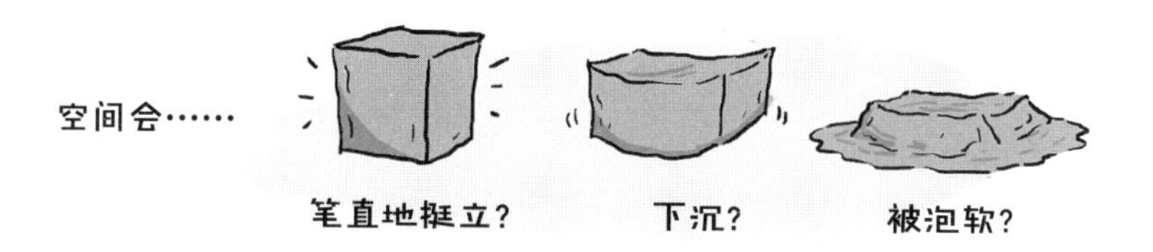

这些问题的答案可能会极大地影响我们对宇宙的看法。举个例子，在一个平坦空间里，如果你沿着某个方向一直走下去，那你可以无限地走下去。但是在一个曲率空间里，事情就变得有意思了。假如空间整体曲率为正，那么你沿着某个方向一直走下去的结果是从相反的方向回到起点！如果不喜欢被别人从背后偷袭，那你可要注意了。

宇宙中耗时最长的恶作剧

曲率空间的概念不太好理解，因为我们的大脑不擅长去想象这类东西。为什么空间会有曲率呢？我们在日常生活中（躲避捕食者或者找钥匙的时候）接触的三维空间看起来挺稳定的呀（即使被能操控空间曲率的外星人袭击了，我们也相信空间可以迅速恢复原状）。

空间有曲率到底意味着什么？让我们花一秒钟时间假装自己是生活在二维空间里的生物。我们所在的世界就像一张薄薄的纸片，换句话说，我们只能朝两个维度的方向移动。假如我们生活的这张纸片是严格意义上的平面，它就被称为平坦空间。

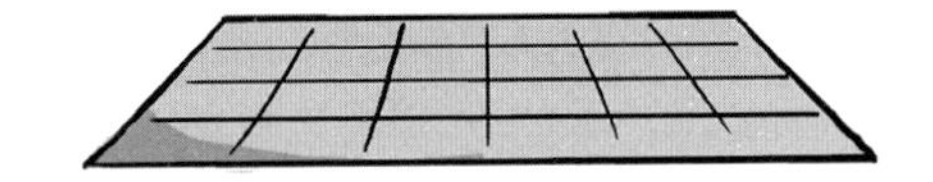

如果这张纸片由于某种原因弯折了，那这个空间就是弯曲的。

折弯这张纸的方法有两种，一种是让纸上的所有曲线都朝着同一个方向弯曲（曲率为正），另一种是让纸上所有曲线朝着不同的方向弯曲（曲率为负），得到的形状很像马鞍或者薯片（健康指数为负）。

现在最酷的部分来了：如果空间各处都是平坦的，那代表空间的这张纸片就可以向四周无限伸展。但如果空间各处都具有正曲率，那它最终只有一种形状，那就是球形，更严谨的说法是球状体。这样一来，我们生活的空间就变成了一个封闭体。它就好像一个土豆的二维表面在三维空间里的等价物，无论你沿着哪个方向一直走下去，最终都会回到起点。

我们生活的空间到底是什么样的呢？它是平坦的还是有曲率的？我们到底

可不可以说平房是平的？

在这种情况下，我们的确知道答案，空间看上去确实是平坦的，误差在 0.4% 以内。科学家们通过两种不同的计算方法得出的结果是：空间（至少我们能观测到的空间）的曲率很接近零。

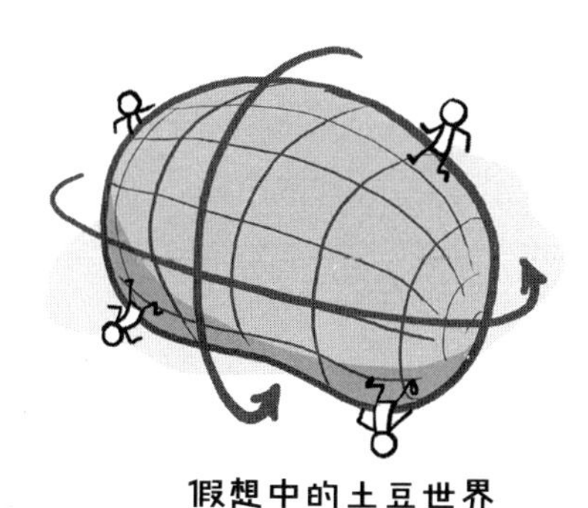
假想中的土豆世界

他们用的是哪两种方法呢？一种是通过测量三角形的内角之和计算空间曲率。在平坦空间里，三角形的内角之和是遵循一定规律的，但在曲率空间里情况就不同了。我们把空间比作一张纸，在摊平的纸上画的三角形和在弯曲的纸面上画的三角形并不一样。

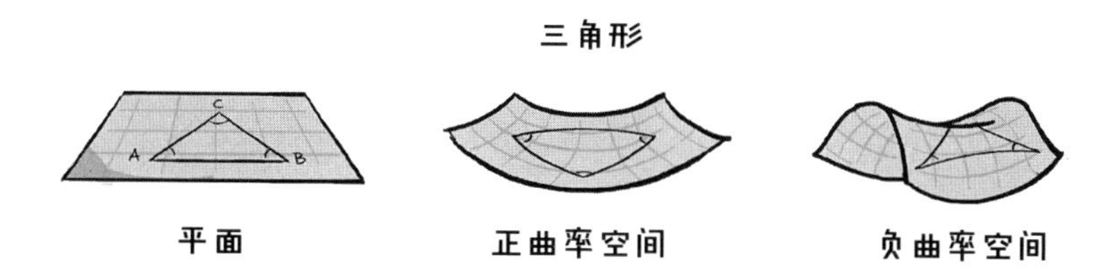

三角形

科学家已经测出了宇宙空间中的三角形的内角和，他们采用的方法是观测早期宇宙（还记得第 3 章介绍的微波背景辐射吗？），研究不同地点之间的空间关系。测量结果显示空间是平坦的。

另一种方法基于空间弯曲的根源：宇宙的能量。广义相对论指出，宇宙中一部分特定的能量（严格地说是能量密度）会决定空间弯曲的朝向。事实证明，我们测量到的能量密度恰好使得我们观测范围内的空间不会被弯曲（在 0.4% 的误差范围内）。

这也许会让你失望，原来我们并没有生活在一个很酷的三维封闭式土豆里。是啊，谁不希望坐着火箭摩托车像世界飞人埃维尔·克尼维尔（Evel Knievel）那样高速环游宇宙呢？我们生活的宇宙是个无聊的平坦空间，这是挺让人扫兴的，但你不好奇它为什么是这个样子吗？据我们所知，“宇宙是平坦的”这件事可是个宇宙级别的巨大巧合。

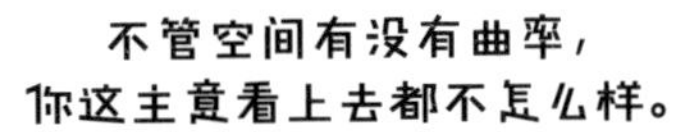

你想想看，既然曲率是由宇宙中物质和能量的多少决定的，那只要物质和能量比现在多一点点，空间就会朝着某个方向弯曲，如果物质和能量比现在少一点点，空间又会朝着另一个方向弯曲。目前宇宙拥有的物质和能量似乎刚好可以在我们所能观测的范围内让空间保持平坦。具体地说，这个能量密度是每立方米五个氢原子这么密。如果是每立方米六个氢原子，或者每立方米四个氢原子，那宇宙就是另一种样子了。它会更加凹凸有致，反正不是现在这样。

还有更奇怪的呢。空间的曲率也会反过来影响物质的运动，而物质的多少又会影响空间曲率的大小，这就是反馈效应。也就是说，如果宇宙在早期拥有的物质稍微多一点或少一点，那今天的宇宙所拥有的能量密度就不会刚好维持一个平坦的空间，而会使空间越来越不平坦。我们现在看到的是平坦的空间，这意味着宇宙在早期就极其平坦，或者存在其他的机制维持空间的平坦。

这是空间最神秘的属性。我们不清楚空间是什么，也不清楚它为什么恰好是现在这种平坦的样子。我们对空间真是一无所知。

空间的形状

谈到空间的本质，空间曲率并不是唯一困扰我们的难题。一旦接受了“空间不一定是无穷大的空洞，它更可能是无穷大且具有物理属性的东西”这样的设定，那么你就可以提出与之相关的各种奇怪问题。比如：空间到底有多大？它拥有怎样的形状？

大小和形状的背后是空间的数量和分布。你可能觉得这没什么意思。我们知道空间是平坦的，空间不像马鞍或者土豆（或者骑在马鞍上的土豆）。既然空间是平坦的，那就意味着它可以无限延伸，对吗？那可不一定！

空间肯定
不是这个样子的。

空间可能是平坦且无边界的，也可能是平坦且有边界的，空间甚至可以更奇葩，它可以是平坦且自循环的。

空间怎么会有边界呢？其实，平坦的空间也没道理非得是无边无际的。举个例子：你可以把一个盘子看作是具有平滑连续边界的二维平面。根据边界处某些奇异的几何属性，三维空间也可能有边界。

更让人好奇的是，平坦空间也可以循环。这像我们玩电子游戏（比如《爆破彗星》《吃豆人》）的时候，移出画面边界的主角自动跳入对侧的边界。空间

也可能具有类似的属性，也许它可以通过某种我们尚未知晓的方式自我连接。比如，广义相对论就曾预言虫洞的存在。空间上相距很远的两个地方可以通过虫洞相连。是否存在某种简单的途径可以让空间的边界全都连接在一起呢？这我们就不清楚了。

量子空间

就像像素构成了电视机屏幕，空间是否可能由离散的空间小单元组成？或者，空间无限平滑，在任意两点间都存在无数个点？

古代科学家可能没想过空气是由细小离散的分子组成的。毕竟，空气连绵不断，可以充满任意体积的区域，还自带有趣的动力学特性，可以形成风和气候。而我们知道，关于空气我们喜欢的一切（夏日微微拂面的凉风，还有呼吸顺畅的感觉）实际上是数十亿空气分子综合运动的结果，那不是单个分子本身的属性。

平滑空间的理论听起来更靠谱。这是因为我们曾尝试在空间中滑行，这个过程既轻松又连贯。没有人会像电子游戏里的角色那样，抽筋似的从一个像素点蹦到另一个像素点，对不对？

不过，我们真的能肯定吗？

然而，基于我们目前对宇宙的了解，无限平滑的宇宙反倒更令人惊讶。这是因为我们知道，除此以外的所有东西都像女童子军饼干一样可以量化。而且，量子物理认为存在一个量化的最小尺度，大约是 10^{-35} 米[1]。从量子力学

1 这个数字看起来难以置信，但真不是我们瞎编的。这个长度被称为普朗克长度，是长度的自然单位，也是目前有意义的最小可测量长度。详细内容见第 16 章。

的角度来看，空间也应该是可以量化的。不过，还是那句话，我们不清楚是不是这样。

无论如何，你不能阻止物理学家大开脑洞！如果空间是可以量化的，那么当我们在空间里移动时，我们实际上是从一堆微小单元组成的区域蹦到了另一堆微小单元组成的区域。也就是说，空间可以看作是一个由节点连接成的网络，这就好比一个由地铁站点组成的线路系统，每个节点代表一个地点，而节点之间的连接代表了这些地点的相互关系（换句话说，就是哪个地点挨着哪个地点）。这个观点不同于把空间仅看作物质之间关系的代表，因为即使没有物质，空间的这些节点也可以存在。

这很有趣，因为即使没有物质，空间的这些节点也可以存在。它们就是那样独立存在着。在这种情况下，我们所说的空间其实是这些节点的关系，而宇宙中的所有粒子本质上只是空间的属性而不是组成空间的元素。比如，它们可能是空间节点的某种振动模式。

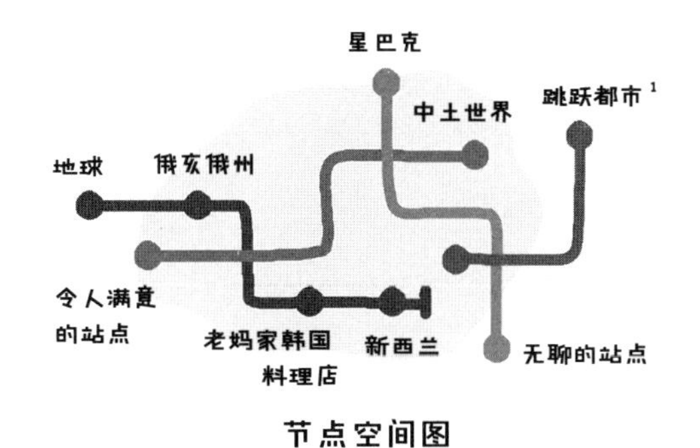

节点空间图

1　*FunkyTown*，美国 Lipps Inc 乐团在 1979 年推出的迪斯科名曲。——译者

这听上去可能有点牵强，其实不然。目前的粒子理论也基于空间中无处不在的量子场。什么是场呢？就是空间各处都有一个相关的数，或者一个相关的值。在粒子理论中，粒子就是场的激发态。我们所说的空间可以量化的理论和这种观点差不多。

顺便告诉你，物理学家其实很喜欢这种脑洞——看起来很基础的东西（比如空间），其原理竟然比人们想的更深奥。这让他们觉得自己已然窥探到了隐藏在幕后的真相。甚至有些人猜测节点之间的关系源于粒子间的量子纠缠。不过，这只是激动的理论学家的数学猜想。

空间的未解之谜

总结一下，迄今为止关于空间的未解之谜包括以下几个。

1. 空间是个实实在在的东西，可它究竟是什么？
2. 我们已知的空间就是全部了吗？在它之外是否存在某种更大的元空间？
3. 宇宙中是否存在无空间的区域？
4. 空间为什么是平坦的？
5. 空间是可量化的吗？
6. 为什么会计部的安娜不尊重其他人的私人空间？

读到这里，无论你是看懂了还是麻木了，我们都要带你了解关于空间最最疯狂的学说（没错，后面还有更疯狂的）。如果空间是个实体——不是背景，也不是画框——具有诸如扭曲和产生涟漪这样的动力学属性，甚至可以被量化，那么我们就要问了：空间还能做什么？

也许空间就和空气一样，可以拥有不同的物态。在极端条件下，它可能会变成让人意想不到的模样，就像空气有液态、气态、固态这些不同的形式。我们熟悉的、喜爱的、占用（其实用不完）的空间所呈现的样子也许只是众多形态中罕见的一种，而在宇宙的其他地方还存在着其他形态的空间，等着我们去研究和掌控。

想要回答这个问题，我们可以利用的最奇妙的工具就是质量和能量扭曲空间的特性。想了解空间是什么以及它能变成什么样子，最好的方法就是在极端条件下观察它，比如观察空间如何被黑洞这个宇宙级别的大质量天体挤压和拉扯。如果可以近距离观察黑洞，我们就可以看到空间是如何被撕碎的，这就像观察你如何被一堆废话搞得脑袋炸裂。

令人振奋的是，我们比以往任何时候都更有能力观测空间的这种异常形变。之前，我们还无法探测到宇宙中穿行的引力波，而现在我们已经可以探测到摇晃和扰动空间这块黏性物的宇宙事件了。或许在不久的将来，我们会更加接近空间的本质，从而解答环绕在我们周围的有关空间的深奥问题。

所以，节省点脑容量，思考这些问题吧，可别把存储空间都用完了。

第 8 章
什么是时间?

一起探索时间的（未知）本质

空间、物质这类基本概念比我们设想的要深奥得多。除此之外，还有哪些基本概念看起来平淡无奇，但背后另有玄机呢？终于到了探讨这个问题的最佳时机了：什么是时间？

假如你是造访地球的外星生物，你时常在咖啡店和杂货店徘徊，试图通过偷听周围人的谈话来学习地球人的语言，你会发现人类经常谈论时间，但是几乎从不谈论时间本身究竟是什么！

我们每天都要查看时间。我们会谈论糟糕的日子、美好的日子、久远的日子、疯狂的日子；我们会节省时间、遵守时间、抽出时间、花费时间、削减时间、打发时间；我们会发现时间到了、时间过了、时间结束了、时间不够了。时间不等人！有时候时间过得飞快，有时候时间在不知不觉中悄然流逝，有时候时间让我们度日如年。我们经常觉得时间不够用，但时间究竟是什么？它是一个像物质和空间一样实在的东西，还是一个凌驾于我们经验之上的抽象概念？

如果你期待物理学家明确回答有关时间的深奥谜题，那恐怕还为时尚早。时间的本质依然是物理学界最大的谜团。就让我们花点时间仔细聊聊这个永不过时的话题吧。

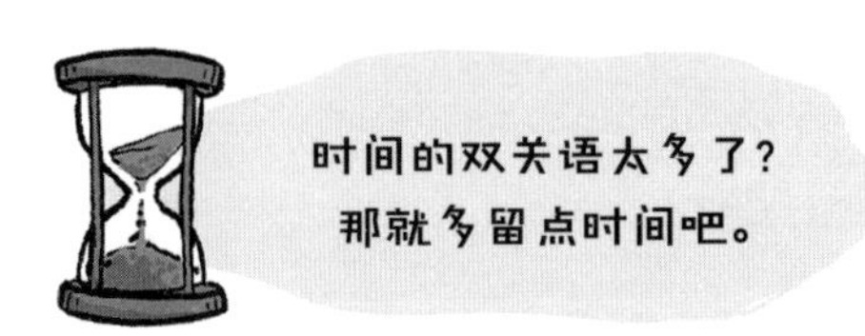

时间如何定义？

和宇宙相关的所有问题中，最有趣的往往是那些看似简单但却极难回答的问题。当你抓耳挠腮也想不出答案的时候才会意识到，我们其实并不了解那些我们熟悉得不能再熟悉的基本事物。

这些基本问题可能会点醒我们，让我们发现自己一直以来对它们的认识其实是错误的。（你大概还记得，人们曾对下面这些话坚信不疑——“地球是平的”“在你身上放一些水蛭就能治好你！”）一旦我们得到了确切而具体的答案，我们对宇宙的看法以及在宇宙中的自我定位都会发生变化。这可是一场赌注很高的赌局！

第一步，我们需要定义什么是时间。说到底，这就是解决高难度问题的物理方式。首先，我们要给研究对象一个严谨的定义，然后借助数学描述，用逻辑推演和实验检验它。

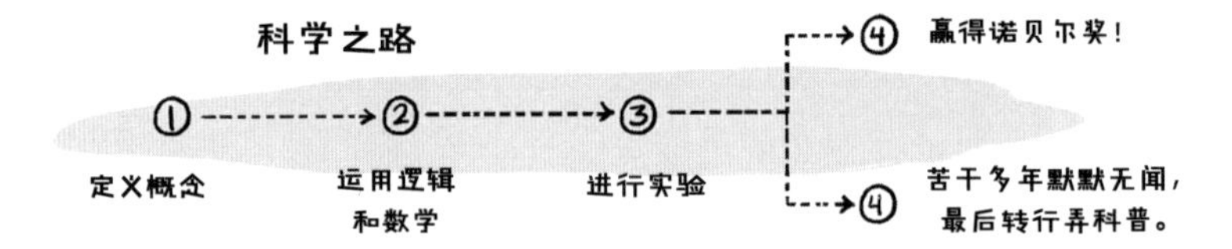

那么我们如何定义时间呢？如果你当街随机采访一些路人，让他们给出自己的定义，你大概会听到类似这样的回答。

"'当时'和'此时'之间的差别就是时间。"

"时间可以告诉你事情是何时发生的。"

"钟表上显示的那个就是时间啊。"

"不知道时间就是金钱吗？走开走开，别耽误我时间！"

这些定义都很合理，但也存在很多问题。比如，你可以接着问："那要如何定义'当时'和'此时'呢？""'何时'又是什么意思？""钟表不也是受限于时间的吗？""哪位有空回答这个问题？"

看起来我们关于时间的探讨很难继续下去了，给出定义只是第一步，却已经这么困难了。不过，我们也不用太焦虑。面对一个熟知的基本概念却给不出精确描述，这种情况又不是头一次出现，尽管"什么是时间"听上去像五岁小孩就能回答的问题。[3] 而且，这也不是物理学特有的现象，同样的情况也会出现在其他学科里。关于什么是生命，生物学家已经争论了好几十年。（甚至有一个大型游说团为僵尸争取权益。）神经学家关于意识的争论更激烈，哥斯拉学者[4]对怪物的定义也各执一词。

定义时间的困难有一部分来自我们日常生活中对它产生的刻板印象。时间

1　此句为英国经典科幻剧《神秘博士》（*Doctor Who*）中的经典台词。——译者

2　出自迈克尔·哈默（Michael Hammer）的嘻哈金曲 *U Can not Touch This*，其中一句歌词是"Stop ... Hammer time!"

3　物理学家：永远长不大的五岁小孩。

4　抱歉，孩子们，其实这种工作不存在。

帮助我们把已经过去的“现在”与此时此刻的“现在”建立联系，我们把此刻的“现在”称为“当下”，然而“当下”十分短暂，转瞬即逝。你可以在品尝过巧克力蛋糕后再回味一会儿那甜美的味道，但“当下”无法品尝也无法挽留。每一刻都会从鲜活的体验嗖地一下变为褪色泛黄的回忆。

时间也关乎未来。通过以往和现在的经验推知未来是很重要的能力。无论是渴望熬过下一个冬天的原始人，还是需要有地方给手机充电的现代人，人人都需要基于过往的经验未雨绸缪。我们很难想象没有时间概念人要如何生存。

当下的不可思议之轻

时间的概念对物理学也至关重要。事实上，物理学自身的定义就包含了时间的概念！物理学，按照权威（维基百科）的说法，就是一门“研究时空中物质及其运动”的学科。而“运动”这个概念也是基于时间的。物理学的基本任务就是通过过去发生的事推测未来可能发生的事，并研究我们应该做何反应。抛开时间谈物理学是毫无意义的。

糟糕的是，任何人能够想到的关于时间的任何定义都逃脱不了日常经验的影响。你想想看，就连思考时间这件事都需要时间！外星物理学家对时间的理解可能是另一番模样，因为他们有属于自己的一套关于世界的体验和思维模式。那种深奥的、外星人特有的思维模式，受困于自己主观经验的地球人无法了解。

快说吧，什么是时间？

我们就从雪貂说起吧。

让我们设想一个常见的情景，以便更好地理解物理学家如何看待时间。假设你的宠物雪貂正在家里筹划一个恶作剧，它们打算在你进门的时候把一个装满水的气球砸到你的头上。这种事情太常见了，不是吗？

1. 你吹着口哨悠然自得地回到家门口，对即将发生的恶作剧毫不知情。
2. 捧着水气球的雪貂们蓄势待发。
3. 你将钥匙插入锁内。
4. 雪貂发起进攻。
5. 你变成了落汤鸡。
6. 雪貂笑得前仰后合。

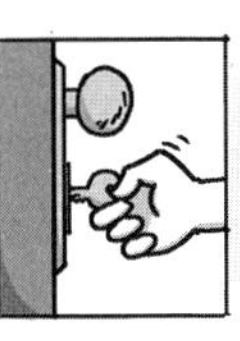

以上每幅图对应一个瞬间，呈现了你和雪貂的位置和动作。每幅图都是静止的。如果抛开时间这个概念，那宇宙就是这种不具有变化和动感的静止图像。

幸好宇宙比这有趣得多。一幅图不是孤立存在的，借助时间这个概念，图和图会通过两种重要的途径建立联系。

首先，时间会将这些定格的图摆成一串，这样它们便有了先后次序。假如我们打乱这个次序，事情看上去就有些诡异了。

其次，时间赋予了它们因果关系。这意味着某一时刻宇宙中正在发生的事情决定了紧接着将要发生的事情，这就是人们通常说的前因决定后果。比如，前一秒还窝在沙发里吃冰激凌的你，不可能下一秒就出现在马拉松赛场。

物理学家的工作就是搞清楚这种因果关系，这可以帮助我们了解宇宙可能或不可能变成什么样子。有了相关的规律，我们就可以根据某一幅静止图像推测接下来可能出现的图像和不可能出现的图像。正是因为有了时间，我们才可以掌握事物发展变化的规律，否则我们只能脑补一个静态的宇宙，因为任何一种变化或运动都离不开时间的概念。

在没有时间概念的世界里，
你无从知晓接下来会发生什么。

怎样才能把上面这些概念和我们日常生活中对时间的体验结合起来呢？我们可以把这些定格画面以很短的时间间隔串起来，使它们变成画面自然流畅的电影，只要这个时间间隔足够小，画面想多流畅就可以有多流畅。[1]

时间 = 剪贴簿

1 准确地说是几乎可以。因为不确定性原理也适用于时间，所以它难免会有一点不尽如人意。

物理学中经常用到的数学方法（微积分）就是为此发明的：将很多微小量合并为一个平滑变量。看电影的时候，由于画面刷新的频率很高，我们不会意识到这其实是由一系列定格画面组成的。同样，宇宙的运行和演化也可以看作是遵循物理规律依次出现的一系列定格画面，而时间决定了它们的出场次序和节奏。

我还是不太懂！

如果你觉得上面所说的时间的定义还是不够清晰、不够令人满意的话，那你还需要再等等。物理学家、哲学家，还有五岁小孩就这个问题已经争论了几百年之久。到目前为止，对于时间的定义还没有出现一个大家都认可的描述。[1] 即使翻开物理学教科书，你也极少能看到涉及这类问题的内容。时间具有的神秘属性之一就是，它很难被确切定义。它深深地植根于我们看待世界和理解世界的方式之中，我们最多只能泛泛地谈论时间，并试图用微积分和雪貂这些玄乎的词分散读者的注意力。

能让我们判断自己在宇宙中处于何种位置的一整套工具都默认时间是持续向前流动的，这在大部分情况下是对的。[2] 不过，既然时间的定义尚不明晰，我们依然可以问东问西。为什么会有时间？为什么时间似乎只能向前流动？它真的只有这一种流动方向吗？有人说时间是时空的一部分，那为什么它和空间的差别这么大？我们能回到 2001 年去买谷歌的股票吗？

是时候深入探讨一下时间了。

1　说句公道话，恐怕也没有一个公认的定义可以描述“任何事”。

2　至少，在我们熟悉的这 5% 的宇宙范围内是这样的。

时间是第四维度吗？

如果把时间想象成一条可以沿着它航行的连续轨道，你会立刻想到另一个极为相似的宇宙基本概念：空间。一个事件可以在时间线上被分解成若干定格画面，一个运动过程也可以在空间中被分解。这种相似性让我们很自然地思考空间和时间之间是否存在紧密的关联。

事实上，现代物理学认为空间和时间非常相似，很多情况下，我们可以把时间看作一个可以移动的维度。先把这个结论放一放，和往常一样，我们借助简化的宇宙模型进行思考。我们熟悉的空间是三维的，但我们要把它简化成一维的，也就是说，在空间里你只能沿着一个方向运动。

接下来想象一下你家的雪貂是如何在这个一维空间里生活的。清晨，雪貂醒来，开始了新一天的繁忙生活（要知道水气球的恶作剧可不是凭空冒出来的），在你回家之前，它去了好几趟气球商店。

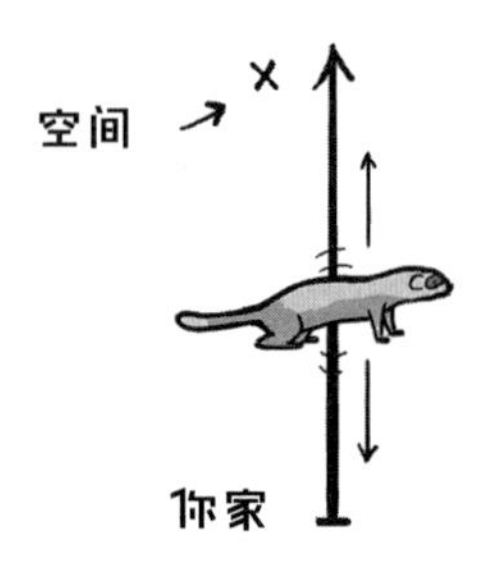

上图显示了雪貂在一维空间里的移动路径。这个路径也可以用空间—时间的二维平面来展示。事实上，如果你把时间当作第四维，物理学中用来表达运动的数学公式将更为简洁（这里假设空间是三维的，关于多维空间的内容详见第 9 章）。

把两个概念放在一起考虑，你会发现它们是更大框架下的一部分，这感觉还是很让人满足的。不过，这一操作通常是引导我们深入思考某个概念的第一步。这就像你第一次把巧克力和花生酱混着吃，你觉得这味道好极了，于是你会琢磨怎么把这种吃法发扬光大。

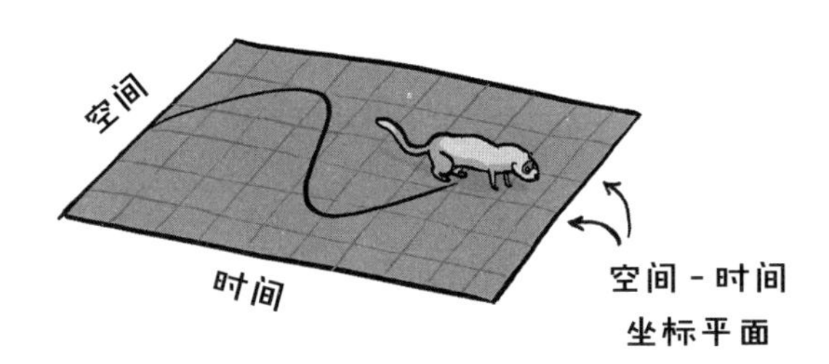

但别高兴得太早。把时间比作空间并不意味着时间具有空间维度所具有的全部属性，时间在好多方面和空间是有差别的。这些差异源自时间的某些基本属性，我们希望通过研究这些差异来理解时空这个更宏大的概念。到目前为止，我们还不太清楚该从何处入手。

时间和空间有什么区别？

对比时间和空间可以让我们看到它们的相似之处，但更重要的是，这也让我们注意到了它们的不同之处。你和时间的关系不同于你和空间的关系。

首先，你可以在空间里随心所欲地移动，你可以绕着圈走，也可以转身返回你刚去过的地方。你可以改变移动速度，快一点或者慢一点。你也可以停下来待一会儿。但是在时间线上，你就没那么自由了。

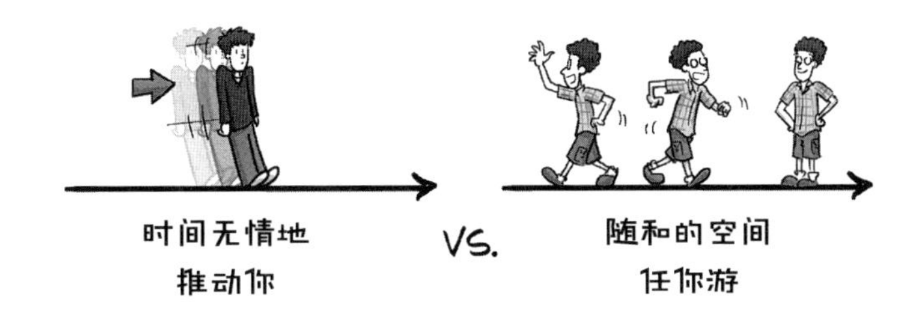

你在时间线上的运动是匀速的，一秒是一秒，非常精确。[1] 对于时间，你不能走回头路或者绕圈子，你不能心血来潮地返回之前某一时刻并出现在和当

1　如果你旁边有个黑洞，或者你正在以极高的速度移动，那么在旁观者看来，你的时间可能会变慢或变快，但在你自己看来，一秒还是一秒。

时不一样的地点。你可以在不同的时间造访同一个地方，但不能在同一时间出现在不同的地方。

这就是事情的奇怪之处：一个东西具有固定的位置在你看来是很正常的，但你不觉得它可以拥有固定的时间。这是因为时间像波一样向前推进。过去的时刻永远不会再出现了（就像柜台上被吃掉的女童子军饼干）。但你在空间中的位置却比较随意，有一些地方是你此生都未曾去过的，也有一些地方是你去过很多次的。从生到死，时间的流逝永远都只有一个方向。除非拥有一段传奇的人生（比如乘坐殖民太空船花费几代人的时间前往另外一个星系），否则你在时间线上的运动和在空间维度上的运动必然大不相同。

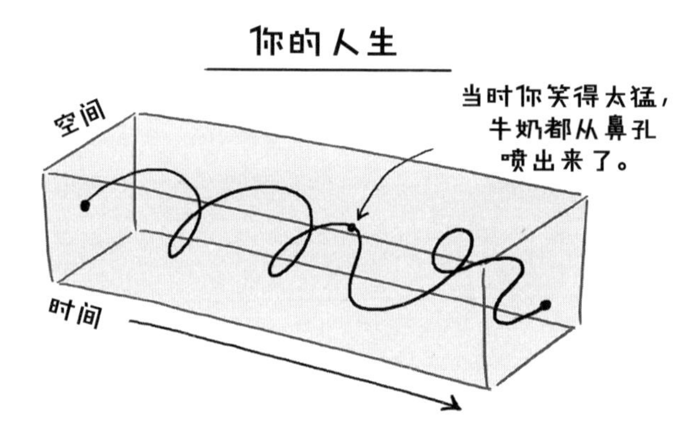

尽管在我们的理论当中，把时间想象成另外一个维度是出于数学上的便利，但我们要时刻提醒自己，时间与空间维度是有区别的。这个区别的根源在于，空间是由相互关联的地点组成的，而时间不是。在我们看来，时间将具有因果关系的定格宇宙画面连接了起来，这决定了我们能利用时间干什么。

我们可以回到过去吗？

这本书里的内容可能会让你怀疑这世上还有什么是不可能发生的。我们现在认为不可能发生的事，在我们对宇宙有了更好的理解之后也许会成为可能。

要知道，有不少过去觉得难以实现的事情如今都成为了人们日常生活的一部分，比如通过一个便携的电话设备获取大量知识和无用的信息。[1]

但关于时间旅行这件事，现代物理学家们非常肯定地认为它不可能发生。任何有关时间旅行的理论都有悖于宇宙运行的基本规则。

在某些科幻小说里，外星人或者具有更先进文明的人类可以在时间线上来回移动，就和我们在走廊上走来走去差不多。这些小说读起来很有意思，但在物理学的角度看，它们的问题很大。[3]

首先，回到过去会打破事物之间的因果关系。如果你想要一个合情合理的宇宙，那就不能小看这件事。你要是不介意先有结果后有原因（比如，你先收到了买书的信用卡账单然后才去买书，或者你还没做早饭你家雪貂就已经把它吃完了），那就算了，算你脑洞大。

没有了因果律，事情会变得荒诞离奇。举个例子：频繁遭遇水气球恶作剧之后，你变得越来越警惕，你养的雪貂发现这个把戏已经不好玩了，于是它们造了一台时间机器，回到 2005 年，那时候你还没养雪貂，是个天真无邪又容易被捉弄的人。如果它们用恶作剧成功吓到了当时的你，这很可能会引发意想不到的连锁反应。如果那时候的你正打算养雪貂，那这个恶作剧的出现会不会让你改变想法呢？如果你真的改变想法不养雪貂了，那未来的你就不会在雪貂频繁的捉弄下变得警惕而有所防范，也没有雪貂去制造时间机器了！可是这样

1　这倒也不一定，有时候手机信号很差。

2　作者在调侃电影《回到未来》中发明时光机的布朗博士。在英文中，博士和医生都叫 Doctor。——译者

3　物理学自古以来就是破坏娱乐气氛的神器。

一来，2005 年的那一次恶作剧事件就不存在了，那么你还会选择养雪貂，以此类推，你被困在了一个关于雪貂的、不自洽的、无限循环的怪圈里。这个故事告诉我们，时间旅行是不可行的，因为它违反了因果律，另外，对养雪貂这件事，你要三思而后行。这就是著名的雪貂悖论。[1]

更重要的是，你需要仔细考虑这些有趣科幻小说里的设定。在小说中，外星人在虚构的时空里移动，但别忘了，“移动”已经包含了时间的概念。这些外星人起初位于时空中的某处，之后到达了另一处，那么这里说的“之后”又是什么意思？作者出于善意，在时空的概念中再次加入了时间线的概念，结果却弄巧成拙，因为把时间类比为空间维度很难自圆其说（哪怕是在虚构的世界中）。

为什么时间只会进不会退?

既然无法在时间线上倒着走，那你肯定要问这个问题：为什么时间自己不可以倒流?

时间倒流这个概念听起来有点奇怪。烤箱总不能把烹饪好的食物变回生食材吧？炎炎夏日里的饮料总不会自己结出冰块来吧？被吃掉的女童子军饼干总

1 我们认为这是一个著名的悖论。

2 双鸭悖论：两只鸭子在公园里谈论时间旅行，它们发现，如果鸭子 A 回到过去，和自己的奶奶结为一对，那么鸭子 A 的奶奶就不会遇到它的爷爷，那么也就没有鸭子 A 了；但这样一来鸭子 A 也不会回到过去和奶奶在一起，于是奶奶和爷爷在一起，鸭子 A 又会诞生……——编者

不会自己长回来吧？你习惯了一切按照正常的次序发展，如果它们逆向发展，你会怀疑自己是不是出现了幻觉。

同理，你会记得曾经发生的事，但你不会记得未来发生的事。[1] 如此看来，时间有它自己偏好的走向，至于原因没人知道。

长久以来，物理学家对这个基本问题（为什么时间只进不退？）百思不得其解。事实上，“前进的时间”本身又该怎么理解呢？也许在其他宇宙里，时间还有其他的流动方向，而那里的物理学家可能也会把那个方向称为前。所以，这个问题应该这样描述：为什么时间朝它流动的方向流动？

我们先来想一想：如果时间可以朝着其他方向流动，那宇宙还能正常运转吗？物理规律还起作用吗？假设你正在看一段记录宇宙中某一事件的视频，你是否能观察出这个视频是正着放的还是倒着放的？比如，视频里有一个球在上下弹跳，只要它的运动是完美的（不会因为摩擦力或空气阻力而损失能量），那这段视频正着播放和倒着播放看起来没有差别！这种情况也适用于罐子中气体分子的运动，以及河流中水分子的运动，就连量子力学作用下的物理过程倒着放也没问题。[2] 不仅如此，大多数物理规律在时间线上倒过来都没问题。

上面提到的球的完美弹跳过程是不存在的，因为我们在现实中无法忽略摩擦力和空气阻力什么的，它们会将球的动能转化为热能并消耗。即使是你家雪貂最爱的超级弹跳球也会弹得越来越低，最终停在地板上，在这个过程中，用来支持弹跳的能量被转化为热能，用来加热空气中、球中或者地面上的分子。

1 如果你记得未来将要发生的事，请给我们打电话，我们要咨询你。

2 波函数坍缩是一个例外。有些人认为它是不可逆的自然现象，另一些人认为它只是量子退相干的表现。也有人只是为了不同意而不同意。

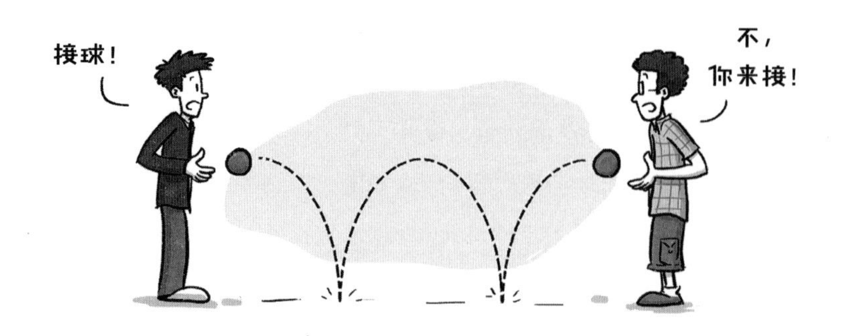

现在，你可以想象一下，记录球的真实弹跳过程的视频如果倒着播放，看上去会有多奇怪：球先是停在地上，然后忽然开始弹跳，还越弹越高。能量的流动方式也变得很奇怪：空气、球和地面逐渐冷却下来，失去的热量转化为球的运动能。

毫无疑问，在这种情况下你可以很清楚地辨别这段视频是正着播放的还是倒着播放的。类似的例子还有：烹饪食物、融化饮料中的冰块、吃饼干。可是，既然大多数物理作用倒过来都没问题——特别是关于热和扩散的微观物理过程——为什么这些宏观过程看起来却具有方向性呢？原因在于用来描述系统无序程度的量——熵——在时间上有很强的方向性。

热力学第二定律告诉我们，熵永远随着时间增加。熵可以看作衡量事物无序程度的物理量。设想一下，某天你忘记了喂你的雪貂，它很不高兴，把你家客厅搞得一团糟，还打翻了摆放整齐的、有作者签名的本书限量版，拜它所赐，客厅的无序程度增加了，熵也增加了。

如果你回家后重新收拾好了客厅，那熵又会降低，但这是个费力的事情。其间你会一边释放热能和怨气，一边嘀咕着稍后怎样和室友抱怨养雪貂的坏处。

结果，你释放的热能又增加了熵，整体而言，熵还是增加了。每当你想恢复小范围内的秩序时——把书摆放整齐、在纸上做记录、用吸尘器打扫卫生——你通常都会以生热的方式制造破坏秩序的副产品。一般来说，让熵随时间减少是不可能的。

（注意：这是一个关于小概率事件的说明。暴躁的雪貂也可能忽然间变得有组织有纪律，这样它们的熵会减少，但此类情况出现的概率非常低。单个意外事件是可能存在的，但整体而言，熵永远是增加的。）

这样下去最终导致的结果令人不寒而栗：在非常遥远的未来，随着熵的不断增加，宇宙的无序程度达到顶峰，迎来“宇宙的热死亡”。那时候，宇宙各处将具有相同的温度，换句话说，任何小范围内井然有序的子结构（比如人类）都不存在了，所有事物都变得彻底无序了。而在达到这个状态之前，小范围内的秩序还是可以存在的，因为宇宙的整体无序程度还没有饱和，眼下以进一步增加整体熵为代价，你可以制造局部的秩序。

看看宇宙的过去，你会发现，越早的宇宙熵越低（越有序），这样可以一直追溯到宇宙初期的大爆炸时刻。宇宙在大爆炸时期的模样像新房子在搬家卡车和小孩子到达之前那样一尘不染。在起始状态下拥有多小的熵，这决定了宇宙会在多久之后迎来热死亡。如果起初宇宙的无序程度就非常高，那热死亡很快就会到来。还好我们的宇宙初期看起来非常有序，熵还要经过很久才会达到最大值。

为什么宇宙起源于熵很低的状态呢？我们不清楚。我们只觉得很幸运，因为宇宙有足够多的时间完成各种有趣的事，比如创造行星、人类和冰激凌。

熵有助于我们理解时间吗？

熵是为数不多的和时间流动方向有关的物理量之一。

大部分改变熵的物理过程（比如空气分子间的碰撞）都是可逆的。但总的来说，它们都遵循无序程度随时间增加这一原理。所以，时间和熵是有联系的，但到目前为止，我们只知道一种联系：熵随时间增加。

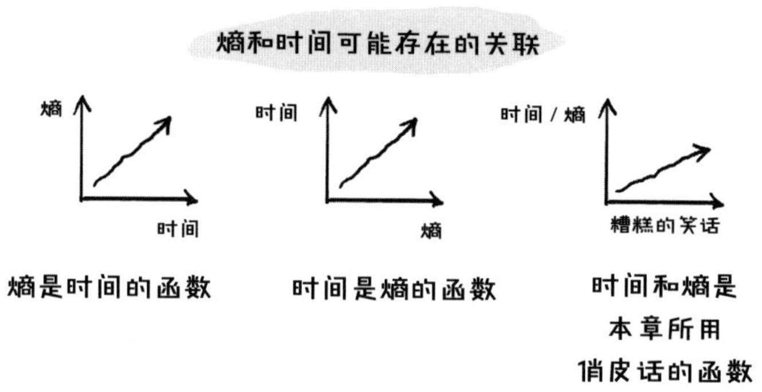

这是否意味着熵使得时间只能前进，就像高山上的流水只能往低处流动？或者，熵只是在跟随时间的脚步，就像被龙卷风裹挟的残骸那样身不由己。

即便熵是随时间增加的，这个规律依然无法解释时间为何只能前进。你可以构想另一个宇宙，那里的时间是向后走的，熵是随着时间减少的，它们之间依然相互关联，热力学第二定律依然成立！

因此，熵虽然是个线索，但能提供的帮助很有限。不过，它毕竟是为数不多的关乎时间如何运转的线索之一，还是值得关注一下的。尽管很多人猜测熵是解开时间行进方向之谜的关键，但我们还是毫无头绪，我们甚至不知道要如何弄清楚这件事。

时间和粒子

通常，微观粒子的行为不具有时间上的方向性。比如，一个电子既可以辐射一个光子，也可以吸收一个光子。两个夸克可以融合成一个 Z 玻色子，一个 Z 玻色子也可以衰变为两个夸克。大多数情况下，你无法通过观察粒子间的相互作用来分辨时间是向哪个方向流动的。但也有例外，有一种粒子的作用在时间线上从前往后看和从后往前看是不一样的。

弱核力与核衰变有关，以 W 玻色子和 Z 玻色子为媒介粒子，这种力在某种程度上具有时间方向性。细节暂且不重要，你只需要记住这个很弱的效应确实存在。比如，当一对夸克被强核力结合时，它们会有两种可能的排列方式，而弱核力允许它们在两种方式之间来回切换，但是从某一种方式切换到另一种方式比切换回来需要更长的时间。所以，如果观看这一过程的录像，你会发现正着播放和倒着播放的过程是有区别的。

这和时间有什么关系呢？细节我们不清楚，但这似乎是个有用的线索。

每个人感受到的时间都一样吗？

在 20 世纪前，科学研究普遍认为时间是普适的，时间对于宇宙中的万事万物都一样。人们认为，把完全一样的时钟分别摆放在宇宙的不同地点，它们会永远显示同样的时间。毕竟，这就是我们从日常生活中得到的经验。如果大家的手表走起来速度不一样，那岂不是要乱套了！

但是，当爱因斯坦的相对论把空间和时间合并为时空（space-time）[1]后，一切都不一样了。爱因斯坦预言，运动中的时钟会变慢。假如你以接近光速的速度前往附近的其他恒星，那么和留在地球上的人相比，你的时间会走得更慢。这和《黑客帝国》不一样，你并没有感觉时间变慢了，地球上的时钟就是会比太空船上的时钟要走过更长的时间。对每个人来说，时间经过的速度是一样的，

1　爱因斯坦在命名这方面并没有什么创造力。

都是每秒一秒，但如果我们之间具有超高的相对运动速度，那我们手里的时钟显示会不一致。瑞士的钟表匠听到这个肯定会吓一跳。

一模一样的时钟以不同的速度计时，这似乎完全不合逻辑，然而宇宙就是这样。我们知道这是真的，因为这就出现在我们的日常生活中。以手机、汽车、飞机上都会有的 GPS 系统为例，它工作的关键在于，GPS 卫星在被巨大地球弯曲的时空里以几千千米的时速绕着圈运动，那上面的时间走得更慢。如果没有这一点，GPS 就无法精确同步来自各个 GPS 卫星的信号，并根据这些信号进行三角定位。宇宙的运转确实遵循某些逻辑规律，但有时候这些规律和你想的不一样。在时间这件事上，最让人头痛的是宇宙中的速度上限：光速。

根据爱因斯坦的相对论，任何东西，哪怕是短信和快餐宅急送，都不能超光速运动。突破光速会带来奇异的后果，挑战我们关于时间的认知。

我们先澄清一个概念，这个速度上限适用于从任何角度测量任何速度的任何人。当我们说“没有任何东西”会跑得比光更快时，无论你从什么角度去理解，这个没有就是真的没有。

让我们来做一个简单的思维实验吧：假设你坐在沙发上打开一个手电筒，对你来说，手电筒的光正以光速向外扩散。

然而，如果你的沙发被固定在某个火箭上，而这个火箭已经被点燃并开始以超高速移动，这时坐在沙发上的你打开手电筒，情况又会怎样呢？如果你把手电筒指向火箭前进的方向，此时手电筒发出的光是以光速和火箭速度之和向外传播的吗？

我们会在第 10 章详细讨论这个话题，关键在于，为了保证每个观察者看到的手电筒的光都是以光速传播的，一定存在某个测量值，对不同的观察者来说它的值是不一样的，而这个测量值就是时间。

为了更好地理解这一点，我们沿用之前的方法，把时间看作时空的第四维度。你可以这样想：宇宙的速度上限约束的是你在时空坐标系中的总速度。如果你坐的沙发固定在地球上，你在空间维度上（相对于地球）的运动速度为零，那你在时间中的运动速度就可以快一些。

但如果你坐在火箭上，而火箭（相对于地球）以接近光速的速度运动，那么你在空间中穿行的速度会非常快，为了保证在以地球为参照系的时空中，你的总速度不会超过光速，对于地球上的时钟而言，你在时间维度中的速度必须变慢。

不同的人会对时间的流逝给出不同的描述，你的脑筋可能要转好几个弯才能想明白这一点，但世界就是如此。更奇怪的是，这可能会让人们对事情发生的先后顺序产生不一致的看法，尽管这些看法都如实地反映了他们的真实体验。比如，虽然没有人撒谎，但两位运动速度不同的观察者会在“哪位赛车选手是冠军”这个问题上出现分歧。

假如你的羊驼和雪貂赛跑，那么你会认为赢家是谁取决于参赛者相对于赛场的运动速度以及实际的位移。对此，你的宠物也有各自的看法。对了，还有你的祖母，如果她正以接近光速的速度旅行，她会认为你们都不对。事实上，大家可能都是对的！（请注意，不同的人对于参赛选手的起跑时间也有不同看法。）

不同的人会经历不一样的时间，这一点实在令人难以接受，因为我们倾向于认为宇宙具有一个绝对的进程。我们以为，宇宙的历史至少在理论上可以写成一个（超级长而且大部分内容超级无聊的）故事，每个人都可以从中看到自己的亲身经历。如果不考虑无心的过失和模糊的记忆导致的差错，那么这个故事应该符合每个人的经历。然而，爱因斯坦的相对论明确指出，凡事都是相对的，甚至对事件的描述也取决于它的记录者。

最终，我们不得不放弃“时间的流动一成不变”这个想法。有些事情看似不可思议，却可以很神奇地经受住检验，就像我们对时间的认识。物理学的每一次革命性突破都会带来类似的结果，我们被迫放弃了直觉的引领，转而遵循数学推导这种不受主观感受影响的研究方法。

时间会停止吗？

我们通常不指望时间停止。我们眼中的时间除了前进就是前进，它怎么会停止呢？然而，我们还不能肯定时间是否真的不会停止，因为我们还没弄清楚它为什么只会前进。

一些物理学家认为时间的方向是熵增加原理决定的，或者说时间流动的方向本质上就是熵增加的方向。可如果真是这样，宇宙的熵达到最大之后会发生什么事呢？到了那个时候，宇宙各处都达到了平衡，再也不会有任何秩序。在那样的宇宙中，时间是否会停止或者失去意义？一些哲学家推测，到了那时，时间的方向和熵的原理可能会反过来，让宇宙又收缩回一个奇点。但这个观点与其说是科学预测，倒不如说是深夜被药草熏出来的脑洞。

还有一些理论认为，大爆炸时刻诞生了两个宇宙，其中一个时间向前流动，而另一个时间向后流动。还有更夸张的理论认为时间具有多个方向。为什么不可以呢？既然空间可以有三个（或更多个）维度，那时间为什么不可以？还是那句话，我们对此一无所知。

是时候做个总结了

这些触及时间本质的问题异常深刻，它们的答案可能会撼动现代物理学的根基。意义重大的问题总是会激励人们思考再思考，但与此同时，解决它们的难度也不容小觑。

如果是你，你会用什么办法研究这类问题呢？它们不同于本书中提到的另一些可以用实验解决的问题，我们既不能为了研究时间而暂停它，也不能对同一个现象反复进行时间上的观测。总的来说，只有名誉教授和十分执着的年轻研究者才会涉足如此高风险的研究领域。

将来，我们也许可以正面接受挑战，找出这些问题的答案，也可能在解答其他问题的时候获得启发，碰巧找到突破口。总之，时间会证明一切。

第9章
世界有几维？

从新的维度探索未知

想要深入了解事物的本质，你必须对基本假设保持怀疑，并且重新审视那些看似早已有了答案的问题，比如下面这几个：

· 肯尼迪是被外星人暗杀的吗？
· 空间是否具有三个以上的维度？
· 宇宙的原动力是否来自独角兽？
· 一个人可以天天只吃棉花糖而不长胖吗？

对于这样的问题，大多数人的回答是“不”或者“你该去看心理医生了”，但有时重新审视这种问题，你会打开全新的思路，而新的认知可能大大影响你的日常生活。

空间是某种黏性的物质而不是空洞的背景——如果你接受了这一点，那么现在请你假装系上安全带，因为探索多维空间的脑内过山车即将发车。

在我们熟悉的三维空间之外是否存在维度更多的空间？是否有某些粒子或者生物可以在这些维度里运动？如果真有其他维度存在，那它们是什么样子？我们可以用这些维度来存放鞋子或者肚子上的赘肉吗？这些维度可以缩短我们上班的路程吗？这可以让我们抄近路去拜访遥远的天体吗？这些听起来很荒谬，但大自然的真相往往自带荒谬感。

我们不知道答案是什么，不过有些很吸引人的理论认为更高维度的空间是有可能存在的。就让我们假装戴上 3D 眼镜，一起探索宇宙可能拥有的不为人知的一面（几面）吧！

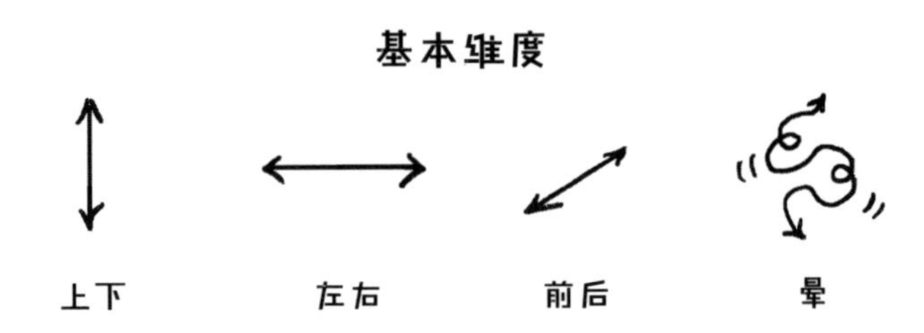

什么是维度？

我们要先明确地定义维度。小说和电影中的维度（dimension）通常指这样一个平行宇宙：一个和我们的世界相隔绝的独立空间，有一套不同的运行规则，那里的人可以拥有超能力。也许他们晚上出门会碰到闪闪发光的路人，还可以通过“时空门”进入另一个平行世界。这类故事很有趣，平行世界可能真的存在，但科学家说的维度可不是这个意思。

同一个词在流行文化中的含义和在科学领域的含义竟然不一致？这往往是科学家的错。当科学家需要给新想法或新发现命名时，他们会：（1）创造一个新词（比如，用“系外行星”命名太阳系外的行星）；（2）使用具有相似含义的词（比如，用“量子自旋”表示粒子的某种物理属性，实际上这些粒子并不是真的在自转，只是这个属性和自转运动具有相似的数学描述）；（3）借用已有的词并赋予它完全不同的含义（比如，粲夸克并不迷人，但它在英文中就是叫 charm quark，有色粒子并没有颜色，但听起来还是政治不正确）。

科学家口中的维度并不是某个可以用棉花糖付账的巧克力平行世界，知道真相的你大概会指着科学家的鼻子，埋怨他们偷换概念。不过我劝你不要这样做，因为在几百年前，数学家和物理学家就开始使用这个词了，所以偷换概念的其实是科幻小说家。

在物理学和数学领域，维度指的是运动的方向。如果你画了一条直线，那么沿着这条线进行的运动就叫作一维运动。

在一维世界里，所有生物都生活在一根无限长的线上。因为不存在其他的运动方向，所以一维科学家永远不能插队或是彼此交换位置。他们就像项链上的珠子和串起来的棉花糖，永远无法摆脱同一位邻居，就算这位邻居很美丽或者很美味。

科学家这样使用维度

接下来请再画一条直线，与之前的那条直线垂直。这样一来，沿着第二条直线的运动就完全独立于沿着第一条直线的运动了。如果两条线之间的角度小于直角，那么沿着第二条直线的运动也会有一部分是沿着第一条直线的。在这样两条直线决定的平面上的运动就是二维运动。

沿一条直线的运动具有一个维度，而两条直线所构成的平面上的运动就具有两个维度。现在，我们已经描述了一维世界（线）和二维世界（平面）。要获得第三个维度，你只需要再画一条与前两条直线分别垂直的直线。第三条直线延伸的方向，就是平面的上方和下方。

这就是维度的含义：每个维度都代表一个独立的运动方向，独立的意思是，你在某一个方向上的运动与其他方向上的运动无关。

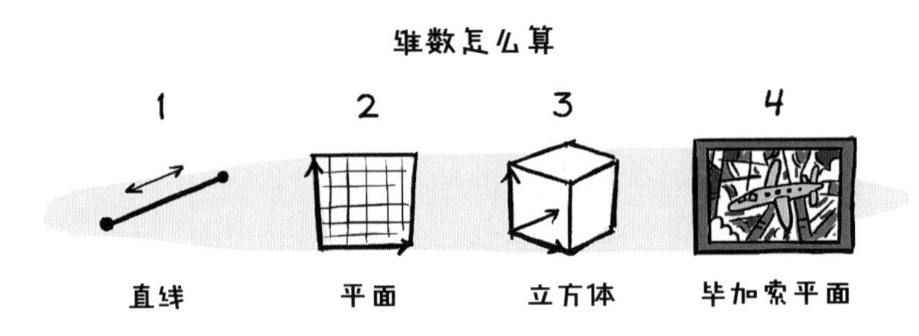

三个以上的维度可能存在吗？

前面画出的三个维度涵盖了我们熟悉的所有运动方向：上下、左右和前后。在三维世界里，我们找不到和这三个方向都垂直的第四个方向，这样看来，我们的世界肯定是三维的，对吗？可是，我们的世界为什么不能有更多的维度呢？物理学家还无法解释这一点。要知道，在数学中，你可以有四维空间、七维空间，甚至两千维空间。

看到这里，你可能会想，拜托，如果真的存在更多维的空间，那我肯定能感受到啊！

真的吗？我们真的可以判断是否存在维度更多的空间吗？这个问题我们要

认真想一想了。比如，万一这个世界真的存在其他维度，而我们却没有感觉，那怎么办呢？换句话说，你之所以坚信空间只有三个维度，也许只是因为你感受不到第四个维度。

想象一下，如果你是个生活在二维平面中的二维物理学家，你像书上的字和画一样被困在纸上，那么你的感知也会受到二维平面的局限，你看不到平面以外的东西。因此，你意识不到你所生活的扁平世界飘浮在一个三维世界里。同样，我们生活的这个三维世界也可能飘浮在一个更高维的空间里。说不定四维、五维、六维空间里的物理学家一直都在观察我们，嘲笑我们的狭隘，就像我们嘲笑那些被圈住的蚂蚁一样。

但为什么我们看不到、感受不到其他维度呢？表面上看，这很奇怪也很不公平，但仔细想想，这其实和你感知世界的方式有关。人脑是以三维的模式感知世界的，事实证明，这样的确有利于我们在地球上生存。但这并不表示我们可以感知这个世界的一切，相反，我们会无视那些和日常生活关系不大的部分，而这部分可能正是理解宇宙本质的关键。

比如，你对光线很敏感，因为有了光，你很容易发现天敌，也很容易找到棉花糖。但你感觉不到也注意不到那些围绕着你的暗物质，而这正是宇宙运行规律的重要线索。再举个例子：你感觉不到每秒有 10^{11} 个中微子穿过每平方厘米的皮肤，如果能感觉到它们，你可能会了解很多关于太阳以及粒子相互作用的知识。

我们每天沐浴在那些对现代物理学家来说十分重要的信息中，但我们的身

体无法直接察觉它们的存在。那是因为，对于人类的进化，这类信息的获得既困难又无用。在撒满棉花糖的草原上，这些东西不能帮助人们提高活下来的概率。

再看看这个问题——我们的世界有可能存在三个以上的维度吗？答案是肯定的。从数学上讲，这一点也不奇怪。我们感知不到的维度是有可能存在的，那是我们完全不熟悉的维度。接下来我们会继续探讨这个问题。

如何理解四维空间？

如果在三维空间的基础上添加一个维度，那么在这个新维度上，运动会是什么样子？我们很难想象三维之外的运动。为了便于理解，我们先降低一个维度再思考。假设我们实际上是二维人，然后我们突然发现自己可以在三维世界中移动。

就算你是三维世界中的二维人，你的二维身体仍旧只能在三维世界的二维“切片”中思考和感知一切。通常情况下，这就是你的极限了。不过，如果你忽然获得了在第三个维度中活动的能力，你就可以出现在三维世界的不同切片中。你的二维感知系统和二维世界观意识不到第三维中的运动，但是如果不同切片中的事物看起来不同，你会发现自己所处的二维切片变化了。如果你可以打破原有的二维空间概念，发展出三维空间概念（而没有引发二维偏头痛），那么你可以把所有这些二维切片的景象拼接成一个更大的三维世界。

现在，我们用这个方法推断四维空间的情况。如果世界确实有第四维，而你忽然可以在该维度上运动了，那你就能观察世界是如何沿着第四个维度变化的。在沿着第四维运动时，你会发现周围的三维世界在发生变化。如果你拥有过人的智力和想象力，你就可以将所有的信息在脑内整合成一个四维模型。

从某种意义上说，你已经在做这件事了。如果你认为时间是第四维的运动方向，那就更是如此了。你身边的三维世界会随着时间的推移而变化，你可以在头脑内将不同时刻三维空间的定格图像缝合在一起，形成一个四维（三维空间＋一维时间）世界。你无法想象这四个维度作为一个整体是什么样子，但你可以把三维定格图像沿着时间线串联起来。

维度更多的空间在哪里？

你可能会问：如果（除了时间以外）真的有第四维，那为什么从来没有人看到过它？

我们之前也提到过，我们无法驾驭或感知自己在更高维度中的运动，因为这部分能力无关也无益于我们的生存。即便如此，如果它和那三个寻常维度一样，是线性维度，那我们应该已经注意到它了。就算我们只能在三维空间里感知事物，如果有东西在其他维度上运动，我们也会看到它在三维空间里反复出现和消失，这很容易引起我们的注意。

因此，我们可以相当肯定地说，不存在和其他三个空间维度相似的第四个维度。其他维度即使存在，也是以某种隐秘的、难以捉摸的方式存在。有这样一种可能：我们已知的所有力和物质粒子都无法进入这些维度。也就是说，不会有物体在第四维中滑动，也不会有能量（通过作用力的媒介粒子，比如光子）扩散到这些维度中。这类令人费解的维度有可能存在吗？有可能，但是如果任何已知的粒子都难以进入这些维度，那我们发现和研究它们的机会也微乎其微。

另一种可能是，只有某些特定的粒子可以进入更高的维度，这些粒子比其他粒子更稀有、更难研究，也更难被发现。最重要的是，更高的维度也可能因为自身的特点而不易被发现。那会是什么样的特点呢？比如，这些维度可能是弯曲的，可以构成小的圆圈或环。这意味着在这种维度中运动不会让你走得很远。事实上，如果沿着一个环状的维度移动，最终你会回到起点。

如果你觉得维度可以弯曲成环状这个想法过于匪夷所思，那么你不是唯一这么想的人。就连最聪明的人也觉得这难以理解。事实上，说不定所有的空间

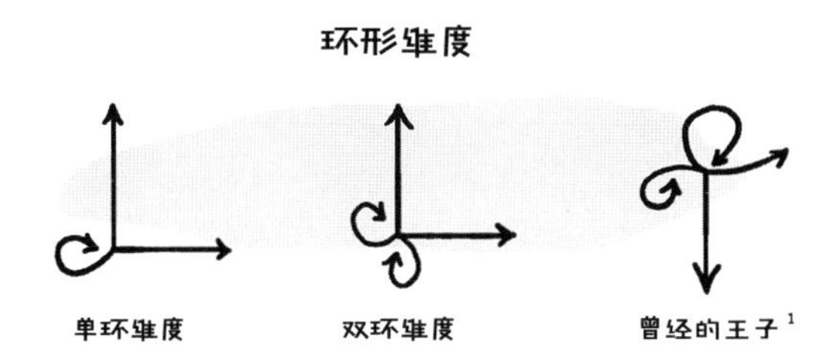

维度都是环状的。就我们所熟悉的三个空间维度而言，这个环应该非常非常大——比观测可及的宇宙范围还要大。（在第 7 章里，我们讨论过这种可能。）

假如这些维度非常小而且是环状的，只有少数特定的粒子可以进入，那事情就说得通了。在三维空间中的我们看来，物体在这些小的环形维度中的运动所引起的变化并不大。尽管如此，我们还是有办法寻找这些维度的。这一点我们后面还会探讨。

这些更高的维度是否存在？我们是否生活在有三个以上空间维度的宇宙中？我们不知道。但是，从物理学上讲，宇宙是可能存在高维空间的。更令人兴奋的是，我们有可能发现它们。继续读，你会了解我们可能通过哪些途径揭开这个谜团，让自我感觉良好的四维物理学家对我们刮目相看。

1　此梗来自歌手普林斯·罗杰·尼尔森（Prince Rogers Nelson），他的艺名曾是“王子”。后来，他用图中的符号来代表自己，于是人们称他为“The Artist Formerly Known as Prince”（曾被称为王子的艺术家）。——译者

其他谜团的答案和维度更多的空间有关吗？

物理学家之所以认为更高的维度可能存在，一个重要原因是，它们的存在有助于揭开另一些宇宙谜底。说得具体一点，更高维度的存在可以解释引力为什么这么弱。

在四种基本作用力中，引力的强度非常弱，简直不能和其他三种力相比较。弱核力、强核力和电磁力之间也有一些强弱差异，但是在引力面前，它们都是肌肉发达的超级英雄，而引力则是神奇双子[1]的宠物猴子。物理学家真的不想看到这种不一致性。虽然他们平时总是聚在一起对各种事情争论不休，但他们都向往物理定律的和谐统一。因此，关于引力的众多疑问之一就是：引力这么弱意味着什么？

为什么引力比其他作用力弱得多？更多的维度或许可以解释这个现象。大多数作用力随着距离的增加会变弱，变弱的速度取决于空间维数的多少。空间的维度越多，被稀释到其他维度的力也就越多。

想想看，如果有人在派对上放了个屁，那会出现什么情况？离放屁的人越近，你闻到的臭味就越浓。而在远离罪魁祸首的地方，臭气分子（又称臭粒子或臭子）会散布到空气中并被稀释。

1　美国 DC 漫画旗下的超级英雄。——译者

放屁的人其实是
在做实验

换一种情况，如果这个人在狭长的走廊里放屁，那么走廊里的每个人都会闻到很浓的臭味。[1] 但如果此人站在几条走廊的交叉处放屁，那么臭味会沿着不同的方向扩散，各个走廊里的人闻到的臭味会少一些。臭气的稀释速度取决于新鲜空气补充的速度，走廊越多，新鲜空气就越多，稀释的速度也就越快。

站在多维空间里放屁
的人自己闻不到臭味

虽然没有味道，但是作用力也有这种特点。如果在我们所处的三个空间维度之外还有两个空间维度，那么某物体对我们的作用力（无论是引力还是电磁力）不仅会扩散到我们所在的三个维度，还会扩散到另外两维中。因此，当我们远离作用力的源头时，相比只有三个维度的情况，作用力减弱的速度会更快。

需要注意的是，这些额外的维度必须是小于 1 厘米的环形，因为到目前为止我们还没有发现它们。只有引力受这些维度影响，也就是说其他作用力扩散

1　在一维世界里，臭味总量不变。

不到这些维度。

如果存在第四维和第五维，其尺寸不超过 1 厘米，而且它们都是环状的，只有引力可以扩散到这两个维度，其他作用力都不行，那会出现什么情况呢？相距不到 1 厘米的物体之间的引力会被稀释到另外两个维度，于是力的强度随着距离的拉长会下降得很快。对于大于 1 厘米的距离，这两个维度就起不到这种作用了。这就可以解释为什么地心引力如此微弱了：在距离很近的物体之间，引力原本的强度和其他作用力一样，可一旦超过了 1 厘米，大部分引力就会被稀释到其他维度中去，剩下的就很弱了。

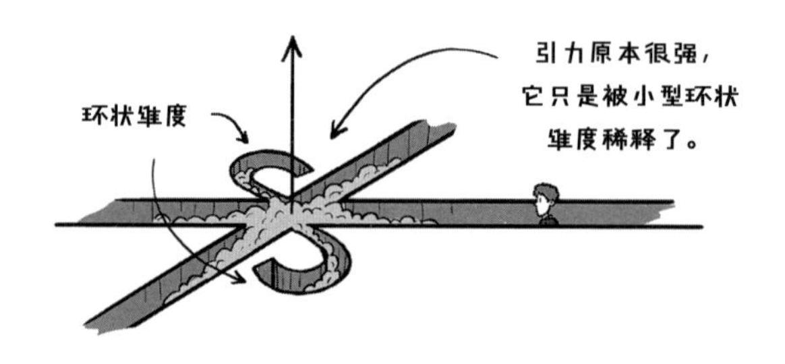

引力是否真的像走廊里放的屁一样被稀释了呢？我们不敢肯定。更多维度存在的可能及其对引力的削弱作用目前还停留在理论层面。令人惊讶的是，我们其实有办法寻找其他维度。

寻找新的维度

有更多维度存在的想法听起来不错，这可以简单而直观地解释为什么引力比其他作用力弱很多。不过，你可能也发现了，这个想法其实很容易检验。你要做的就是测量短距离间的引力，如果这个引力很强，那就说明小的环状维度存在。可惜的是，要做到这一点并不容易。测量引力听起来很容易（称体重就是测量引力），但那是因为我们习惯了远距离测量它。当你站在秤上的时候，你测量的是你和整个地球之间的引力。别忘了，你们俩当中有一个体积相当大。

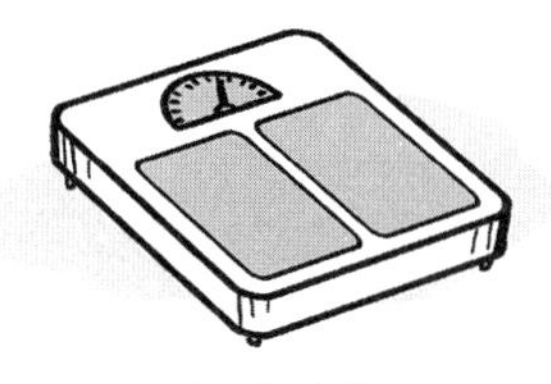

人人都爱体重秤

测量短距离的引力完全是另一回事。如果你想测量间距 1 厘米的两个物体之间的引力强度，那么你必须使它们的质心相距不超过 1 厘米，这意味着它们的个头儿必须非常小，这也意味着它们不会有很大的质量。如果质量太小，引力也会弱得几乎测不出来（别忘了，引力很弱）。举个例子：两个相距 1 厘米的铅制轴承滚珠之间的引力比一粒尘埃在地球上的重量还要小。

但是物理学家有个特点，几乎不可能的事情只会让他们更兴奋。更重要的是，这个实验有可能证实更多维空间的存在。于是，总有聪明绝顶的人滔滔不绝地讲解各种脑洞大开的实验方案。

在过去几年里，物理学家经过不懈的努力已经测出了引力在毫米尺度上随距离的变化情况。他们发现，至少在相隔 1 毫米时，引力的强度依然遵循大尺度上的规律。但这并不代表其他维度一定不存在。这个结果只是说明，如果这些维度存在，那么它们的尺寸小于 1 毫米。

物理学家还有一个特点（他们有很多特点）：对于没有通过实际测量证实或否认的现象，理论学家会不管三七二十一地随意开脑洞。物理学家可以说这个理论适用的尺度低于目前实验可以达到的最小尺度。因此，在这件事上，我们唯一可以肯定的是，如果存在其他的维度，那它们的尺寸必须小于 1 毫米。

可能存在的其他维度
（实际大小）

让我们振作起来

测量引力可以检测其他维度是否存在，但这不是唯一的办法。粒子对撞机也可以帮助人们检测到其他维度。没错，那些标价 100 亿美元、长度达到 27 千米的机器除了希格斯玻色子之外还能发现别的东西。

那么，我们要如何利用粒子对撞机探测其他维度呢？想象一下，你的手心里有一个微小的粒子，比如一个电子。这个粒子不仅仅出现在我们熟悉的三维空间中，它也可能同时在其他维度中运动，而那些维度是环状的，所以在我们熟悉的维度中这个粒子看起来是静止的。这个粒子在其他维度中的运动会有什么影响呢？

如果这个粒子在其他维度中运动，那就意味着它在那些维度中是有动量的，也就是说它有额外的能量。不过，这个粒子在我们熟悉的维度中并不运动，所以额外的能量在我们看来会体现为额外的质量（根据爱因斯坦的理论，质量和能量紧密相关）。换句话说，如果一个粒子在其他维度中运动，那么你会发现它比那些没有在其他维度运动的粒子更重。

这就是我们利用粒子对撞机探测其他维度的方法。我们让粒子相撞，如果发现一个粒子看起来十分像电子（电荷相同，自旋相同，各方面相同），但比普通的电子更重，我们就有理由怀疑它是一个在其他维度中运动的电子。

事实上，如果真的存在其他维度，我们应该可以找到已知所有粒子的对应版本，它们和原先的粒子唯一的差别就是质量更大。多维空间理论预测，存在一种特定粒子组成的“塔”（即卡鲁扎 - 克莱因塔，Kaluza-Klein tower），这

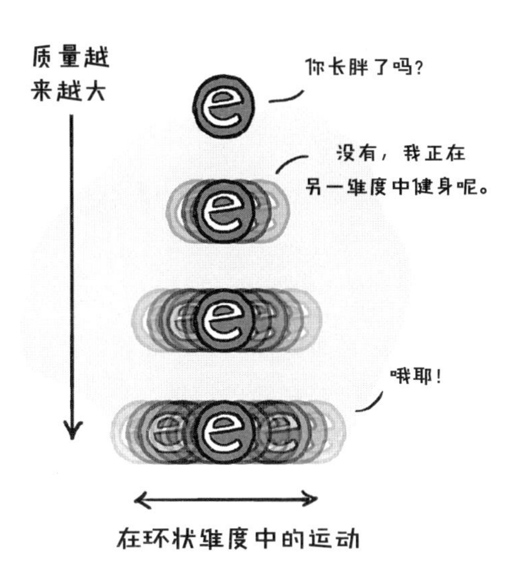

些粒子可以依照固定的间隔按质量大小进行排列。[1] 如果能找到这样一组可以规则排序的粒子，我们就可以证明更多维空间的存在。

更多维度的存在还意味着什么？

其他维度（即使是那种小小的环状维度）如果存在，还有别的事情会变得有趣。按物理学家所说，引力之所以这么弱，是因为它的强度被其他维度稀释了，也就是说，引力原本和其他作用力一样强大。它不是个软弱的家伙，而是一个伪装成弱者的超级英雄。

这意味着，制造黑洞没有我们之前以为的那么困难！

通常，你需要把大量的质量和能量放入很小的空间才能制造黑洞。但是粒子，特别是具有相同电荷的粒子（比如质子），不喜欢彼此靠得太近。我们需要借助某个毁灭性的事件（比如恒星塌缩）使足够多的粒子靠得足够近，以便达到形成黑洞所需要的临界密度。但如果引力的短距离作用很强，那么加强版

1　轻子中的 μ 子与 τ 子并不是电子在多维空间中的对应版本，因为它们三者之间不存在固定的质量差异。

的引力会让质子形成黑洞的过程更容易发生。日内瓦的大型强子对撞机就能做到这一点。

是的，你没听错，日内瓦的大型强子对撞机可以制造黑洞。假设存在小于一毫米的其他维度，那么大型强子对撞机可以每秒制造一个黑洞。

这是不是太可怕了？这些黑洞难道不会越长越大，然后吞噬地球和所有的棉花糖吗？别紧张，答案是否定的。如果不相信，你可以到这个真实存在的网站[1]上查看一下，看看世界是否已经被大型强子对撞机毁灭了。这个网站的创建者承诺持续更新。

幸运的是，即使大型强子对撞机能够创造这样的小黑洞，它们的力量也远不及恒星塌缩形成的大黑洞。这些小可爱还来不及吞噬瑞士和地球上其他的地方，就迅速蒸发了。另一个能让你松口气的理由是，高能粒子轰击地球和相互碰撞已经有数亿年的历史了，如果粒子碰撞真的会产生足以吞噬行星的黑洞，那该发生的早就已经发生了，我们根本就不会存在。

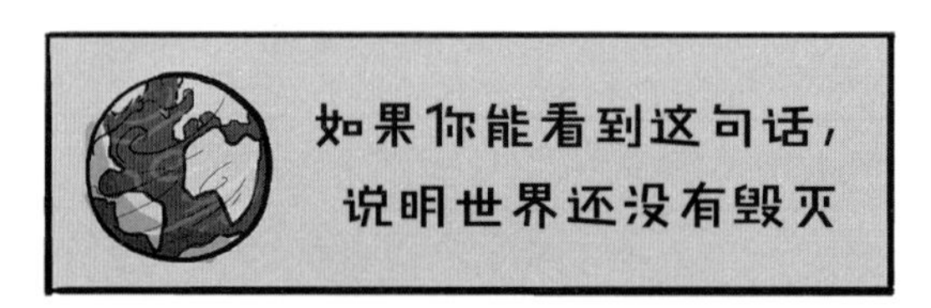

这本书可以作为
双保险的黑洞预警器

1　hasthelargehadroncolliderdestroyedtheworldyet.com

弦理论

物理学家一直在试图以统一的、自洽的、完整的理论模型描述所有的基本作用力（引力、强核力、弱核力和电磁力）。无论这个理论是否存在，这都是一个崇高的目标。虽然最终的答案离我们还很遥远，但是人类已经获得了很大的进步。

在这个过程中，物理学家提出了一些有趣的候选理论，弦理论就是其中之一。弦理论指出，宇宙不是由零维点状粒子构成的，而是由微小的一维弦构成的。这里说的“小”不是迷你棉花糖那么小，而是 10^{-35} 米那样的尺度。理论上，这些弦能以多种方式振动，每种振动模式对应一种粒子。远距离观察时，弦状结构不明显了，人们会觉得这些弦看起来像点状粒子。

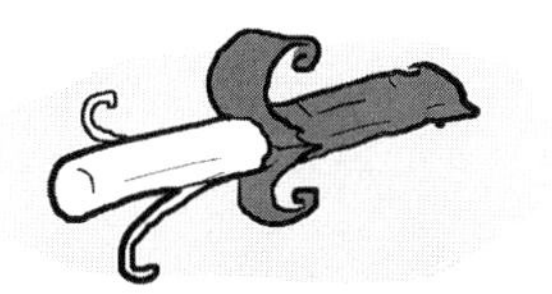

所有的芝士都是由芝士条组成的。

这个理论有一个特点：如果引入更多维度，数学描述会更简单、更自然。弦理论也有分支，每一种弦理论预测的宇宙维数各不相同。超弦理论认为宇宙有十维空间。玻色弦理论偏爱有二十六维空间的宇宙。可是多出来的这二十三个维度都在哪里？为什么我们没发现它们？这就好比你以为你家只有四口人，却忽然发现有二十二个兄弟姐妹藏在壁橱里。

我们需要更多的芝士。

和试图解释引力的强度为何这么弱的理论一样，为了与我们的经验相符，弦理论中增加的这些维度也是自我闭合的环状维度，而不是可以无限延伸的那种维度。

总结

了解宇宙的几何结构对于理解这个世界来说是非常基础的环节。揭开出人意料的宇宙真相，发现世界原来不是我们想象中的样子——这个过程会带给你无与伦比的满足感。难道你不想知道外面是否还有更多维度吗？

除了让人们获得满足感，寻找其他维度还有更实际的意义。也许我们会发现这些维度的存在还有别的好处。比如，它们也许能储存能量，或者让我们进入之前无法到达的空间。说不定它们还有别的神奇的功能。谁知道呢？

另外，找到其他维度有助于我们研究宇宙是如何运转的（即另外 95% 的宇宙是如何运转的）。就算我们最终发现这些维度并不存在，这个结论也很重要。有了这个结论，我们就可以思考为什么空间只有三个维度，而没有四个维度、三十七个维度、一百万个维度。三维空间有什么特别之处吗？到目前为止，在短距离上测量引力的实验并没有带来人们意料之外的结果，大型强子对撞机也没有发现任何黑洞以及任何在其他维度中运动的粒子。换句话说，还没有证据表明弦理论对世界的描述是正确的，或者引力可以扩散到其他维度中去。现在，我们还是不知道宇宙空间究竟是几维的。

更奇怪的是，还有这样一种可能：宇宙中的不同区域具有不同的维度，也许我们这一小块空间是三维的，但宇宙的其他地方存在四维空间或者五维空间。

至少有一点是很清楚的：宇宙还有很多秘密有待我们去发现。我们要做的就是沿着正确的方向继续探索。

第 10 章
我们能超越光速吗？

不能。

好吧，我们应该说得再详细一点。

物理学里有许多我们不是很确定的东西，但是有一点没有疑问——在宇宙中，任何东西（光、宇宙飞船、仓鼠）的速度都无法超越真空中的光速，即 300000000 米 / 秒。[1]

我们来比较一下：惊慌的仓鼠逃跑的速度大概是 0.5 米 / 秒；世界上跑得最快的人全力冲刺的速度大概是 10 米 / 秒；行驶的机动车最快能达到 340 米 / 秒；太空飞船在轨道上的速度大约是 8000 米 / 秒，这只是真空光速的 0.0025%。在日常生活中，你无论如何也无法接近速度的极限，但无论如何这个极限是存在的。这是一条无法打破的规律，一个恒久的提示，尽管宇宙充满了稀奇古怪的事情，但有些事你的确无法在这里做到。

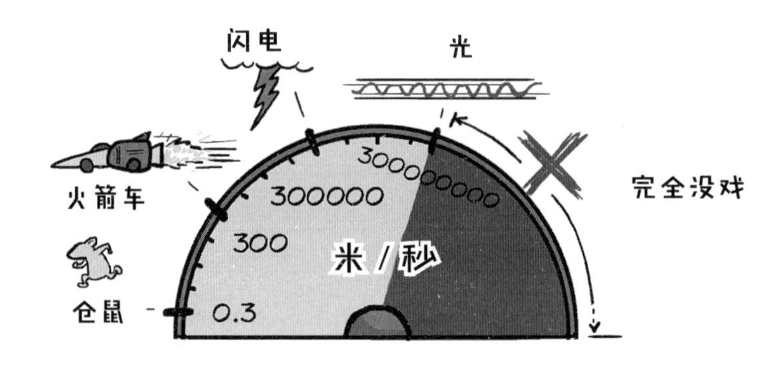

这个速度极限是真实存在的，这没有一点疑问。描述这一极限的理论（相对论）已经在非常高的精度上得到了反复验证。光速不可超越作为一条原理已经渗透进了现代物理的诸多细节。要是这个极限并不属实的话，我们肯定早就察觉到了。因此，无论你做什么、你认识谁，或者你是谁，你都不可能跑得比真空中的光还快。

这是我们宇宙的一个奇特之处。我们将看到，这个速度极限会引出各种奇怪的结果，它不仅会妨碍宇宙中不同位置的人沟通，还会让诚实的人对事情发

1　这事关“时空穿越”，继续往下读你就知道了。

生的先后顺序莫衷一是。

而且，虽然这个速度极限已经在现代物理中打下了深刻的烙印，但是还有一些相关的谜团困扰着物理学家。比如：这个速度极限究竟从何而来？为什么这个速度极限是 300000000 米 / 秒，而不是 300000000 千米 / 秒，或者 3 米 / 秒？这个上限会变化吗？系好安全带吧，我们就要全速驶入这个宇宙中最大的谜团了。

宇宙的速度极限

爱因斯坦引入的可不是凭空说出了宇宙最大速度的概念。为什么宇宙应该有速度极限？为什么你不能跳上一枚火箭，点火起飞，然后一路不停地加速，以疯狂的速度穿过星系？如果宇宙空间是空的，那到底是什么在阻挠你，使你无法想飞多快就飞多快？

直觉上，我们认为宇宙空间空空如也，所以在宇宙中行进的人可以不断加速，但这种认知正是问题所在。正如你在第 7 章所读到的那样，空间并不是一个空空的舞台，你不可以嗖的一下飞进去。空间是一个东西，它会弯曲、拉伸、产生涟漪。如果你以不负责任的速度横冲直撞，它还会发脾气。事实上，宇宙的速度极限给了物理学家启示，他们认识到空间并不是完全空无一物的。

所以，关于这个速度极限我们知道什么呢？首先，它不会直接阻止你加速。就算你试图超过光速，你也不会突然撞到墙上，更不会被星系警察拦下来，你的引擎不会突然爆炸，你的苏格兰工程师（就是外号叫小苏哥[1]的那个人）也

1　这是《星际迷航》的梗，进取号上的苏格兰工程师昵称为 Scotty。——译者

不会大吼大叫说他不知道飞船能否承受这样的速度。

如果你有一艘太空飞船，那么你把油门踩到底之后会发生这样的事：你会花非常非常长的时间才能接近光速。即使你有 10 个 g，也就是通过 10 倍的引力得到了大约 100 米 / 平方秒的加速度，达到了顶级战斗机飞行员一般能承受的最大限度，那你也需要花费几个月的时间才能接近 300000000 米 / 秒。在加速期间，你会被挤在椅背上动弹不得，既不能挠挠鼻子也不能去洗手间。这可一点也不舒服。

加速了很长时间后，你会遇到这样的事：你不会飞得比光速更快。事情就是这样，这里没有什么戏剧性的变化。你就是永远也不会达到光速。你会越来越快，但在某个时刻，你会发现加速变得越来越困难。无论你多使劲踩油门、无论你踩多久，就算你的面部表情无比坚毅，你也永远达不到或超过 300000000 米 / 秒。

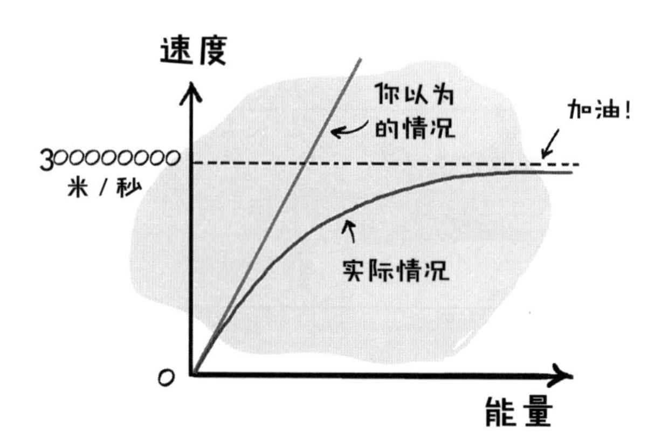

这时，无论你向引擎注入多大的能量，你的加速度都会越来越小，你永远不能达到光速。这就像大叔大妈试图回到二十多岁，重新拥有苗条的身材：时间没少花，能量也没少花，但事情就是办不成。

宇宙中有一个速度极限，这件事真的很奇怪。想象一下：即便没有其他任何力施加在你身上，也会有什么东西阻止你跑得更快。这是一个嵌入时空构造的渐进的极限。当你走过门厅或者开车上路时，它也在起作用（但愿你是听的有声书，而不是一边开车一边看书）。也许你已经注意到了，这种效应在速度比较低的时候同样存在。虽然在低速时它很不明显，完全可以直接忽略，但它确实存在。这意味着相对论并不仅仅在接近光速时生效，它一直在妨碍你运动。如果你想超过光速，时空就会弯曲。你觉得自己能投三分球？那么你最好在投篮时稍微多用一点力，因为空间会试图让你投个“三不沾”。

宇宙的速度上限不是一个简单上界或者天花顶，从我们以往关于速度的直觉来看，它仿佛在以一种扭曲的方式起作用。作为时空性质的一部分，宇宙速度极限怪异地限制了世上所有的速度。

这有什么大不了的？

关于这一点，你大概会想：那好吧，就算我们不能跑得比光速还快，这又有什么呢？我最近也没有打算把车子开得那么快呀。

当然，300000000 米 / 秒的速度极限不会真的影响你的日常生活。但是它会对我们的宇宙观产生深远的影响。我们曾经坚信，时间，即事件发生的顺序，对每个地方的每个人来说都是一样的。现在我们必须放弃这个观念了。

讲道理的人都会认为已经发生的事已经发生了，在能够给出证据时，我们通常可以就一件事是否发生了得出一致的结论。但是，这个宇宙其实不是这样的。对不同的人来说，事件发生的顺序可能完全不一样，这一切都归因于宇宙的速度极限。

为了真正理解宇宙中的速度极限为何能引发这么奇怪的事情，我们可以想象这样一种情况：假如你给宠物仓鼠买了一支手电筒。你猜怎么着？让我们更疯狂一些，干脆假设你给仓鼠买了两支手电筒。

现在，假设仓鼠把手电筒分别指向两侧，然后同时打开。我们思考一个非常简单的问题：手电筒发出的光子飞得有多快？

很简单，对不对？答案就是光速c（还记得吧，光线是由光子组成的）。每个光子将向不同方向以光速发出。如果你的仓鼠懂得测量这些光子相对地面的运动，那它将会发现它们的速度正是光速（当然了，我们得假设它接受过实验物理学的高等教育）。

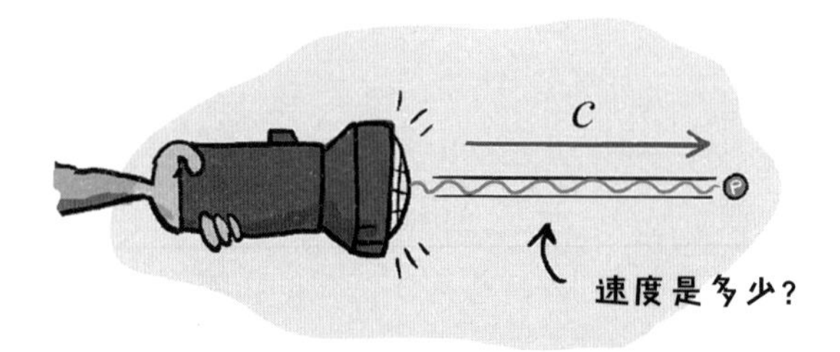

这讲得通，对吧？这里没有任何争议，我们都知道，手电筒发出光，光束会以光的速度前进。

现在，我们稍微开一点脑洞。假设仓鼠站在一个叫作地球的巨大岩石球上，并随之在宇宙空间中飞速运动，而你飘浮在宇宙空间中，穿着太空服，看着地球在你眼前向右行进，上面载着你心爱的仓鼠，而它正拿着两支光子发射器（也叫作手电筒）。

所以，你会看到地球以速度 V_{Earth} 向右移动。现在，我们想知道你，我们的宇航员读者，你看到的两束光子在以多快的速度运动？

如果光子是以光速相对贝莎（顺便提一句，那是仓鼠的名字）运动，而你正看着贝莎从你眼前经过，那你的直觉会让你把两个速度相加。你会想，右侧光子的速度为 $c + V_{Earth}$，左侧光子的速度为 $c - V_{Earth}$。但是如果 c 是光速，那是否意味着你将看到一束光子飞得比光速快，而另一束光子比光速慢呢？

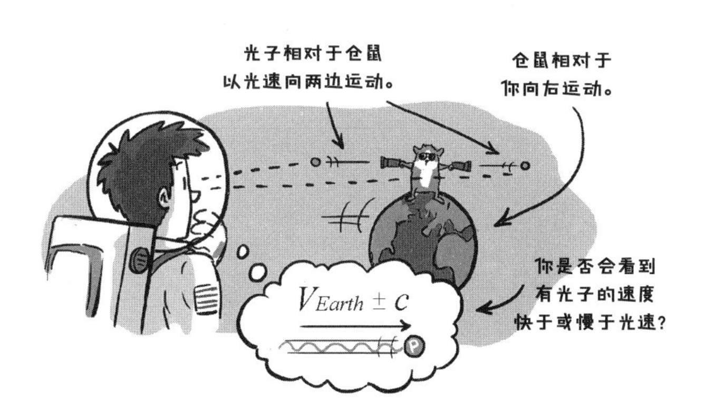

不，那是不可能的。没有什么东西能比光速还快，连光本身都不能！所以到底发生了什么？

先想想和地球以相同方向运动的光子（右边那束），直觉告诉你，这个光子应该运动得比光速还快。但是光速是不可超越的，事实上你还是会看到这边的光子以光速发射出去。这之所以奇怪，是因为贝莎也会看到光子以光速离开它，尽管你和仓鼠速度不同。

这岂不是很违背逻辑和道理吗？其实，真正被颠覆的是我们的预期，我们以为所有人看到的东西都一样。我们无法回避这个事实：这个奇怪的宇宙中存在着一些反直觉的现象。

向左运动的光子也很奇怪。你大概会天真地认为这些光子会比光速慢（$c - V_{Earth}$），因为这些光子从地球上发出，而地球在向右运动。但是，像光子这样的无质量粒子具有另一个奇怪的特征，在真空中它们总是以宇宙所允许的最大速度运动，永远不会慢下来。[1]

因此，光总是以光速运动，无论是谁来测量它，也不管观测者运动得多快。这意味着当你飘在太空中看着地球从身边飞过时，你将看到那两束光子相对你以分毫不差的光速运动，而在地球上的贝莎教授也将看到两束光子相对它以光速运动。

关于宇宙速度极限还有一件让人兴奋的事：它对物体之间的相对速度，而

1　是什么使无质量粒子（如光子）以光速运动？如果变慢，光会更奇怪。如果一个无质量粒子的速度可以低于最大速度，那么一个有质量的物体就能够追上它。接下来会发生什么呢？一个无质量粒子只有运动的能量（它没有质量）。如果你能赶上它的话，那它对你而言就没有运动，也就是说，它没有运动也没有质量，因此它什么都没有。这证明和问题一样奇怪，光线要以最大速度运动，这样才合理。

不是绝对速度有效。

这是因为在宇宙中根本不存在绝对速度。你大概认为漂浮在太空里是一种很特别的情况，因此你有权判定运动速度的快慢。但实际上，你和地球也在相对于某些东西（比如太阳、银河系中心，甚至我们所在的星系团的中心）运动。即使真的存在这么一个宇宙中心（其实没有），又有谁知道你相对于它的真实速度是多少呢？绝对速度没有什么意义。

宇宙速度的极限说明，任何东西在任何人眼中不会比光速快。这就是事情的奇怪之处。从这里出发，后面的事情会越来越奇怪。

事情变得更离奇

仓鼠相对你在运动，但你和你的仓鼠都会看到光以同样的速度从手电筒发出。这已经很奇怪了，但接下来事情将变得更加不可思议。

假设仓鼠的两边各有一个靶子，那么哪支手电筒发出的光子会先击中靶子呢？

贝莎看到的光子在各自的方向以相同速度运动，而且两个靶子和它的距离都相等。因此，如果你问它这个问题，那么它会说那些光子同时击中了靶子。

两束光子同时击中靶子

但那和你看到的不一样。

你看到两束光子以光速（相对于你）离开手电筒，但是你同时也看到贝莎（还有靶子）在运动。因此，当光子向各自的靶子飞过去的时候，你会看到其中一个靶子向光子运动，而另外一个靶子向着远离光子的方向运动。结果就是，你将会看到一侧光子（左边的那个）比另一侧的光子先击中目标靶子。

换句话说，你们俩看到了事件完全不同的结果。贝莎看到光束同时击中目标靶子，而你看到了光子先击中其中一个靶子。神奇的是：你们俩都是对的！

如果你还有更多宠物的话，事情还会变得更不可思议！[1] 假设此时你和你的仓鼠正在感受宇宙的神奇，而你的猫（我们叫它拉里，也就是 Larry）正坐着宇宙飞船（SS 猫号）回家。它返回的方向和地球相对于你的方向是一样的（向

1 没错！

右），但是此时它的速度比地球快。所以，当拉里从它的飞船窗向外看的时候，它会看到贝莎和地球相对于它的飞船向左运动。

在拉里眼中，贝莎的光子同样是以光速运动的，因为它也必须遵循宇宙速度极限，但是看到贝莎向左运动的它会说右边的光子先击中了靶子！

现在我们得到了三个互相冲突的报告：贝莎看到光子同时击中靶子；你看到其中一个靶子先被击中；拉里一边吃惊地发现你在太空中进行物理实验，一边看到了另外一个靶子先被击中。而且你们全都是对的！

我们不仅要接受宇宙的速度上限，还要放弃旧的观点。我们不能再认为对任何地方的任何人而言，事件都是同时发生的。我们甚至不能再假设自己能够对宇宙中发生的事情进行统一的描述，尽管这貌似非常合理。一切都得取决于你问的是哪一只宠物！

仓鼠双手电筒实验总结

观察者	观察过程	观察结果
你	在太空中瑟瑟发抖	左侧的光子先击中靶子
仓鼠博士贝莎	怀疑它的高等物理学位白拿了	两侧的光子同时击中了靶子
宇航猫拉里	返航补充毛线球	右侧的光子先击中了靶子

历史就是历史

所有这些应该立刻使你警惕起来。这意味着在宇宙中事件没有绝对的先后，公正的人（和他们公正的宠物）会对发生的事情进行各不相同但同样正确的描述！

从另一个角度来想。通过以不同速度运动，你可以改变事件的顺序。因为你、你的仓鼠和你的猫都在以不同的速度运动，所以你们看到了同一件事以不同的顺序发生。这完全违背直觉，因为我们更喜欢想象宇宙有统一的历史，所有事都有明确的先后次序。但是，在我们的宇宙中这是不可能的，普适的时间和同时性的概念都不存在。这就是光对每个人以相同速度运动的结果，这归根结底是因为宇宙存在最大速度的极限。

打破因果链

我们能不能重新排列事件的顺序呢？目前，最超前的观测者是猫，它看到右边的光子先击中了靶子。如果猫的飞船真的突破了宇宙的速度极限，那么会发生什么事呢？随着猫飞得越来越快，在它眼中光子从离开手电筒到击中靶子的时间会越来越短。实际上，在某个时刻，如果拉里的速度足够快，它会看到光子在离开手电筒之前就击中靶子了！

* 翻译：光子在离开手电筒之前就击中靶子了?!

但是这讲不通，因为这违背因果律。你懂的，效果是由原因引起的，而不是反过来。在一个没有因果律的宇宙里，生活将变得很疯狂：在你打开煤气灶前水就煮开了；你还没有对忽视宠物感到愧疚，就已经被它们锁在了柜子里。在这样一个光怪陆离的宇宙里，你很难理解事情是如何发生的，而且有可能无法建立合理的物理定律。

这里顺便提一下我们是如何知道宇宙具有普适的速度极限的。在 1887 年，两位科学家阿尔伯特·A. 迈克尔逊（Albert A.Michelson）和爱德华·W. 莫雷（Edward W.Morley）进行了一项实验，和我们的仓鼠实验情形相似（尽管没有仓鼠）。他们在实验中发出了一束光，然后将其分成了互相垂直的两束。接下来，他们测量这两束光被一面镜子反射回到原点所需要的时间是否相同。就像仓鼠贝莎一样，他们发现在任何方向上两束光都花了同样长的时间回到原点。地球以某个速度相对于宇宙的其他部分运动，因此他们得出结论，无论你的相对运动是多少，光速总是一样的。

从这一点，我们能得出结论：没有什么东西能跑得比光还快，因为那将破坏因果律（比如拉里看到光子在离开手电筒之前就击中了靶子）。打破因果律可不是个小事情，就算是初犯，也是宇宙级的大罪过。

迈克尔逊－莫雷实验

局部原因

那么最大速度为什么存在呢？猫和仓鼠的速度和这些有什么关系呢？这其中有什么用意呢？

我们能从什么原理以任何讲得通的方法推出这个速度极限吗？简单的答案是，我们没有什么确凿的证据证明宇宙一定有速度极限，但是我们有一个非常好的借口——为了让宇宙有局部和因果可言，速度极限很有必要存在。

说到因果律，它的存在似乎是宇宙中一个合理的必要条件。至于局部，我们指的是能够影响你的事物的数量受限于你附近的事物的数量。如果宇宙中没有速度极限，那么任何地方发生的事都可能立刻影响地球。在这样一个宇宙中，理论上外星人的国家安全局能够实时读取你发给你朋友的信息（甚至阅后即焚的图片）。外星科学家还能开发一种武器瞬间杀死地球上的所有人。万幸的是，我们有一条铁律限制了万物（包括光、力、引力、自拍照，还有外星人的死亡光束）的速度，这意味着只有你周围的事物才能和你有因果联系。

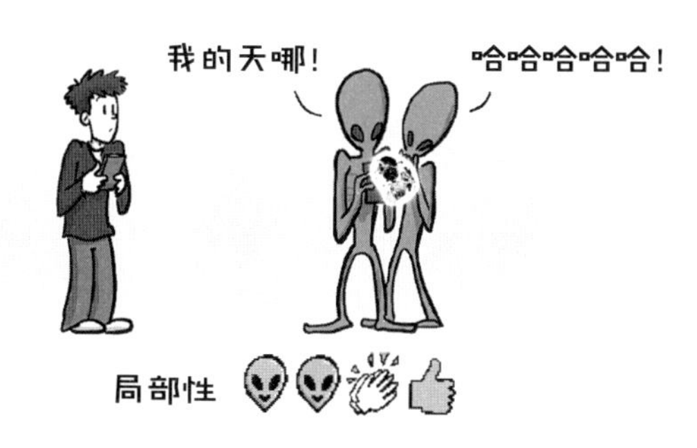

如果我们不希望被遥远外星人建造的瞬时大规模杀伤性武器影响、不希望原因和结果错乱，那么我们就必须接受一些看似怪异的事情，比如人类和宠物对于非因果事件的顺序有点分歧。

为什么是这个速度？

我们认为宇宙存在最大速度是有道理的，这让宇宙有局部和因果可言。

但是物理学里的常事又发生了，一个问题的答案引出了另一个更深层的问题：为什么宇宙要有前因后果？我们不能期望宇宙特意设计成这样，只为了让人脑觉得合理。[1] 为什么最大速度必须是特定的值呢？

讨论宇宙为什么有前因后果已经非常难了，更不要说得到一个让人满意的答案了。因果律已经深深植入了我们的思维模式，我们不可能简单地跳出去，然后考虑一个没有它的宇宙。我们无法用逻辑和推理来考虑没有逻辑的宇宙，这既做不到也不合适。这肯定是一个深奥的谜团，而且科学本身就是建立在因

1　当然，你可以认为，在一个有因果关系的宇宙里，智能生物会发现它，然后将其建立到他们的逻辑体系中，即使他们不理解这是从哪里来的。

果律和逻辑之上的，因此这个问题很可能根本无法用科学回答。或许我们永远也无法解答它，又或许它与棘手的意识密不可分。

这里还有一个相对简单的问题：宇宙的速度极限为什么是这个值？没有哪个理论给出答案。一个基于因果律但光速更快的宇宙局域性会减弱，而一个基于因果律但光速较慢的宇宙会有更强的局域性。但那样的宇宙按理来说也不是不能存在，在物理学中光速的值没有道理一定是某一个数字。也许，我们只是恰好测到了 300000000 米 / 秒。这个值对我们来说非常快，但是对于星际旅行来说又显得太慢。

此刻，我们不知道速度极限为什么是这个值，但是我们就一些不同的可能性进行猜测。

也许这就是唯一可能的值，这个光速隐藏着和时空有关的宇宙本质。比如，如果时空真的是量子化的，那么也许光速源自时空相邻节点的信息传递方式。吉他弦的粗细和拉紧程度决定了波沿着弦传播的速度，光速的情况可能与之相似。

也许某一天，我们会发现时空的统一理论，从中找到光和信息以特定速度传播的原因，由此解答所有的问题。但到目前为止，这就像盼着宠物为你准备晚餐一样不可思议。

另一种可能是，宇宙中光速的值只是零和无穷大之间的正数，没有特定值。光速为零对应无相互作用的宇宙，光速无穷大对应非局部的宇宙。如果宇宙的速度极限可以是任意正数，那为什么是这一个？我们不知道。要是有人宣称自己知道答案，那他要么是从未来穿越回来的物理学家，要么就是患了严重的妄想症。无论如何，千万不要请他替你照看你的宠物。

也许这个光速不是普适的，它只在我们这部分宇宙有效，是由大爆炸结束后时空凝结的方式造成的。或许在宇宙的不同区域，光速由随机的量子力学过程决定，也就是说，宇宙的其他部分有着完全不同的光速值。这些猜想没有哪一个能够达到完整理论的标准，更别提可供验证的科学假设了。但是这样想一想却非常有意思。

过去和将来

既然我们不清楚光速为什么是现在这个样子，我们怎么知道它将来会不会变化呢？我们怎么知道它以前是否和现在一样呢？

我们不能通过穿越时空验证事实，但宇宙已经给了我们一间漂亮的古代天文博物馆：夜空。

记住，当我们展望星空的时候，我们看到的不是正在发生的事，而是过去发生的事。一个物体离得越远，它的光就要花越长的时间来到我们这里，我们看到的它也就越古老。通过观察离我们更远的物体，我们能够探索过去。在观察天体绕行、碰撞和爆发的时候，天文学家发现，遥远的星并没有突破宇宙速度极限的迹象。

正确预言未来是非常困难的。我们可以基于140亿年的历史大胆推测未来，这看来可靠，但是隐含了一个前提，那就是宇宙在过去和将来会一直以同样的方式运转。这一点纯粹是假设。我们知道宇宙在过去曾经有过截然不同的好几个时期（大爆炸之前的时期、大爆炸暴胀时期，以及当前的膨胀时期），我们哪里有信心说宇宙未来不会改变？

也许我们能访问其他星球

光速旅行是一个吸引人的可能性，这不仅因为每一个人都想赢得与光子的赛跑，还因为人类有探索宇宙的愿望。登陆未知的星球，访问遥远的恒星，我们也许会见到外星人并和他们愚蠢的宠物交朋友——没有人会拒绝这种机会。

如果你也急着跳上第一艘宇宙飞船去访问其他星系，那宇宙中有速度极限当然会让你非常伤心。毕竟，最近的恒星离太阳系也有 40000000000000000 米远。

但是我们也许问错了问题。与其问“我们能跑得比光还快吗”不如问“我们能在一个合乎情理的时间范围内飞到遥远的恒星上去吗”对于这种情况，答案可以非常诱人——“有钱的话，这也不是不可能。”

记住，光速是你（或者你的猫）在太空中飞行的最快速度。但是太空不是画着黄线的抽象背景幕布，它是一个动态的物质，可以膨胀和收缩。

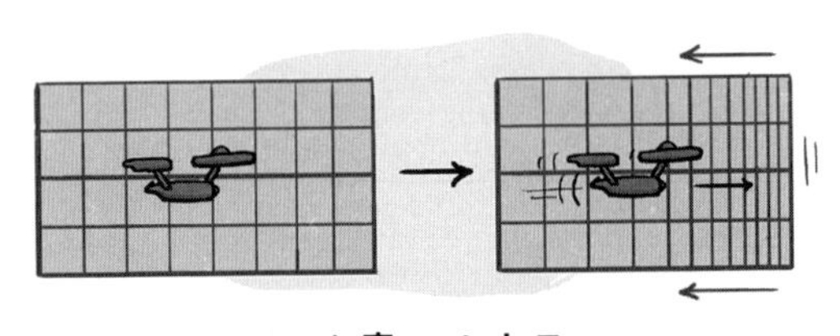

一个弯曲的点子

关键来了：如果能挤压我们和遥远星球之间的空间，我们就可以在合理的时间内到达那里，而不需要在太空中飞得太快。这能实现吗？这个想法也许靠谱。我们还不太了解时空的本质，但是我们知道它能够被扭曲或压缩。遗憾的是，这样做需要巨大的能量，如果用仓鼠跑飞轮的方式制造能量，那我们需要一片小胖仓鼠的海洋，它们还得不要命地飞奔。科学家估计，能够通过压缩空间飞往远处的宇宙飞船会消耗大得不切实际的能量。

虫洞？

还有一种缩短旅途的方法，那就是利用虫洞。这个虫洞可不是你为了养蜥蜴而建造的蠕虫农场中的虫洞，这是广义相对论预言的那个虫洞。在合适的环境中，宇宙两处相距非常远的地方可以由一个虫洞连接，这样一来，你就可以通过它从这里走到那里。在科幻小说中，人们穿过虫洞的时候总是会看到疯狂闪动的光线、听到巨大而沉闷的响声，小说里的人物还会被吓尿[1]。事实上，没有人知道穿越虫洞是怎样的过程，也许那和跨过一道门没什么区别。

的确，如果空间不止三维，那么有些地方也许只是在三维空间里非常遥远，在其他维度里却是相邻的。想象一下，如果宇宙像一卷卷起来的卫生纸，那么空间就是一层叠着一层的。我们以为相邻的区域实际上可能是被虫洞贯穿的不同层的时空。

这听起来也许有些异想天开，但实际上不和当前的任何物理定律冲突。遗

1　最后一条是我们编的，但是所有关于虫洞旅行的情形也都是编的，所以为什么不行呢？

这是一个迷人的宇宙。

憾的是，至今所有的计算都指向了虫洞的不稳定性，它们可能会在瞬间塌缩，在此之前你甚至没有时间和空姐要一杯饮料。

此外，我们不知道如何建成虫洞，所以我们必须先穿过它们，看看它们通向哪里。这就像在曼哈顿街头蒙住眼睛乱摸，随便上一辆陌生人的车，还希望他能带你去洛杉矶。

让我们保留这个梦想

你，我们勤奋的读者，本可以幻想超光速旅行，却在读过了这么多段落后被浇了一盆冷水。但让我们先把实际需要考虑的问题（无法实现的能量要求，以及无法实现的制造曲率引擎和虫洞的技术要求）放到一边，别让这些烦人的细节干扰我们了不起的星际旅行计划。

压缩空间或者穿越虫洞是极大的挑战，但是我们依然可以鼓起勇气。

物理警报系统

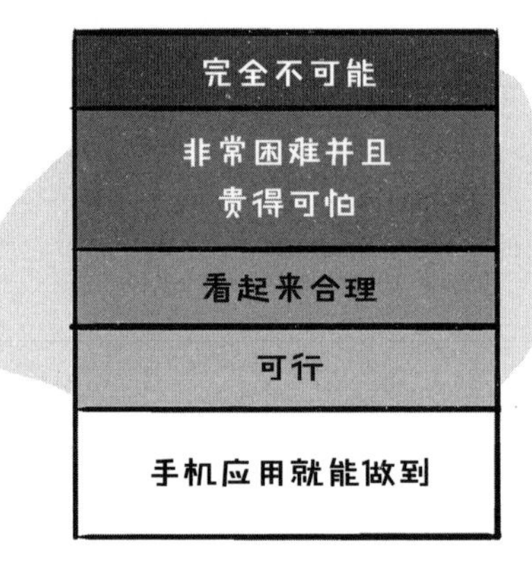

物理学家把星际旅行从“完全不可能”变成了“很难很贵”，这已经是进步了。

对于遥远未来的技术发展预言可能歪打正着，也可能变成笑话，所以我们不会给出任何预言。但人类从古到今的足迹似乎暗示了前方的技术奇迹。而且，既然没有什么基本的物理法则限制星际旅行，那我们还是可以期待这件事的。那我们什么时候可以实现星际旅行呢？我们也不知道。

μ 子一直在超光速旅行！

物理学对极小的东西非常谨慎。自然法则似乎总是有一个小漏洞，信不信由你，总有一个粒子“特立独行”。用律师的眼光重读那些法则，你大概会注意到，速度极限是真空中的光速。这里为什么要说“真空中”呢？因为光速的大小取决于它的传播介质。空气中、玻璃中、水中和鸡汤中的光速都小于真空中的光速。这是因为光子需要花时间与讨厌的鸡汤粒子（我们叫它们“汤子”）相互作用，所以它们的整体速度会降低。

因此，如果你问：“光的速度能不能超越？”那么答案是：“可以。”在某些介质中，粒子可以比光子更快，尽管这个速度永远不会高于真空中的光速。比如，一个高能的 μ 子能够比光子更快地穿过一个冰块。严格地讲，这确实是“比光还快”的运动，尽管这看起来很狡猾，无法令人满意。

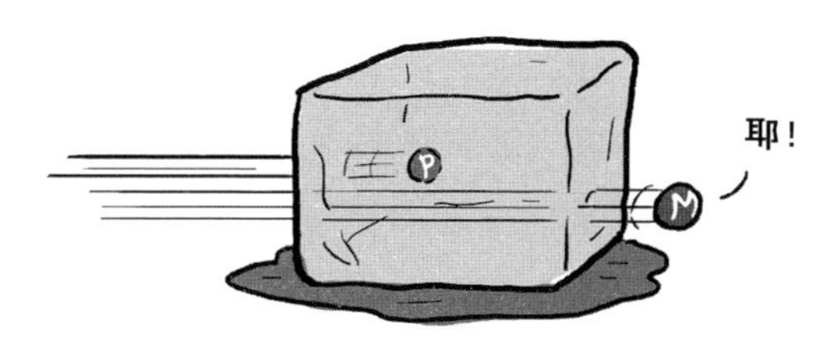

胜利超过光速

这不能帮你在一颗遥远行星上成为地主，并因此成为传奇，但这的确会促成一些有趣的现象。当一艘船在湖面上开得比它产生的水波还快时，那些波就叠加到一起产生了尾迹。如果一架飞机飞得比声速还快，那么它会产生音爆。当一个 μ 子以比光还快的速度穿过一块冰时会发生什么呢？会产生“光爆”！这也被称为切伦科夫辐射。物理学家通常用这种爆所产生的暗淡的蓝色光环探测这种粒子并测量它们的速度。

也就是说，如果整个宇宙突然变得满是鸡汤（或者冰），那么从技术上讲，你有可能比光跑得更快，并且一路发射蓝色的光环，直到到达你的新家。

总结

我们能比光速跑得还快吗？

答案：可以，也不可以，也可以，也不可以。

第 11 章
谁在向地球发射超高速粒子？

太空中到处都是飞行的“子弹”

如果某天早上，你醒来时发现自己的房子正在被扫射，那可算得上十万火急了。你肯定不会悠然地穿好衣服，开始新的一天，等着经费可怜的科学家去解决这个问题。

可事情就是这么巧，这恰恰是你在此时此刻的处境——如果你把地球当作你的房子，而把宇宙射线当作子弹的话。每天都有无数这样的“子弹”在击打我们的大气层，它们携带的能量加在一起比一次核爆还要多。

令人不安的是，我们完全不知道这种扫射从何而来。

我们不知道“子弹”从何而来，不知道它们的数量为何这么多，也不知道这种高能弹药究竟是怎样形成的。这背后可能是外星人，也可能是我们从未见过的全新事物，就连脑洞大开的科学家也想象不出这是怎么一回事。

这些神秘的宇宙射线是什么？为什么我们不停地被它们以巨大的能量攻击？快去找个掩体吧，找到了再来了解这个宇宙之谜。

宇宙射线是什么？

“宇宙射线”这个叫法可能有些故弄玄虚。这只不过是一种来自太空的粒子。恒星和其他天体都在不断地向我们发射光子、质子、中微子，甚至某些重离子。

我们的太阳就会产生很多太空粒子。我们都知道太阳会发光，但除此之外它还会发出足以穿透你的身体并引发癌症的高能光子（包括紫外线、伽马射线）。但这些都无法与来自太阳聚变炉的中微子相提并论，每秒都有数以千亿

1　美国著名歌手、钢琴演奏家，有“灵魂歌王”之称。——编者

2　美国著名小说家，其代表作为《华氏 451 度》。——编者

计的中微子从你的指尖掠过。中微子几乎不与其他物质发生作用，所以你感觉不到它，也不必为此担心。一般来说，在 1000 亿个中微子中，只有 1 个会注意到你的存在，并与你拇指中的 1 个粒子相触。普通的中微子会不经过任何相互作用，它们会直接穿过地球。因此，尽管你躲不开铺天盖地的中微子，但中微子也实在懒得攻击你。

还有更重要的带电粒子，它们会对人体这一“精密装置”构成威胁。质子和原子核就是这种粒子。高能质子可以撕裂人体。宇航员要特别小心，并确保始终能有效防护高能质子，这比记得涂防晒霜复杂多了。除此之外，太阳像任何巨大的火球一样难以预测。大多数时候，它以极高的温度对我们“小火慢煎”，但有时它也会消化不良，从而出现耀斑。耀斑会将等离子束发射到遥远的太空，并释放出额外的有害粒子。任何置身太空中的人都时刻注意和太阳有关的精准天气预测，一旦探测到这种耀斑就要立刻采取额外的防护措施。关键是，每时每刻都有无数太空粒子在击打着地球，而且它们携带着很多能量。

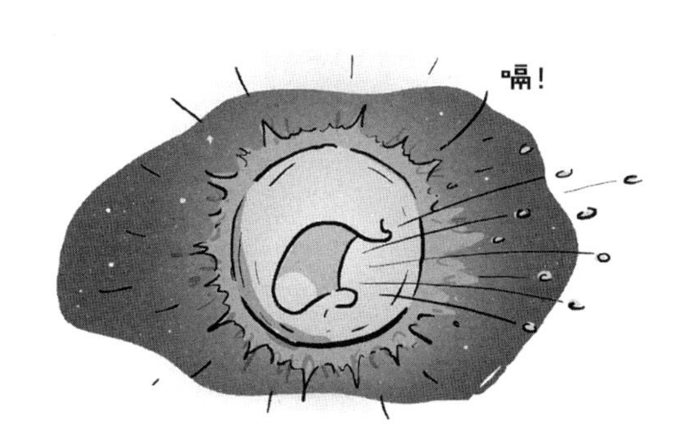

幸运的是，地球上[1]的我们得到了大气层的保护。大部分击中地球的高能粒子都与覆盖在地球表面的空气和气体分子发生了猛烈的碰撞并分解，从而形成了大规模的低能粒子雨。你也许好奇过北极光或南极光是从哪里来的，它们就是宇宙射线流被北极和南极的磁场偏转而发出的光。

但是，这种保护只在地球表面起作用。如果你在远高于地球表面的地方待上一定的时间——比如去当空乘人员或飞机偷渡者——你会被更多这样的辐射伤害。糟糕的是，给飞机安装的防晒层对此也没有什么效果。

这些粒子有多快呢？在地球表面上，制造高速粒子的世界纪录是由大型强子对撞机保持的，它能将粒子加速到 10 万亿电子伏特（10^{13}eV）。任何东西达到万亿的级别都很了不起，而这些太空粒子携带的能量更加令人惊奇。宇宙粒子每时每刻都在带着 10^{13}eV 这个级别的能量冲击地球。它们现在就在以每秒每平方米 1 个的速率冲向我们。如果你觉得这能量听起来太大，那就对了，因为它们所携带的能量相当于每秒钟都有 1 辆缓慢移动的校车降落在我们这个世界的每平方米地面。

然而，接下来我们还要提到以更高能量击中地球的宇宙射线。它们的速度相当快，大型强子对撞机加速的粒子相比之下就是缓慢爬行的婴儿。我们所见过的到此一游的最高能粒子以超过 10^{20}eV 的能量撞向地球，这差不多是大型

1　如果你此时正在国际空间站里读这本书，请发张照片给我们。

强子对撞机制造的最高速粒子能量的两百多万倍。太快了，这是创纪录的太空粒子。物理学家戏称它为“我的天啊粒子”（Oh-My-God particle）。死气沉沉的物理学家竟然像青少年一样大惊小怪，他们受的刺激显然不小。

令人意外的是，带有这种疯狂能量的粒子很常见。每年大约有 5 亿这样的粒子到达地球，也就是说，每天要来上百万个，或者每秒有 300 个。此时此刻，当你读到这句话的时候，有超过 1000 个这样的粒子（其能量相当于 20 亿辆缓慢移动的校车）击中了地球。

但是，关于能量如此之高的粒子，这里有一个令人震惊的事实：我们并不知道宇宙中有什么东西可以发射出这么高能的粒子。

是的，我们每天被数以百万计的超高能粒子连续轰炸，却不知道它们是怎么来的。如果你让天体物理学家（基于现有知识）估计太空中的粒子最快能达到什么速度[1]，他们会：（1）感谢你提出这么棒的问题；（2）举出一些极端的例子，比如爆发的超新星喷射出来的粒子，或者被黑洞像弹弓一样抛射出去的粒子；（3）仍然给不出令人满意的答案。基于目前我们对宇宙中事物的了解，太空中粒子所能达到的最高能量约为 10^{17}eV，这仍比每天击中地球的那些超高能粒子弱上千倍。

想象一下，你的法拉利经销商告诉你他卖给你的车最高时速是 200 迈，结果你把它开到了 20 万迈的时速。你会得出结论，世界级法拉利专家也所知有限。[2]

1　我们就问过。

2　没错，天体物理学家在这里被比作了法拉利经销商。

宇宙射线的情况就是如此。我们无法以宇宙中我们所知的任何道理解释击中地球的宇宙射线的能量级。这意味着宇宙中一定有某种不为我们所知的新天体。

好吧，这句话看上去逻辑清楚，但这仍然是一种令人难以置信的表述。人类对宇宙（至少对它的 5%）有所了解，对星空也有过几个世纪的观察，还制造了高精度的工具，但宇宙中仍存在我们从未看到过的东西。这些带有疯狂能量的宇宙射线来自哪里对我们来说仍然是未解之谜。有趣的是，这些粒子藏着其源头的线索，于是我们可以立即潜心研究这个谜题。

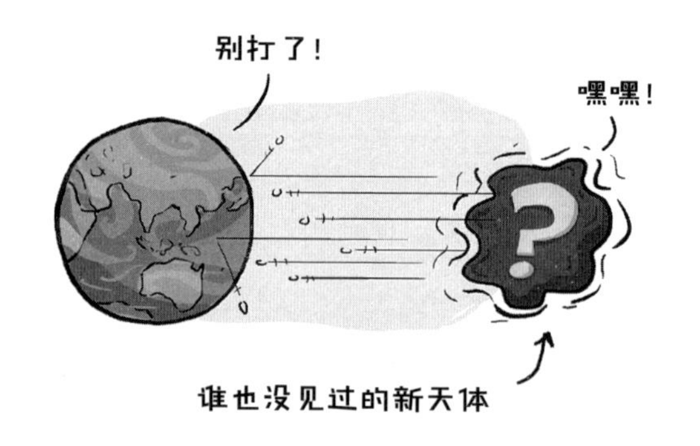

它们从何而来?

如果有什么东西在向你发射超高能量的某种东西（雪球、水果麦片、鼻屎，等等），你首先要做的就是四处看看东西是从哪里扔来的。这些疯狂的高能粒子是否来自某种恒星？它们是否来自某个超大质量黑洞？它们是否来自某个外星世界？或者，它们是从四面八方来的吗？

幸运的是，这些粒子的能量越高，我们就越能顺着它们的方向找到它们的来源，因为能量充沛的粒子不容易被路上的磁场或引力场影响并弯折方向。

但是，要想弄清楚它们究竟从何而来，你还需要一些实例。这就像寻找屋顶上的狙击手，他们射击的次数越多，我们就越容易找到他们。确定这些宇宙射线来源的难点在于，地球是一个相当大的目标。即使每天都有数百万宇宙射线击中地球，安装好探测器并在正确的时间捕捉到它们也是很困难的。我们之前说过，每秒钟都有几百个这样的粒子击中地球，我们没有撒谎，但是地球是一个非常大的地方。所以更有意义的数字是宇宙射线击中的某个探测器所占据的面积，而这是以平方千米计量的。

大型强子对撞机能量级（10^{13}eV）的粒子每秒大约有 1000 个到达地球表面的每个平方千米。离奇能量级（10^{18}eV）的粒子比较稀少，每年每平方千米掉落 1 个。10^{20}eV 以上能量级的粒子堪比稀世珍宝，每千年每平方千米掉落大约 1 个。

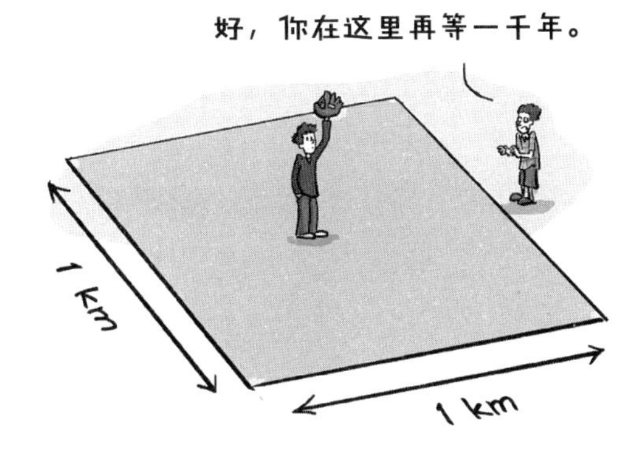

这就使得弄清楚它们从何而来变得非常困难，因为即使你建造了非常大的探测器，它捕捉到超高能粒子的机会也是非常渺茫的。迄今为止，所有宇宙射线望远镜探测到的超高速粒子加在一起也不算多。直到现在，我们还不能准确为这些疯狂的宇宙“子弹”定位源头。

好消息是，我们确实掌握了一条重要线索：它们不可能来自很远的地方。可见光可以传播数十亿千米而不会散射或减速，所以我们能看到遥远的星系。只要试着遥望一下洛杉矶盆地对面的高山，你就会意识到我们能在夜空中看到遥远的星星是多么不可思议。[1] 太空在我们看来清澈而空旷，但对于带电高能粒子来说，在太空中穿行就像在拥挤的火车站里行走。组成了宇宙幼年图景的光，也就是宇宙微波背景，使整个宇宙充满了一种光子雾。宇宙射线与这种雾

1 你还会意识到洛杉矶不是一个呼吸新鲜空气的好地方。

发生作用，很快就会减慢速度。10^{21}eV 能量级的粒子只要经过几百万光年的自然减速过程，能量就会降低到 10^{19}eV 左右。

这意味着我们所看到的超高能粒子一定来自比较近的区域，否则光子雾会让它们减速。如果它们来自非常遥远的地方，那么唯一的可能就是它们出发时携带了高得极其离谱的能量。如果能够排除这种情况，那么我们就只能得出结论，无论是什么[1]发出了这些超高能的粒子，它一定在我们星系的邻近区域。这是一条有用的线索，因为它将太空中某个巨大的部分移出了讨论范围，但可供讨论的空间范围（从科学角度而言）仍然大得吓死人。

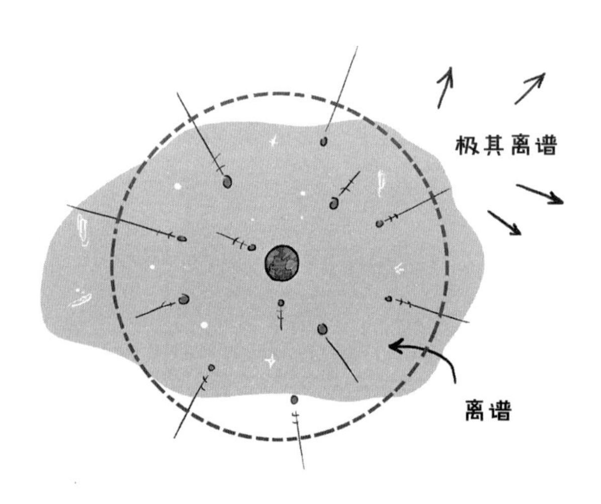

总而言之，这些线索意味着……

1　或者无论是谁（此处应有恐怖音效）。

某个邻近的天体正在向我们疯狂发射高能粒子，而我们不知道它是什么。

显然，宇宙中还有新事物在等待我们去发现。

我们如何观察它们？

当一个超高能粒子撞击大气层顶部时，它一定要与许多气体分子碰撞之后才能到达地球表面（谢天谢地）。当一个 10^{20}eV 的粒子撞击一个大气中的分子时，它会一分为二，它的能量也会平分给两个粒子。这两个粒子随后又会撞击其他分子，产生拥有 1/4 能量的四个粒子，以此类推。最后，会有几万亿个带有 10^{9}eV 能量的粒子在一瞬间冲到地球表面。这种粒子雨的范围一般有一两千米，主要由高能光子（γ 射线）、电子、正电子和 μ 子组成。我们知道有超高能粒子撞击地球，就是因为我们在这么大的范围内观测到这么强的簇射。

不过，观察大范围的超高能粒子雨需要非常大的望远镜。幸运的是，我们不需要建造超级宽的粒子探测器——没有人能做到这一点。我们让很多较小的粒子探测器以点阵的形式分布在一大片空地上。南非的皮埃尔·俄歇宇宙线观测站（Pierre Auger Observatory）[1] 就是这么做的。你可以在一片 3000 平方千米的土地上装 1600 台粒子探测器，然后养一万多头奶牛。[2]

这种方法非常适合观察超高能宇宙射线所产生的簇射，它听起来规模很大，因为事实确实如此。但要记住，在 1 平方千米的范围内，超高能粒子每千年才会出现一次。所以即使覆盖了 3000 平方千米的范围，这样的现象你每年也只能探测到几次，数十年的观察也不一定能解开这个谜题。

我们还能做些什么呢？为了缩小这些粒子的来源范围，并对它们的来历有所了解，我们还需要更多的实例研究。但以现有技术建造更大的望远镜可是相当烧钱的。皮埃尔·俄歇宇宙线观测站的望远镜耗费了大约 1 亿美元的巨资。

这里还有一个非常有趣的想法：我们可以试着寻找已经为其他用途建造起来的什么东西，然后把它改造成宇宙射线望远镜。[3] 如果要描述完美的宇宙射线望远镜，我们希望它满足以下几点。

1　皮埃尔·俄歇宇宙线观测站位于阿根廷的门多萨，是目前世界上最大的宇宙射线探测器，占地 3000 平方千米，但每年只能捕捉到大约 20 次的超高能粒子雨。——译者

2　这些奶牛没有任何科学用途……据我们所知没有。

3　大爆料：本书的一位作者想出的这个主意。不，不是画漫画的那个，是另一个。

1. 视野覆盖全球
2. 价格超低
3. 有超棒的音响系统
4. 已经建造并布置完毕

别急着嘲笑我们，请先花点时间思考一下这是否可能。会不会有一个已经存在的粒子探测器网络，不仅遍布全球，而且在一天中的大部分时间都处于闲置状态？如果你刚用智能手机把这个问题输入谷歌，那么答案可能比你想象的更近。

事实上，智能手机的数码相机就可以用来探测粒子。为日料大餐和萌娃拍出美照的科技使得它们对由高能粒子撞击大气层而产成的粒子雨十分敏感。而且智能手机随处可见（截至我们撰写本章时已有 30 亿活跃用户），它们可以编程、联网、定位，到了晚上则会闲置。

如果这些智能手机通过运行 App 开启摄像头并探测粒子，那么它们可以成为分布广泛、覆盖全球的宇宙射线探测网络。有些科学家[1]提议，如果有足够的人（大约几千万）在夜间手机闲置时运行这个 App，那么由此形成的网络就可以观察到更多我们原本有可能错过的高能宇宙射线。运行这个 App 的人越多，这个网络就越大，收集的宇宙射线就越多。说不定你也能为这项研究贡献力量！也许你一直想成为天体物理学家，如果这个疯狂的想法有效，你就能参与破解宇宙谜题了。

1　说到“有些科学家”，我们指的是丹尼尔和他的朋友们。更多信息请访问网站 http://crayfis.io。

它们可能是什么？

天体物理学家无法解释这些粒子的高能量——当我们这样说的时候，我们是指他们无法用已知的物体去解释这么高的能量。如果你让他们大开脑洞，想象有可能生成这种高速粒子的新型物体，那么他们会提出很多有趣的想法。

天体物理学家是一群有创意的人，但人类探索太空的历史告诉我们，宇宙更有创意。以下是有可能解释这个问题的几个观点——记住，更有可能发生的情况是，这些解释没有一个是正确的，实情比疯狂科学家的想象更令人震惊。

超大质量黑洞

一个流行多年的解释是，这些高能粒子来自星系中心无比强大的黑洞。这些黑洞的质量比我们的太阳还要重几千倍甚至几百万倍。除了已经被这种黑洞[1]吞噬的物质之外，还有质量巨大的气体和尘埃在围绕着它旋转，排队等候被吞噬。这些物质受到巨大作用力的影响，并被观察到会产生惊人的辐射。然而，人们在数十年的观测中看到的少量超高能宇宙射线似乎与这些活跃星系核的位置并不相符。这就意味着这不太可能是正确的解释，大家可以继续开脑洞了。

1　“洞”对于某种实际上非常致密和坚硬的物体来说似乎是一个糟糕的名字，“黑质量”（black mass）倒是挺贴切的，可惜英文里的“黑弥撒”抢先用了这个名字。

外星科学家

有些科学家怀疑我们不是唯一想要分解并研究物质的智慧物种。假如外星人——没错，我们说的是有智慧的地外生物——制造出了足够大的粒子加速器，能更好地对物质进行分解，那么会发生什么呢？我们看到的超高能宇宙射线可能只是边角料，是外星人在实验中排出的污染物质。谈到外星人，你还可以考虑更为有趣和离奇的可能性。如果这些粒子被发现来自同一个地点（比如一个邻近恒星的宜居星球），那意味着什么？这将是怎样一个令人惊奇的发现啊！

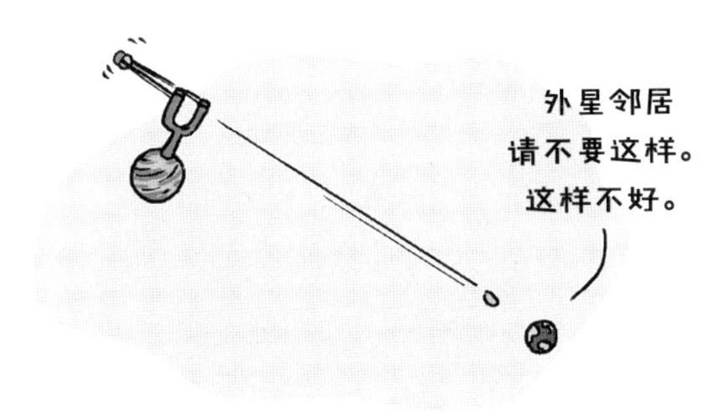

《黑客帝国》

还有更疯狂的想法。有些科学家猜测，我们的宇宙可能是某个宇宙计算机模拟出来的。更大的元宇宙中的生物可能正在用我们的宇宙做某种实验。[1] 我们怎么会知道这个呢？在模拟过程中，运行我们这个宇宙的计算机可能出现 bug。[2] 如果这种模拟把宇宙分成了一个个巨大的方块，再在每个方块中运行物理模型，那么对于在很多方块之间高速穿行的物体，模拟就会给出奇怪的结果。换句话说，超高能宇宙射线方向上的运动规律可能让我们的宇宙看起来像是模拟出来的。

1　是的，道格拉斯·亚当斯（Douglas Adams）首先提出了这一想法，但这是被认真的科学家认真对待的问题。我们是认真的。

2　如果它被用来运行 Windows，我们希望系统不会崩溃。

一种新的作用力

我们试图通过已知的物质和力来理解这些粒子——这个谜题之所以是个谜题，说不定是因为它必须用我们暂时不知道的物质和力去解释。这个可能性令人激动、让人着迷。也许这些粒子来自某种未被发现的新作用力。如果这样的作用力存在并且与这些宇宙射线相关，那就一定有某种原因能够解释我们为什么没在其他地方看到它起作用。但是，最近关于暗能量在全部能量中占 68% 的发现告诉我们，我们的确应该思考未知的宇宙力量，这不算瞎琢磨，也许这些粒子就是新作用力的线索。

一种普通的可能

当然，答案也有可能平淡无奇，并不包含对于宇宙性质的颠覆性见解。也许这些粒子来自恒星或者只有研究者和爱好者感兴趣的新天体生命周期的未知阶段。这似乎并不能改变我们的宇宙观，不过我们还是可以怀揣梦想的。

宇宙信使

你到现在才知道自己时刻都在被“超能太空子弹”扫射。如果你没有看过这一章，你可能会继续过幸福的小日子，完全不会想到有某种怪异而未知的东西在向你开火。

不过，你现在知道也晚了。正如你通过第 8 章所了解的，你无法回到过去。但是，知道了这个，你也许会多花一点时间仰望星空，并且常想起宇宙中那些令人震惊的未解之谜。

与其把这些宇宙射线想象成想要伤害你的“子弹”，不如把它们当成某种信使。想象一下：它们在太空中飞行了几十亿千米，带来了某种我们之前从未见过或想象过的全新事物的信息。它们带来的是巨大能量过程存在的证据，这背后可能是新的作用力、未知的宇宙机制，或是外星生命形式。它们带来的是令人惊奇的发现。

你一定不想躲避这样的“子弹”！

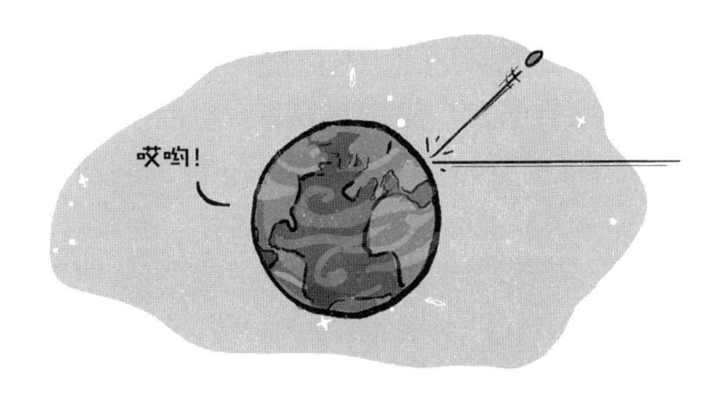

第 12 章
为什么我们是由物质而不是反物质构成的？

这个答案不会令你失望

数学和物理学的关系非常密切。它们就像在一个屋檐下住了很多年的室友，大多时候相处融洽，有时也会互相指责对方吃了自己的食物。[1]

说得具体一点，物理学的定律需要数学描述，比如 $E=mc^2$，物理学的问题需要通过数学计算来解答，比如，“我最多能偷偷切下多大的蛋糕而不被室友发现？”英语是莎士比亚的语言，而数学是物理学的语言。如果你不懂数学，你就会觉得阅读物理学家的十四行诗是非常痛苦的事。[2] 不过话又说回来了，即使你懂数学，物理学家写的诗也不怎么拿得出手。

1 我说，要是数学老是把美味的巧克力蛋糕搁在冰箱里好几天，那也怨不得物理学忍不住下手。

2 “我可否将你比作一个夏日的无穷和？”——《艾萨克·牛顿佚诗集》。

从另一方面来说，物理学使数学变得有用。如果没有物理学，数学将仅涉及抽象的概念，比如虚数和大额的退税。物理学还能激发数学家去探索新的数学问题。比如，弦理论是物理学终极理论的一个备选，它的发展就为数学领域注入了很多新的见解。

有时，直觉会成为我们理解物理世界的障碍，这时我们最好求助于数学的引导。因此，当我们试图理解量子粒子的怪异行为或是各种形式的所得税时，数学就成了我们的救星。在这些情况下，我们能做的就是跟着数学走。只要你把数字都算对了，你就可以相信数学会比你的直觉更接近现实。你可能觉得自己不可能拿到 1.2 亿个亿美元的退税，量子粒子不可能穿越障碍，但如果数学上讲得通，那么这些就是有可能发生的事情。

但事情也不总是这样。有时数学预测的结果并不符合物理学理论，这时我们不能再听数学的了。假如你开了一家蛋糕公司，你要为巧克力蛋糕测试一种新型的投射快递系统，那么你要多快的速度发射蛋糕才能让它们沿着抛物线轨迹落在顾客的门口呢？要计算这个问题，你需要求解一个类似 $y = ax^2 + bx + c$ 这样的方程。因为方程中有一个 x^2，所以你会得到两个解。

这两个解有一个是物理解，它会告诉你如何发射巧克力蛋糕，而另一个解给出的却是毫无意义的答案。它会告诉你，你的初始速度应该是负的，也就是说你要把蛋糕向后直接射到地上。这个解在数学上是正确的，但它不是合乎常理的物理解。这种情况之所以会出现，是因为数学模型没有设置物理约束，比如蛋糕无法穿越坚固的地面。巧克力蛋糕有可能在天空中碎成块，造成安全隐患，这些也没有体现在数学模型中。关于数学，我们就说这么多吧，在这本书中我们只关心物理。

投递蛋糕

啪叽！

??

物理学

第一个解　　　　第二个解

在有些情况下，我们可以快速选出需要的解。物理学家对这种事已经习以为常了，他们会马上丢掉在物理上讲不通的数学结果，因为我们眼中的宇宙不是那样的。

可是，聪明的物理学家（和企业家），你们要注意了，某些看似荒唐的数学结果没准是讲得通的。诺贝尔奖（和巨额利润）说不定正等着你呢。在本章，我们要聊一聊负数解如何让人们发现了反粒子和反物质。最后一块诺贝尔奖级别的巧克力被“非法”吃掉 100 年之后，有关它们的一些问题依然在等待解答。

镜像粒子

我们从保罗·狄拉克（Paul Dirac）说起，为了了解量子力学中高速运动的电子，这位物理学家对一些方程进行了研究。

在此之前，在量子力学领域，物理学家已经整理出了低速运动的电子的方程。在 20 世纪初，量子力学的革命性成就让人脑洞大开，人们由此重新思考物质在最小尺度上的自然属性。量子力学迫使物理学家放弃了他们一直以来最简单、最根深蒂固的假设：（1）事物不能同时出现在两个地方；（2）精确重复两次同样的实验应该出现相同的结果。大家一起开脑洞吧！

20 世纪初的物理学家彻底改变了我们天真的宇宙观，而且这样的改变不止一次。除了量子力学的哲学狂想之外，这个时期还出现了相对论革命。相对论证明了宇宙的速度极限，人们突然发现，时间居然是相对的，几个诚实的人竟然有可能无法就同一件事发生的情形达成一致。

狄拉克仔细观察了两个疯狂的数学结果，它们正确地描述了两种不可思议的物理学理论。他问自己：如果我把它们结合在一起，那会怎样呢？如果他当时就想到了更疯狂的结果，那么我们得说，狄拉克猜对了。

他建立了一个方程（即狄拉克方程），以量子力学和相对论的双重角度描述高速运动的电子。这个方程简洁而清晰，只是存在一个小问题。[1]

狄拉克发现，他的方程对带负电荷的普通电子成立，对带有相反电荷的电子也成立。[2] 也就是说，他的方程表明，物理学定律对带正电荷的电子也是成立的。他将这种正电子称为反电子。这种反电子在很多方面都跟电子一样：它的质量和普通电子相同，量子特性也和普通电子相同。但它的电荷和普通电子

1 注意，他将量子力学与狭义相对论而不是广义相对论统一了起来，前者意味着粒子在平坦空间中以接近光速的速度运动，而后者意味着粒子在被大质量物体扭曲的空间中运动，这仍是一个谜题。

2 更疯狂的是，他的方程对反时间方向运动的正常的负电荷电子依然成立。

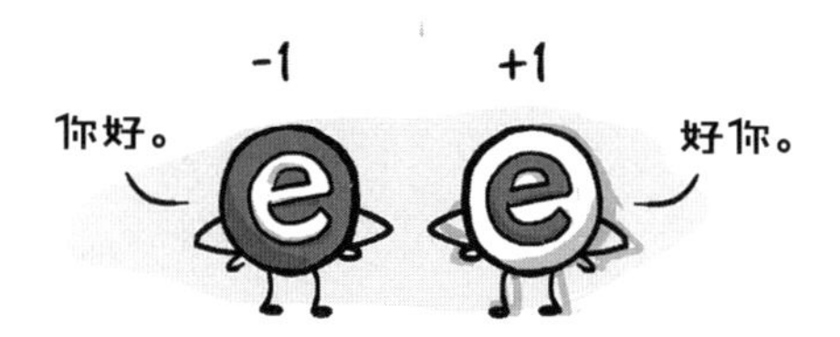

相反。这让人有些迷惑不解，因为人们从来没有发现过这样的粒子。

有人可能倾向于把这一结果归为一种数学假象，认为应当忽略它。但是这引起了狄拉克的极大兴趣。如果这不仅仅是数学闹出的错误，而是现实情况的反映呢？毕竟，有哪条物理学定律禁止反电子存在吗？没有。

事实上，狄拉克审视了这个方程，并提出所有粒子都有相应的反粒子。

就这样，狄拉克不只预测了一种新粒子，他还预测了整整一系列新的粒子。这可不是一件小事。表面上看，这种想法有点疯狂。每一种粒子都有相反的版本，这就像一部诡异的电影，其中每一个好人都有一个邪恶的双胞胎兄弟（姐妹）。就粒子而言，粒子和反粒子不仅（关乎电磁力的）电荷不同，（关乎弱核力和强核力的）"颜色电荷"也不同。在电影中，这就相当于好人个子高、身材胖、黑发、爱吃黑巧克力，而坏人个子矮、身材瘦、金发、爱吃白巧克力。这太可怕了！

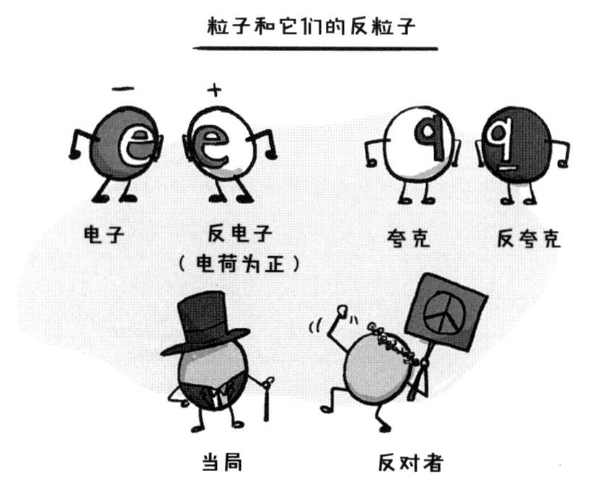

这是一个疯狂的想法，但它碰巧是对的。事实上，科学家已经多次观察到了反粒子。就在狄拉克提出这个想法不久后，反电子（当时被称为正电子）就被探测到了。如今，几乎每一种我们知道的带电粒子都被证实拥有反粒子。反粒子很容易在粒子碰撞中出现，在 CERN（欧洲核子研究组织），每年都有几皮克[1]的反粒子被制造出来。来自太空的宇宙射线有时会携带反粒子，有时会在与大气相撞时产生转瞬即逝的反粒子。

反粒子在最小尺度上体现了物理学中的对称。你应该把粒子 / 反粒子对想成硬币的正、反两面，不要认为它们两个互不相关。记住，宇宙中的一个粒子不是只有一位“手足”，每一个物质粒子都有两个更重的“表亲”。比如，电子有 μ 子和 τ 粒子，它们与电子有着几乎相同的量子特性（电荷和自旋相同），但是质量更大。电子已经有好几位“亲人”了，它既有较重的“表亲”又有反粒子。而且，这些较重的“表亲”当然也有自己的反粒子。

还有更神奇的解释！“超对称猜测”提出，粒子还有第三种镜像——超粒子，它类似于原来的粒子（电荷相同，质量也许相同），但量子自旋不同。宇宙中到处都是哈哈镜，粒子的模样以不同方式复制、扭曲。

物理学：基本粒子也来开心一下。

但是，这些新粒子带来了更多的问题：为什么我们的粒子会有孪生版？[2]为什么反粒子不常见？

1　1 皮克（picogram）等于 10^{-12} 克，该单位可以表示为 pg。——译者

2　双生题材的电影倒是挺受欢迎的。

反粒子湮灭

很多科幻小说中重要的设定严格来说都不科学，一些关于反物质的错误概念也常常出现。你可能听说过这个：一个粒子碰到它的反粒子时会发生爆炸。这听起来很荒唐，对吧？

实际上，这一点被证明是真的。

当一个粒子遇到它的反粒子同胞时，它们可不是拥抱一下就行了——它们会毁灭对方。这两个粒子会消失，它们的质量会完全转化，成为某种高能的作用力携带粒子，比如光子或胶子。我们称这一过程为“湮灭”。原来的粒子将踪迹全无。这不仅发生在电子和正电子身上，也发生在夸克碰到反夸克、μ 子碰到反 μ 子时。把孪生粒子放在一起，你会看到一场大戏和一次能量的大爆发。所以，科幻小说中反粒子这个不可思议的特征是真的！

质量中储存着很多能量，这可是一件非常重要的事。众所周知，爱因斯坦的质能方程（$E = mc^2$）让人们明确了能量和质量的联系。光速 c 已经是一个很大的数值了，这里还要平方，所以一点点质量就承载了相当大的能量。当两个粒子完全湮灭时，其中储存的巨大能量被释放了出来。1 克反粒子和 1 克正常粒子结合在一起可以释放超过 4 万吨的爆炸当量，比美国在第二次世界大战中投放的原子弹威力大一倍多。一枚普通的葡萄干差不多就有 1 克重，一枚葡萄干加一枚反葡萄干就是一个大规模杀伤性干果化武器。

水果可能很危险。

湮灭的概念可能对你来说有些陌生，物体变为闪着光的超炫能量并不是你每天都能看到的景象。[1] 那么，两个东西在一起湮灭到底是一个怎样的过程呢？是不是它们相互靠近、碰到一起，然后“嘭”的一声就全部变成能量了？

请记住，这些粒子是量子力学意义上的物体，它们实际上并不是什么小圆球。有时，你可以把粒子当成小圆球，有时，你需要使用量子波动的图像，这两种理解粒子的方法都有缺点和不靠谱的情况。这就好比那个每年在家庭野餐会上出现的傻叔叔。

当我们说“两个粒子足够近”时，这两个粒子没有接触，实际上它们并没有表面。你可以换个思路，想想它们的量子力学特征叠加，两个粒子会消失并进入另一种能量形式，大多数情况下它们都变成了光子。其他种类的粒子可能在这种能量中诞生，具体情况取决于这种能量的大小。这正是大型强子对撞机中发生的事，人们让普通的常见粒子撞到一起，从而产生新型粒子。

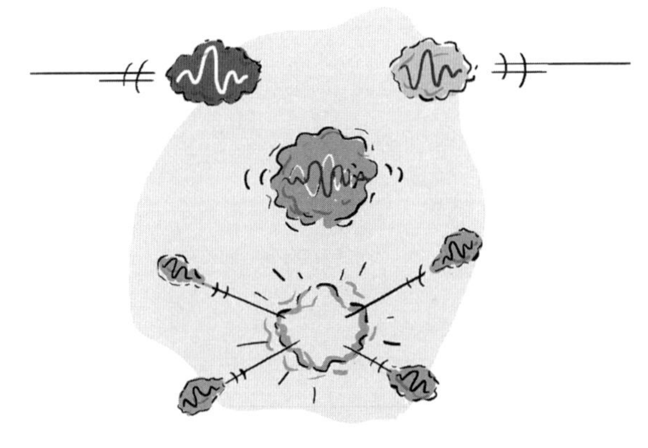

粒子碰撞

1 和燃烧一样，这是储存的能量变为光的化学转化。

在某种程度上，粒子的相互作用最终都将使原来的粒子湮灭并产生新粒子。那么，粒子和反粒子作为拥有相反电荷的两个镜像版本，它们的相互作用有什么特别之处呢？它们会相互吸引，所以更容易碰到一起。它们还完美互补，这意味着它们会湮灭为某种中性粒子，比如光子。

还要记住的一件事是，当粒子相互作用时，某些东西是守恒的。比如，人们发现，电荷不会凭空出现，也不会凭空消失。粒子在相互作用前后的总电荷是相同的。这是为什么？我们不知道。我们不知道这背后是什么，我们只是在实验中看到了这样的模式，并把这纳入理论。

当一个电子和它的反粒子正电子相互靠近时，相反的电荷（-1 和 +1）会将它们拉得更近。一旦碰上，相反的电荷就会完全抵消，两个粒子也会烟消云散，光子登场。如果两个电子相互靠近，那它们的负电荷会相互排斥。如果你通过某种方法成功地克服了它们的互斥力，那么你会得到一个净的负电荷（-2），电荷在碰撞前后是守恒的，所以这时不可能出现光子。

而电荷也不是我们观察到的唯一守恒的东西。你可能想知道是不是任意两个带有等量相反电荷的粒子都能相互湮灭（比如一个带-1 电荷的电子和一个带 +1 电荷的反 μ 子）。答案是不能。我们的宇宙似乎还有另外一个法则："电子性"和"μ 子性"必须守恒。你不能用一个非电子来毁灭一个电子。你只能用电子的反粒子去做这件事。[1] 电子的表亲 μ 子和 τ 粒子也一样。

1 顺便说一句，电子中微子也具有电子性。一个电子中微子和一个反电子中微子能够生成一个 W 玻色子。

故事还没有结束。有很多东西都是守恒的，比如保留了由三个夸克组成的粒子数，即“三夸克性”。所有的守恒都是人们在观察粒子间相互作用时发现的。[1] 这些法则似乎将完全湮灭限制在了粒子和反粒子的碰撞相贴上。

为什么宇宙中有这些奇怪的法则？我们不知道。也许有一天，我们能够证明这些法则只不过是深层次之下简单的粒子行为得到的自然结果。但就现在来说，反粒子一定藏着宇宙基本法则的重要线索。

一个相反的你

反粒子就是正常粒子的影子孪生粒子，它们在一起会湮灭彼此，就像两个小小的综合格斗选手大打出手，至死方休。信不信由你，还有比这更有趣的事情。

事实上，反粒子可以像正常的粒子那样组合，生成中子和质子这样更复杂的粒子的反粒子。比如，你可以把两个反下夸克和一个反上夸克组合在一起生成一个反中子。这样得到的反中子仍然是电中性的（就像中子一样），但它的内部是由反粒子构成的。你也可以把两个反上夸克和一个反下夸克组合成一个反质子。除了带负电，反质子与质子一样，因为它也是由反粒子构成的。

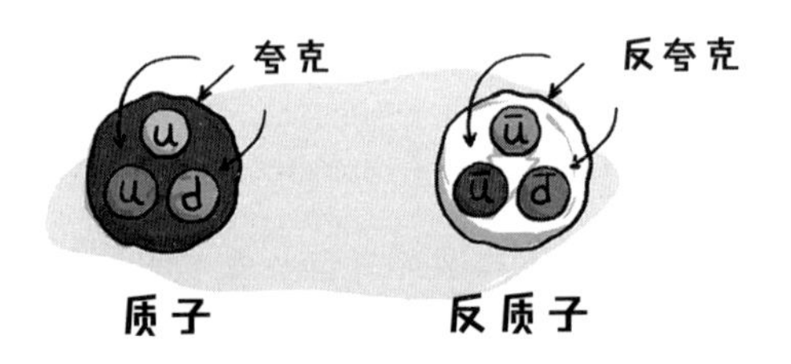

还有更奇怪的。一旦你拥有了反电子、反质子和反中子，你就有可能制造出反原子！一个正电子和一个负质子与它们所对应的正常粒子运动规律一致，只是所带电荷相反。如果你同时得到了一个反电子和一个反质子，这个反电子就会围绕反质子旋转，接下来你将得到反氢！

1　三夸克粒子（比如质子和中子）被称为重子，所以“三夸克性”通常用“重子数”来指代。

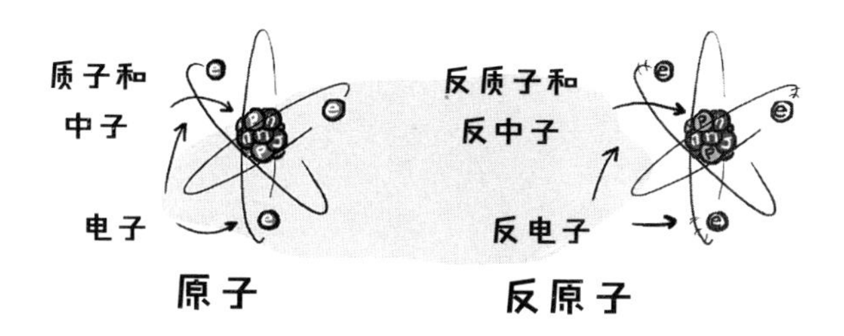

理论上说，如果你把足够多的反粒子组合在一起，你就可以得到反的任何东西。比如，你可以用两个反氢和一个反氧组成反水。反水的外观、触感和性质和正常的水没什么差别，但是如果你喝掉它，你就会立即爆炸，变成一团闪光。我们必须承认，这并不能让你感觉到清凉。

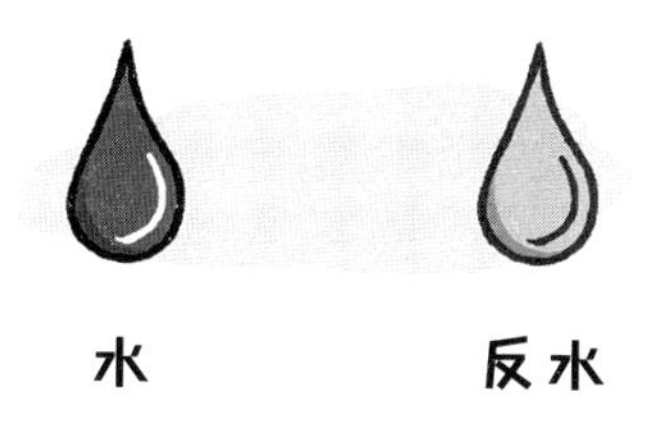

那为什么不继续呢？如果你能制造出反水，你十有八九也能制造出任何原子和分子的相反版本。也许你还可以制造反化学构成、反蛋白质和反 DNA。

也许这世上还有一个由反物质构成的地球。也许有一个人和你长得一模一样，但那个人由反物质组成。这个家伙可能开着一辆反物质车，生活在反物质房子里，甚至正读着由反物质纸做成的这本书的反版，那里面的笑话确实很有趣。[1]

1　并且书里有反脚注，以负数编号。

实际上，我们的物质没有本质上的“物质性”，反物质也没有“反物质性”。如果情况颠倒过来，我们由“反粒子”组成，那么我们很可能就会称反粒子为“物质”，而称正常的粒子为“反物质”。那只是名字而已。换句话说，说不定我们自己才是反的！（此处应有恐怖音效。）这难道不是大反转吗？

当然，所有这些关于反粒子和反物质的讨论都回避了一个问题：这些反物质都在哪里？

反物质秘事

我们知道反粒子是存在的，狄拉克方程很好地描述了它们在高速运动下的行为。但这并不意味着我们完全了解它们。实际上，我们宇宙的这个奇怪现象引出的问题比答案更多。

情节越来越复杂

为什么反粒子会存在？我们的现代粒子理论需要它们，你可能还会想到其他奇怪的情形（可能有邪恶的第三粒子和恶毒的第四粒子）。

其他问题包括：反粒子是与正常的粒子完全相反，还是在运动、质地、味道，以及对巧克力的品味上有微妙的差别？反粒子与粒子在受引力影响时的表现是一样的还是相反的？

最大的问题是：为什么我们的世界是由物质而不是反物质构成的？

如果你充满正能量，那你应该可以处理好负面情绪，接下来请继续阅读并了解更多有关这些谜团的知识。

宇宙为什么不是反宇宙？

物质和反物质之间有一个非常大、非常重要、非常明显的区别：物质无处不在，而反物质几乎无处可寻。也就是说，我们的宇宙所拥有的物质要远远多于反物质。

如果物质和反物质相等且互为相反版本，那么我们就会期待在宇宙大爆炸中有同样多的粒子和反粒子出现。我们按这个思路想下去，看看会有什么结果：如果每个正常的粒子都有一个对应的反粒子，那么最后所有的粒子都会与它们的反粒子相碰并彼此湮灭，宇宙中所有的物质都会转变为光子。因为看书的你还活着，而且你肯定不是由光子构成的[1]，所以我们知道事情并非如此。也就是说，物质在造物那里一定得到了比反物质更多的偏爱。

这种不平等（至少）有两种可能的解释。

可能性 1

在宇宙大爆炸时，产生的物质比反物质稍微多一点。绝大多数的物质和反物质都湮灭无踪了，但在反物质被耗尽后，有微量的物质遗留了下来，变成了今天的星系、恒星、巧克力蛋糕和暗物质。

这种可能性解释了我们所看到的情况，但是它转移了核心概念。它把“为什么今天的宇宙是由物质而不是反物质构成的”这一问题转换成了“为什么宇宙最初有更多的物质而不是反物质”这一等价的问题。遗憾的是，我们也不知

1　你很棒，但还没有那么棒。

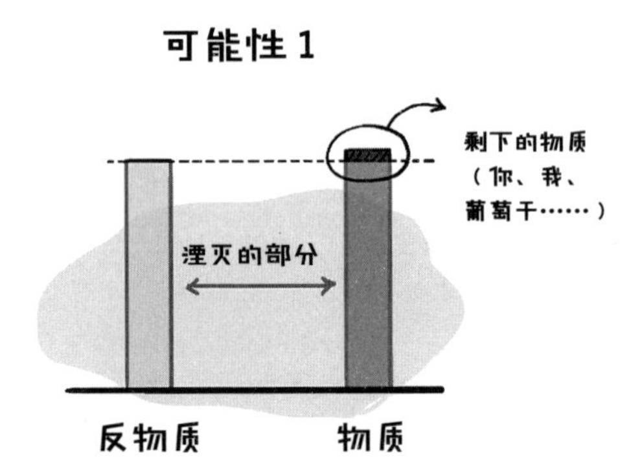

道如何回答后者。（另外，大多数有关早期宇宙的现代理论都解释不了物质和反物质最初产生中的不对称性。）

可能性 2

在宇宙大爆炸中，有相同数量的物质和反物质出现，但是随着时间的推移，这些粒子自身的某种性质造成了物质多于反物质的现状。

如果存在某种物理机制使得反物质比物质消失得更快，或者产生的物质多于反物质，那么这种可能性就是存在的。粒子一直在不停地出现和毁灭，即使粒子和反粒子在出现和毁灭的方式上有一点小小的差别，这在总体上也会产生巨大的不平衡。[1]

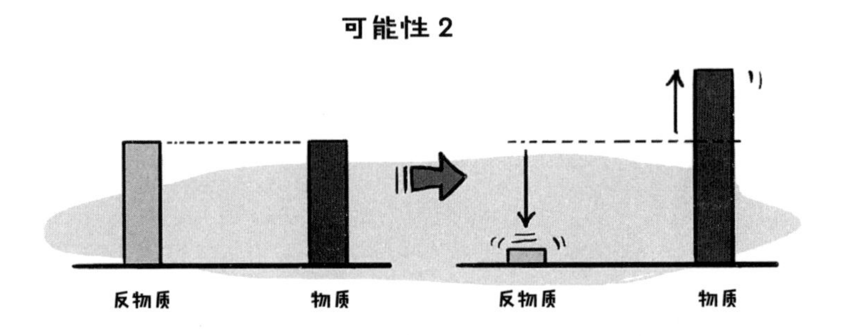

1　宇宙不休假。从不。

可能性 2 看起来可能更有道理。但是，宇宙有多大的可能天然地倾向于制造和保存更多的物质而不是反物质呢？[1] 物理学大体来说是对称的。据我们所知，任何正常粒子能做的事，反粒子也能做。比如，一个中子可以衰变为一个质子、一个电子和一个反中微子（这被称为 β 核衰变，这个过程时时刻刻都在发生）。一个反中子也可以衰变为一个反质子、一个反电子和一个中微子。

也许这种倾向很微小。在研究粒子时，物理学家试图从物质与其自身的反物质间的振荡中寻找粒子间微弱的不平衡。遗憾的是，尽管有证据表明这种不平衡存在，但我们还是完全无法解释今天看到的这种巨大差异。

总之，一定还有别的什么可以解释物质和反物质之间的不平衡。这个答案藏着另一个问题的线索——为什么一开始就有两种粒子？但到目前为止，我们还不知道答案是什么。

等一下，也许反物质在别的地方

也许我们全都搞错了。也许宇宙中的物质和反物质是等量的，只是被分隔在了不同的地方。地球和周围这些东西肯定是由物质构成的，但是远处也许还有其他区域是由反物质构成的。事情会不会是这样呢？

物质和反物质非常相似，我们无法仅从发出的光来分辨一个遥远的恒星是由物质还是反物质构成的。哪一种恒星都有相同的核反应，会以同样的方式产生光子、释放能量。

1　如果你认为物质 / 反物质在出现和毁灭上的不对称与最初在宇宙大爆炸中创造出来的物质和反物质数量的不对称一样奇怪，那么你的观点很有道理。但是我们能对前一种情况进行检验。

让我们先从近处说起。我们知道地球上没有多少反物质，因为地球是由物质构成的，这里的任何反物质都会引发爆炸。让我们往远处走走。地球的邻近空间会有较大的反物质区域吗？太阳系中会不会有反物质构成的行星呢？

绝对不可能！你应该还记得物质和反物质碰到一起会发生什么，这比亲属之间的政治对话更具爆炸性。如果月球是由反物质构成的，那么每当它被流星击中都会出现特大爆炸和刺眼的闪光。一颗像葡萄干那么大的流星就可以带来堪比核爆的影响。而地球和月球每天都在不停地被大大小小的普通物质流星造访，所以我们知道至少月亮不是用反奶酪做的。

这一点对于火星和太阳系的其他行星同样成立。如果火星是由反物质构成的，那么我们会时常看到爆炸的光子。事实上，在一个物质区域附近有任何明显的反物质聚集，你都将看到持续不断的湮灭和光子释放现象。我们在附近并没有看到这样的情况，所以我们确信太阳系是由物质构成的。

我们没有看到这种大爆炸，
这意味着周围没有反物质区域。

还有，我们已经派由物质构成的物体（包括人）去探索太阳系了，目前还没有任何人、任何东西变成耀眼的闪光。[1]

天文学家扩大了探索的范围，在整个银河系中寻找由反物质构成的星系。到目前为止，我们还没有看到反物质和物质相会产生的耀眼光子。他们甚至还考虑了整个星系由反物质构成的可能性。但是，如果真的有这样的星系，我们就会看到物质星系和反物质星系之间的宇宙空间因粒子的湮灭而被照亮。目前，天文学家已经把这项技术推得足够远了，他们确信我们的整个星系团都是由物质构成的。

这就是我们对宇宙进行直接观察的极限了。关于更大的世界，我们还不能给出确切的判断，因为星系团之间的空旷区域太大，就算那里有物质和反物质相遇，我们也无法看到。

尽管如此，宇宙的其他部分仍然更有可能由普通物质构成。如果宇宙是由物质星系团和反物质星系团构成的，那么早期宇宙中的物质和反物质必定相隔很远，而这又会引发一系列新的问题。

简而言之，在可观测的宇宙范围内，任何地方都没有大团反物质存在的迹象。我们为什么只能看到物质，却看不到反物质呢？这个谜题依然有待破解。

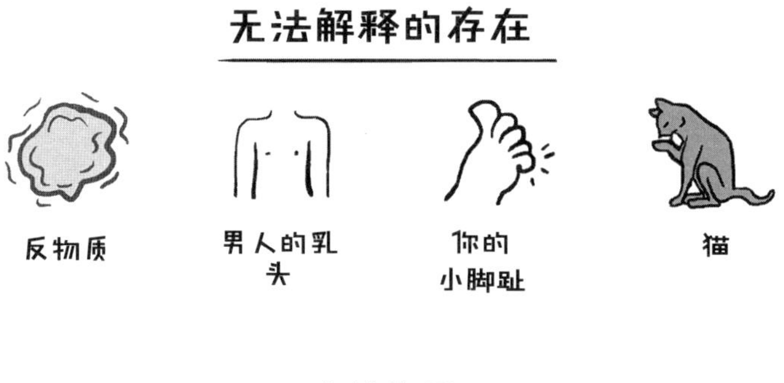

无法解释的存在

反物质

男人的乳头

你的小脚趾

猫

中性物质

所有粒子都有对应的反粒子吗？所有带电粒子都有反粒子，但中性粒子的情况就有点不一样了。

1　暂时没有！

比如，光子就没有反光子。也许有人会说，光子就是它自身的反粒子，这与其说是回答问题，不如说是回避问题。你最好的朋友是你自己，这是否意味着你没有朋友？Z 玻色子和胶子也一样。你可能注意到了，这些都是承载力的粒子。但是带电的 W 粒子也是承载力的，它就有反粒子。为什么有的粒子有反粒子而有的没有？我们不知道。

光子最大的
对立面是它自己

物理学家相信，带零个电荷的中微子很可能有反粒子，这种反粒子带有与弱核力相关的相反电荷数（即“超荷”）。但是，中微子是一种神秘的小粒子，我们很难对它进行研究，所以说不定中微子也是它自己的反粒子。

我们如何研究反物质？

我们可以用反粒子构造反物体——这一想法非常吸引人。它不仅酷，还具有启发意义。我们可以从中了解反物质与正常物质有什么区别，这有助于解释反物质为何存在。

遗憾的是，用（由反粒子构成的）反物体做实验是极其困难的。

用正常粒子构造物体就已经够难的了（要做一块巧克力蛋糕，你需要 10^{25} 个质子、10^{25} 个电子和许多爱心），但你不用担心成品接触正常物质粒子后发生爆炸。

科学家直到最近才成功地让反质子和反电子在实验室里友好共处并产生反氢。2010 年，科学家成功地制造出了几百个反氢原子并将它们储存了大概

20 分钟。[1] 这是了不起的技术成就，但无法回答有关反物质的问题。想象一下，如果你只能用那么一点时间看看几个氢原子，那你能对宇宙有多深的了解呢？

我们确实取得了不小的成就，但是在反物质制造和安全储存技术发展得更好之前，我们无法加深对反物质的了解。目前，我们每年只能在 CERN 生产几皮克的反物质，也就是说，如果要生产相当于半个葡萄干大小的反物质，那么我们要花几百万年的时间。即使到了那个时候，我们也需要利用电磁场发明一种无接触的器皿。

奇特的物质

我们现在知道了关于反物质的几件事。我们知道反物质是存在的；我们知道反物质与物质电荷相反；我们知道反物质与物质在一起会湮灭并释放光子。我们还不算一无所知。

但是，我们不知道的更多。首先，我们不知道反物质为什么存在。这是否隐藏着物质构成的线索？还有其他形式的物质吗？物质和反物质对称，但我们的宇宙肯定更偏爱物质。

这些问题可能会让你对反物质产生戒心。你显然不想碰触它，但你不妨想一想我们能从它身上学到的东西——这还挺酷的。

以这个问题为例：反粒子会像物质粒子那样受重力影响吗？

1 换算成学术时间单位，这相当于 1.0 个茶歇。

我们知道反物质存在，而且现有理论预测它会像普通物质一样受重力影响。但我们观察的反物质还不够多，所以我们还无法回答这个基本问题。重力是一种相当弱的力，有了大量的粒子，我们才能对其重力进行测量，而反物质恰恰相当稀少、相当不稳定。

反物质怎么了？

但是，如果反物质在这方面与物质不一样呢？回想一下，反粒子的关键特征是，在电磁力、弱核力和强核力方面，它们的电荷都和普通粒子相反。既然如此，在引力这个方面，反物质有没有可能也与物质相反呢？引力对反物质的作用会不会和物质相反呢？如果这是真的，而且我们找到了利用这种“反重力”性质的方法，那会发生什么呢？你小时候梦寐以求的飞行车和反重力靴有可能被制造出来！

到了那一天，我们可能会把这个东西的名字从“反物质”改为“超棒物质”。

有了反重力靴谁还要什么数学啊？

第 13 章
发生了什么事？

我们一无所知。

第 14 章
宇宙大爆炸的过程中发生了什么？

那在那之前呢？

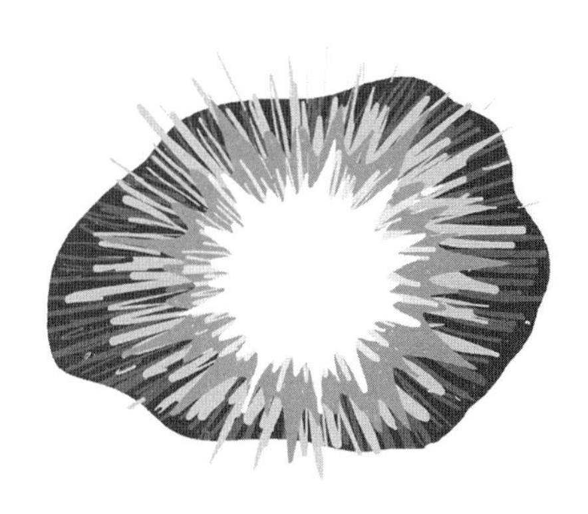

如果被告知自己诞生在一个神秘的环境中，你会不会感到万分好奇？如果有人说你是突然出现的婴儿，没有人知道你来自试管、工厂，还是外星人的实验室，你难道不会感到惊惶不安吗？

对于你的身份而言，你的来历和成长过程是不可缺失的组成部分。你很清楚自己是如何来到这世上的，这使你确信自己是历史长河中的一个正常人。

但对宇宙来说，情况并非如此。

我们的宇宙出现于约 140 亿年前（后面我们会讲到我们是如何知道这件事的），我们并不能说它诞生在神秘的环境中。事实上，科学家知道在宇宙刚刚诞生之后发生了“宇宙大爆炸”，但是他们不太了解宇宙诞生的瞬间、宇宙诞生的原因，以及宇宙诞生之前发生了什么。

在本章，我们将讨论关于这一超凡事件我们所知道的和不知道的一切。剧透预警：宇宙不是从试管里培育出来的。

我们怎么知道宇宙曾经发生过大爆炸？

记住，科学是有极限的。科学很有用，可以回答问题，但它也有局限性。科学理论需要做出预测，并通过实验证实。举个例子：如果你就猫的行为总结了一套理论，那么你应该用玩具枪打它一下，看看它的反应是否符合你的理论。

科学：还算有点用

如果一个理论无法通过实验检验，那么它就成了哲学、宗教和猜想之类的东西。比如，有人可能提出，在我们的星系和仙女座星系之间的太空深处，漂浮着一种粉红色的玩具小猫。目前的科学技术还无法对这个具体的说法进行检验。因此，这不属于科学，深空猫咪的支持者只能靠信念或其他东西坚持自己的观点。

深空猫咪俯视苍生

在历史上，很多理论完成了从非科学到科学的跨越。在科学技术的发达程度足以探测原子之前，物质由细小微粒构成的想法早就存在了。有了更强大的新工具，这样的理论就从哲学进入科学领域了。

宇宙大爆炸的情况也是这样。

在过去，人们对早期宇宙的看法一直源于纯粹的猜想，直到最近，情况才发生改变。毕竟，你要研究的事发生在 140 亿年以前。更重要的是，你如何做实验去证明你的理论呢？我们又不可能为了科学让宇宙大爆炸再发生一次。

幸运的是，宇宙大爆炸留下了一大堆“烂摊子”。那里有各种各样的线索供我们分析。在过去 50 年，我们的技术、数学和物理学都有了了不起的发展，我们终于可以在科学领域探讨宇宙大爆炸了。我们可以通过现有的宇宙大爆炸理论预言“烂摊子”里能找到什么东西，并对此进行检验。即使爆炸发生在很久以前，这也算预测。

但是，我们具有这种能力，并不一定意味着我们知道关于宇宙大爆炸的一切，尤其是在此之前发生的事。为了了解我们所不知道的宇宙大爆炸，让我们首先来看看我们知道什么。

关于宇宙大爆炸，我们知道什么？

宇宙大爆炸的想法出现在 20 世纪早期，当时的科学家发现，人们能看到的所有星系都在往远处跑，这意味着宇宙在膨胀。

宇宙学家试图通过爱因斯坦的广义相对论来弄清楚这一发现的含义，因为相关方程描述了时空与引力是如何相互作用的。在这个过程中，他们从理论中发现了膨胀的宇宙。除此之外，他们还发现了一件奇事。如果沿着这个膨胀的

过程向回追溯，那么理论将得出一个和我们直觉大相径庭的结论：整个宇宙曾经被包含于一点（奇点）之中，它的质量巨大，体积为零，密度无穷大，并且绝对没有停车位。

从一点膨胀成为今天我们看到的浩瀚宇宙，这个过程被我们称为宇宙大爆炸。这就是我们宇宙的起源。

很多听说过宇宙大爆炸的人都把它想象成一场爆炸，并认为这和炸弹爆炸的场景差不多。在他们的想象中，在大爆炸之前，所有的物质都集中在一个非常小的空间里，之后所有物质向外飞越整个空间，形成今天我们所看到的宇宙。

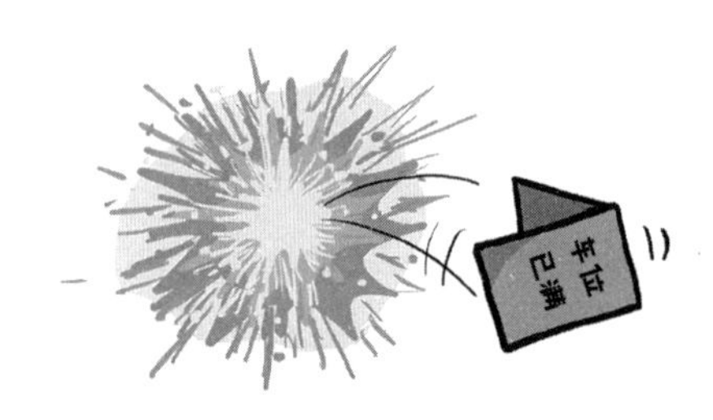

如果你很难相信这些，那就对了。宇宙大爆炸中发生的事情远比这复杂，其中蕴含着很多至今未解的谜团。继续往下读你就懂了。

大谜团 1：量子引力

我们的宇宙曾经是一个超级小的点，现存于世的所有事物都曾共处一地，被挤压成零体积的一点——这讲得通吗？实际上，根据广义相对论，这讲得通。

但是，有了广义相对论，人们才清楚地认识到，宇宙在最小尺度上是一个奇怪的地方，充满违反人们直觉的、以概率性法则存在的量子物体。人们认为，当质量致密得使量子力学效应的重要性凸显时，广义相对论的预测会失效。这情形就像宇宙形成早期所有东西都被挤压在一个不可思议的小空间里。

有时候，你不能把一个理论的逻辑推论照单全收。想象一下，你测量了猫的个头儿如何随着时间长大，然后尝试推出这只猫以前的个头儿。如果你盲目计算，那么你将会算出这只猫曾经是一个无穷小的猫奇点，甚至曾经是个负数。这可真是“惨绝猫寰”。

广义相对论和宇宙大爆炸也是如此。因为我们现在还没有包含相对论的量子理论，所以我们真的不知道如何预测宇宙早期发生的事。也就是说，开始于奇点的宇宙大爆炸图景很可能并不准确。在那样的时刻，量子引力效应支配了整个宇宙，但我们现在还不知道如何描述它。

大谜团 2：宇宙之大

把宇宙大爆炸简单地看作一场从一点开始的爆炸还会带来另一个问题。即使宇宙是从一个无穷小的点或是一个量子小斑块膨胀而来的，仍有某些事与我们所看到的不相符——至少宇宙不该这么大。

为了理解这一点，让我们首先想想宇宙中我们能看到的范围。别光盯着你手中的书、你膝盖上的猫、窗外的世界，请想一想遥远的星辰。如果你拥有一台大功率的望远镜，能够捕捉从遥远恒星长途跋涉到我们身边的光，那么你最远能看到哪里呢？答案取决于宇宙有多老。

你看到了某个东西，这意味着从那个东西出发的光子成功到达了你的眼睛或望远镜。光子的行进速度有一个极限，它们只能以光速前进，所以当你看到一个极其遥远的东西时，你看到的其实是很长时间之前的它。

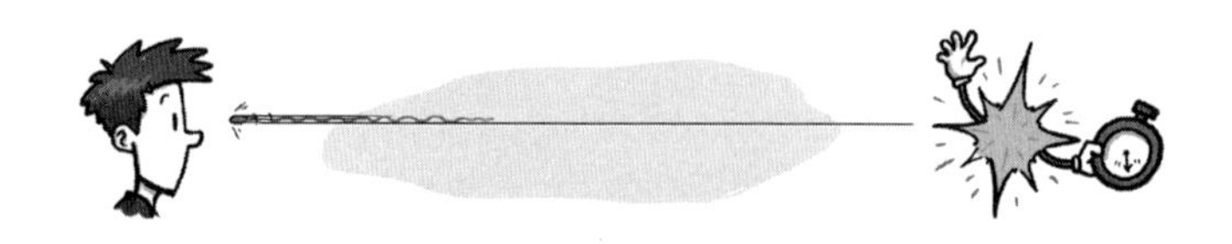

也就是说，你能看到多远取决于宇宙从诞生到现在经过了多久。

如果宇宙是 5 分钟前诞生的，那么你最多只能看到 5 分钟乘以光速这么远的距离，也就是 9000 万千米。[1] 这听起来很远，却只是地球到水星的距离。

这就是可观测宇宙的概念。对于宇宙，你的视野范围是一个圆球，你的头是球心，光从宇宙诞生到现在跨越的距离是半径。如果这个球的表面上有一点在最早的时刻向你发出了一个光子，那么它刚刚来到你身边。这限定了我们能看到的边界。

这个球外的任何恒星、行星和猫咪发出的光都没有到达我们这里，所以我们用任何望远镜都不能看到它们。就算球外有超亮的超新星或是巨行星那么大的粉色猫咪，我们也肯定看不见。奇怪的是，这个概念在某些方面很像古老的地心说，只不过我们每一个人位于各自的可观测宇宙中心。

随着时间的流逝，这个球会越长越大，我们也将看到更广阔的宇宙。每一年我们都会看得更远，因为更远处物体的光会到达我们这里。信息以光速来到我们这里，这意味着我们的视野在以光速变得广阔。

但是与此同时，宇宙中的所有事物也在离我们而去，所以在我们的视觉边界要和这些逃离我们视野的东西赛跑。这是怎样的一场赛跑呢？别忘了，宇宙中的东西无法跑得比光速更快。

所以，如果宇宙中万物最早是一个微小而有限的量子点，宇宙大爆炸开始之后在空间中不断彼此远离，那么我们视界的扩张速度会比宇宙中星星和猫咪远离我们的速度快。我们看得越来越远，我们的视界很快就会超越整个宇宙。

1　这里假设空间本身不会扩张——我们待会儿会讲到这一点。

那会是怎样的一种景象呢？那意味着我们能够看到宇宙之外，没有任何恒星（或者应该说过去没有任何恒星，因为我们看到的是很久以前的景象）的地方。我们会看到空无一物的地方，那是星空的尽头。

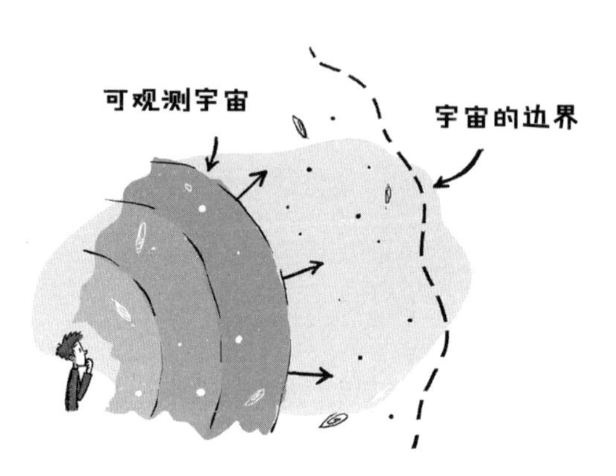

但是现在，我们在任何一个方向都看不到星空的尽头。宇宙仍然比我们的视界更大，即使它已经 140 亿岁了。很显然，宇宙从一个小点膨胀而来——这个理论存在问题。[1]

这还不是最糟的。

大谜团 3：宇宙太光滑了

更糟的地方在于，宇宙太光滑了。

在你看来，宇宙可能令人生畏且杂乱无章，但它也有一致而均匀的一面。我们可以在宇宙微波背景（详见第 3 章）中看到这种均匀的性质。

1　这里假设宇宙是有限的。如果你不这样假设，你就根本无法谈论这个问题，因为无限的宇宙总是比我们看到的要大，但是接下来你又要面对新的问题了：无限的宇宙是怎样产生的呢？

举个例子：假设你现在很饿——你可以告诉你的朋友，看物理学方面的书会燃烧很多卡路里——并打算用微波炉加热一块点心。几分钟后，大家都知道，点心的中心会变得很热而外皮却没那么热。

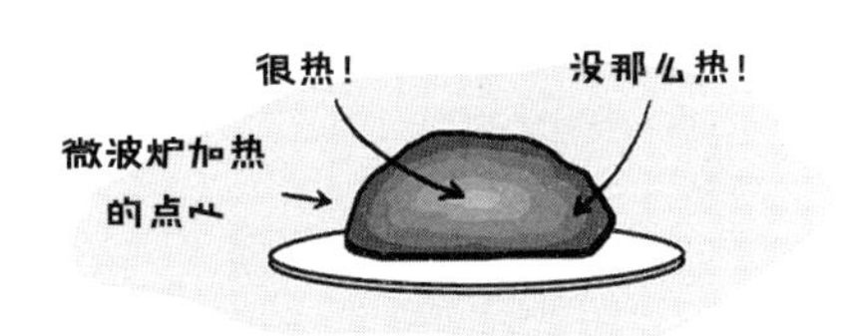

现在，想象你在点心里，为周围经过加热的食物测量温度。

如果你站在点心的中心，你会发现周围各处的温度都一样。

但是如果你站在比较靠边的位置，那么你会发现，靠近中心的那一侧很热，靠近外皮的一侧温度比较低。

你可以在地球上对宇宙做同样的事情。我们可以测量击中地球一边的宇宙微波背景光子的温度，并与击中地球另一边的宇宙微波背景光子温度进行比较。结果令人惊讶：各个方向的温度是相等的（约为 2.73K）。

我们不太可能正好位于宇宙微波加热的中心，所以我们只能得出这样的结论：整个宇宙的温度都差不多。也就是说，比起刚经历过核爆的点心，宇宙更像一盆备好多时的洗澡水。

洗澡水与宇宙的比较研究

	洗澡水	宇　宙
有水	✓	✓
温度均匀	✓	✓
有小黄鸭	✓	✓

为了弄清楚这个现象意味着什么，你需要首先明白，来自宇宙微波背景的光子向我们展示了宇宙最早的图景。

早期的宇宙比现在热得多、稠密得多。在那时，宇宙热到连原子都无法形成，所有物质都处于一种叫作等离子态的浮动离子状态。电子自由地到处乱窜，因为能量太多、太过贪玩，所以它们无法向单身的核子承诺什么。

但是，随着宇宙冷却，没过多久，一切都改变了。温度下降到一定程度，带电的等离子就变成了中性气体，电子开始围绕着质子旋转并形成各种原子和元素。在这个过程中，宇宙由不透明变得透明。

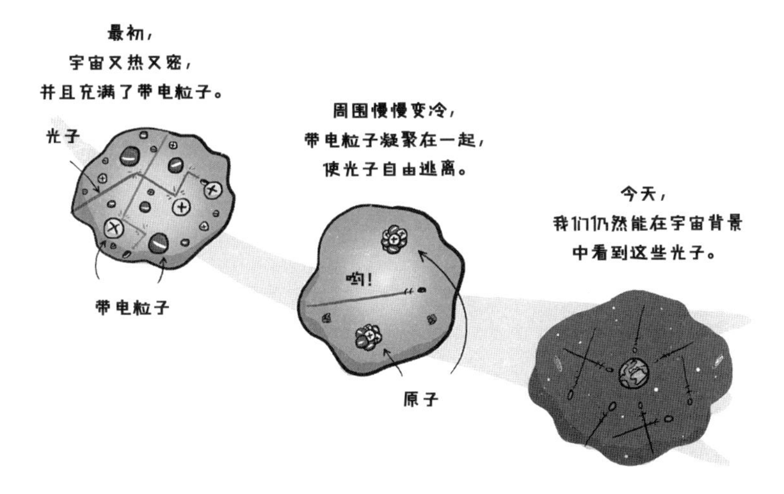

在等离子态阶段，光子总会撞到自由来去的电子和离子。但是，一旦电子与质子（和中子）形成了中性原子，光子就不怎么受它们的影响了，这时光子可以自由地前往别处。对这些光子来说，原本雾蒙蒙的宇宙突然就变得透明了。宇宙一直在变冷，大多数光子仍然在不受干扰地飞行着。

我们在测量宇宙微波背景辐射时探索到的就是这种光子。奇妙的是，这些光子的温度似乎在任何地方都是一样的。

无论你往哪个方向看，你看到的光子都具有相同的能量。宇宙微波背景非常均匀，就像某种经过了长时间混合，已经趋于平衡的东西。比如，如果你让点心冷却很长一段时间，点心的温度也会变得很均匀。最后，所有分子的温度都差不多。

记住，宇宙中的这些光子非常古老，它们在宇宙大爆炸之后不久就出现了，个个都是 140 亿岁的“老人家”。[1] 从某一个方向遥望天空，你会看到 140 亿岁的光子从很远很远的地方进入你的眼睛。如果你往相反的方向看，你也会看到同样古老的光子从同样遥远的地方赶来。

如果这些光子来自宇宙的两端，那么它们为何拥有相同的能量呢？它们是怎样找到机会相互混合并交换能量的？要想相互混合并拥有同样的温度，这些光子的交流速度似乎应该比光速更快。

一个暴胀的答案

如果宇宙起源于大爆炸，那么宇宙为什么这么大、这么均匀？在 30 年前，对于这个问题，人们还完全摸不着头脑。现在，一个非常有说服力但非常疯狂的解释出现了。你准备好了吗？

如果说，在宇宙诞生的那个瞬间，在大约 0.00000000000000000000000000000001 秒的时间里，时空本身的结构扩张了 10000000000000000000000000 倍，那又会怎样？[2] 要知道，这个膨胀速度超过了光速。

“砰！”——问题解决了。

什么？时空在一瞬间以这样的速度扩张听起来特别荒谬？如果你真的这样想，那也不奇怪。

事实上，物理学家就是想拿这个来解释宇宙为什么这么大、其温度为什么

1　它们不喜欢讨论这个问题。不要问。

2　注意，在这里，“比光速快”的意思是，新空间的增长拉大距离的速度比光穿越距离的速度要快。

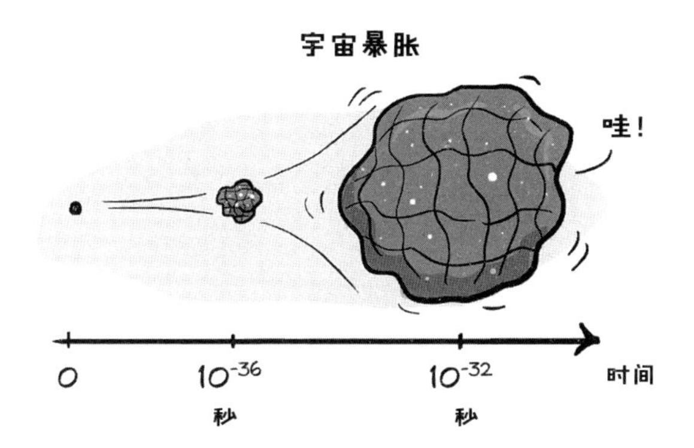

这么均匀。他们把这个过程叫作“暴胀”。好吧，这名字听起来不太正经。疯狂的是，这个解释很可能是对的。

我们先说一说这个猜想为什么可以解释宇宙的规模。

可观测宇宙以光速扩大，但仍然比实际的宇宙要小，而后者的增长速度应该小于光速。然而，暴胀论告诉我们，有那么一小会儿，宇宙的膨胀速度是比光速要快的。

宇宙内部的东西仍然受到宇宙速度上限的限制，它们在空间里的速度并不比光速快。但是根据暴胀论，空间本身在膨胀，它创造新空间的速度快于光在其中飞行的速度。[1]

这就是宇宙从一个微小而有限的点膨胀至比可观测宇宙还要大的过程。在暴胀过程中，宇宙变得比可观测宇宙更大，一些东西去了非常遥远的地方，我们到现在还没有接收到那些东西发出来的光。

这个空间扩张的过程非常惊心动魄。宇宙在不到 10^{-30} 秒的时间里变大了 10^{25} 倍。在暴胀结束后，宇宙还在扩张，其速度原本比之前慢得多，但暗能量又使这个速度有所加快。现在，可观测宇宙有了一丝赢得赛跑的机会，因为它仍在以光速扩张。可是，宇宙在可观测宇宙之外还有多大的部分没被我们看到呢？我们不知道，这是第 15 章的话题了。

那么暴胀论如何解释宇宙的均匀呢？

1　记住，空间是一个东西，而不只是一个背景（详见第 7 章）。

解释这一点意味着找出（宇宙不同端点的）早期光子相互混合从而达到温度均衡的方法。这只有在光子比当前扩张速度预测的更为靠近时才会发生。

暴胀论认为，这些光子在时空快速膨胀之前的某个时间点靠得很近，这样问题就解决了。在暴胀之前，宇宙是一个非常小的地方，光子有足够的时间实现均衡，从而达到同样的温度。

一旦暴胀开始，那些光子便被拆散并送到遥远的地方。我们根本无法想象相隔这样远的光子可以拥有同样的温度。但这只是现在的情况，在暴胀前，它们曾很亲密地待在一起。

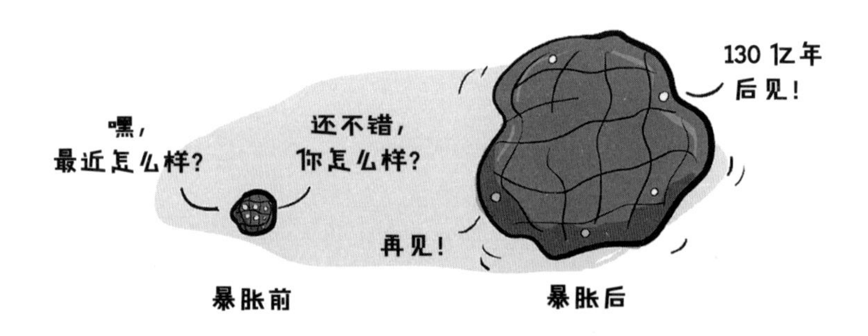

我们大功告成了吗？

听起来很荒谬的暴胀论就这样把所有问题都解释清楚了。

不过，令人惊奇的是，这个过程至今仍未结束。现在，暗能量仍然在制造新的空间，只不过速度没有以前那么疯狂了。

现在，暴胀论已不再停留在数学论证阶段，相关的观测结果提供了支持这种理论的证据。[1]

你可能会问，我们要如何证实发生在 140 亿年前的事呢？事实上，暴胀论预言了我们今天可以在宇宙微波背景的微小“涟漪”中看到的某些具体特征，其中一些可以通过观测证实。不过，这并不意味着暴胀论一定正确，因为还有其他理论也预测到了同样的特征，但这至少让暴胀论更为可信了。

事实上，我们就是通过这种方法了解宇宙的起源的。从这些“涟漪”中，我们能够估计出宇宙中物质、暗物质和暗能量的占比，并且把这些信息和宇宙膨胀速率放在一起建模，估算宇宙的“年龄”。

暴胀论还有其他合理之处。我们在第 7 章谈到，空间是一个动态变化的东西，会被较大能量和物质弯曲，但宇宙中刚好有适量的物质和能量使空间保持较为平坦的状态。这看起来像是一个奇怪的巧合。暴胀论让这个巧合变得不那么奇怪了——膨胀恰恰倾向于让空间看起来更平坦。一个较大的行星，其表面肯定比小一点的行星看起来更平。暴胀论早就告诉人们空间是平坦的。

太好了！宇宙大爆炸得到了解释。为了让这一切说得通，我们做出了疯狂的时空膨胀模型。好在实验可以证明暴胀论很可能是对的。

但是，我们不知道暴胀产生的原因。

时空为什么会如此疯狂地膨胀呢？我们不知道。暴胀论本身也是一个谜团。我们只是提出了正确的问题而已。

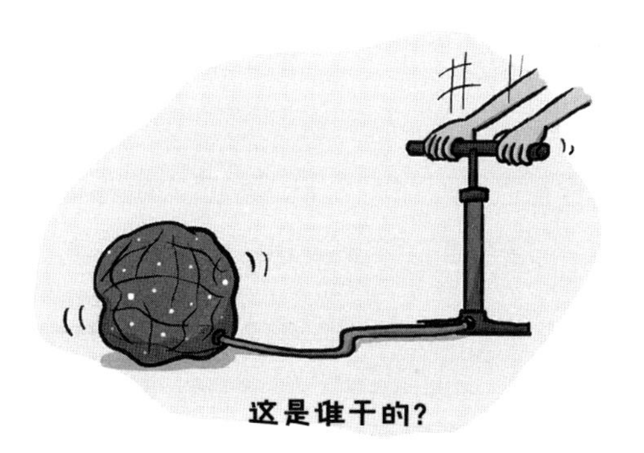

这是谁干的？

1　更直接的证据是，人们发现了暴胀的引力波，但是近期科学家发现这是个乌龙事件。

警告：前方哲学

现在，我们必须离开科学的地盘，进入哲学和形而上学那模糊的世界。

目前，人们关于这些问题的大多数想法都无法得到检验，尽管这些想法很有趣（也很疯狂）。也许在未来，更加聪明的科学家会想办法检验它们，并找出令人震惊的真相。

暴胀从何而来？

我们真的不知道暴胀从何而来吗？

事实上，物理学家对于暴胀是有一些想法的。好消息是，根据其中一个想法，我们不需要找到任何全新的、宇宙尺度上的、强大的自然作用力，我们只需要找到一种全新的物质。

这个想法是这样的：也许早期宇宙中充满了一种不稳定的新实体，它使时空快速膨胀。

看到了吧？这很简单。现在我们只需要回答以下两个问题。

1. 这种全新的物质是如何让时空膨胀的？

2. 这种新物质现在去哪里了？

理论上说，物质有可能让时空膨胀。我们在讨论广义相对论和引力时也说过，物质会弯折和扭曲时空。

但这到底是一个怎样的过程呢？引力总是在吸引，由此让有质量的物体靠近。但是，质量和能量还有让时空扩张的特性，这意味着物体会彼此远离。我们可以把这当作广义相对论的一项“小条款”。这个特性就是物质的能动张量的压强项。这听起来很专业，但意思不难理解，说白了就是在一定条件下（负压），物质可以让空间膨胀。

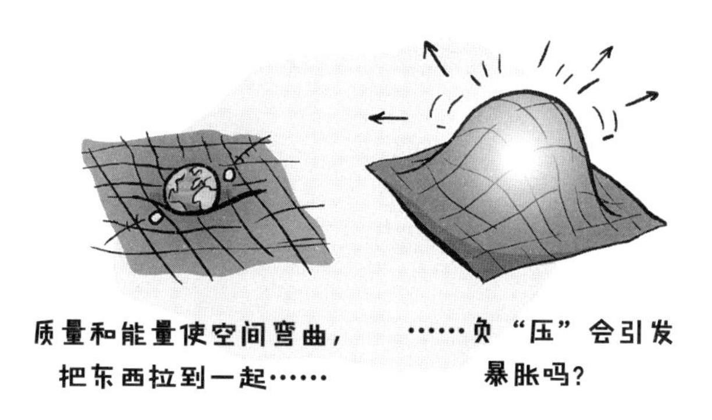

那么，当暴胀停止时，引发暴胀的物质去哪里了？答案是，引发暴胀的物质不稳定，它最后会衰变或分解为正常的物质。

我们来总结一下：也许早期宇宙中充满了某些带有负压的东西，这使得时空发生不可思议的高速膨胀。最后，这种引发暴胀的东西变成了更为常见的物质，疯狂的膨胀就这样停止了，于是又大又热的宇宙充满了稠密的正常物质。

这似乎很疯狂，但可以解释暴胀从何而来。记住，暴胀论本身就是个看起来很疯狂的理论，但它化解了我们对于早期宇宙的诸多困惑。

我们不知道这种奇怪的东西是什么，但是它的这些特性对于物理学家而言并不离谱。在过去的数十年间，随着暗能量的发现，人们发现宇宙中完全有可

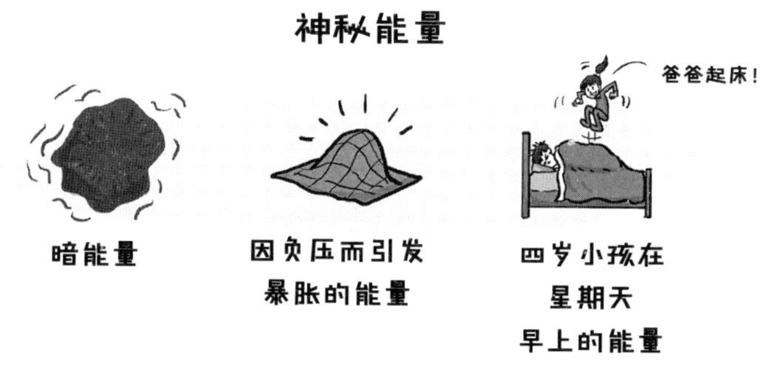

能存在引发膨胀的强大斥力。我们知道暗能量让宇宙膨胀得越来越快（详见第 3 章），但我们不知道引发暴胀的东西是什么。它们之间有什么关联吗？我们不知道。

在宇宙大爆炸之前发生了什么？

宇宙大爆炸本身已经够神秘了，但它还关系到更大的谜团。比如：为什么会有宇宙大爆炸？宇宙大爆炸之前发生了什么？

我们可以把宇宙大爆炸当成一个特殊时刻。当时，整个宇宙是一个极小的点，时间 $t = 0$，一切都来自这最初的一刻。

现在，我们把这一个小点换成一个模糊的量子斑块（它可能很小，也可能无限大），把爆炸换成暴胀以及之后由暗能量驱动的膨胀。这个问题仍然有意义，但我们必须在新的背景下重新表述它。我们不再问大爆炸之前发生了什么，我们要问这个暴胀的量子斑块从何而来。

这个斑块必定会变成我们的宇宙吗？有没有别的可能？这个斑块会再度出现吗？它真的出现过吗？我们不知道。

令人兴奋的是，这些问题很可能是有答案的，只要有合适的工具，我们就能想办法寻找证据并解答它们。接下来，我们要聊一聊宇宙起源的几种可能，这里既有很简单的想法，也有脑洞大开的理论。

也许答案就是没有答案

不是所有问题都有让人满意的答案，因为不是所有问题都提得恰当。举个例子，“你死了会怎么样”就是个不该提的问题。你死了还有你吗？“为什么我的猫不爱我”也是个不该提的问题，我们无法知道猫有没有可能爱上铲屎官。

从不拐弯抹角的数学问题也有可能陷入这种困境。史蒂芬·霍金曾经指出，“宇宙大爆炸之前发生了什么”这个问题和“北极的北边有什么”一样没意思。在北极点，你能去的所有方向都是南方，这里没有更往北的地方了。地球的几何特征决定了这一点。如果时空是在宇宙大爆炸的那一刻产生的，那么在此之前，时空并不存在。我们不可能知道“之前”发生了什么。

每个孩子都知道北极
的北边有什么。

宇宙现在的运转遵循物理学定律，宇宙大爆炸也应该可以用物理学定律去解释。但我们位于时空内部，对于大爆炸之前发生了什么，我们很有可能接触不到关键信息。暴胀可能毁掉了之前的世界，没有留下任何可供我们发现和研究的线索。这真令人不满，但是科学没有义务讨好我们。

也许一切的关键在于黑洞

暴胀论的核心问题是：引发暴胀的致密物从何而来？看看宇宙，我们的目光落在了黑洞上。在黑洞的视界内部，物质会受到强烈的挤压。有些物理学家猜测，引发暴胀的奇怪负压有可能是在一个巨大的黑洞内部形成的。

事实上，我们可以再往前一步——也许我们的整个宇宙就存在于一个包含了所有已知黑洞的巨型黑洞内。事实上，我们宇宙中的黑洞确实有可能容纳了它们自己的微型宇宙。这些想法目前还无法检验，但它们听起来非常酷。

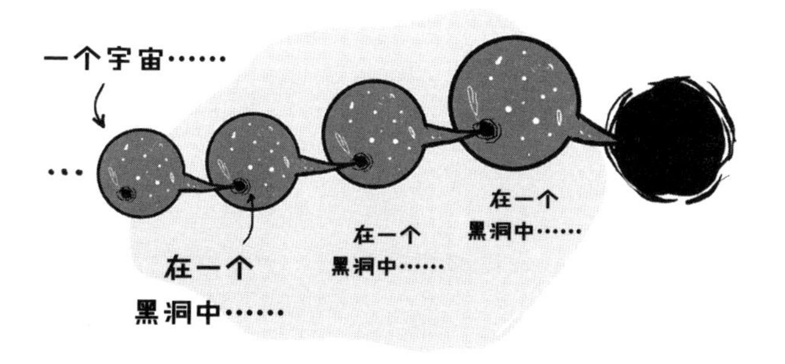

也许存在一个循环

也许，宇宙大爆炸不止一次，我们所知道的那次只是其中之一。在遥远的未来，宇宙中膨胀的过程可能会发生逆转，导致宇宙坍缩，也就是“大挤压”。这种挤压会把所有的恒星、行星、暗物质和猫都挤进一个微小而致密的斑块中，并引发一次新的大爆炸。挤压，爆炸，挤压，爆炸，挤压……这可能是一种周而复始的循环。然而，这种解释在理论上存在一定的问题，涉及挤压中宇宙的熵减情况。不过话又说回来，这只是人们在缺乏线索时的猜想。如果愿意考虑一些疯狂的想法，我们说不定能找到某个突破点。

当然，把这个想法从创造性的猜想变为可检验的科学假设是非常难的。宇宙大爆炸很可能已经毁掉了上一个周期存在的一切证据，这意味着在下一次大挤压毁灭我们之前，我们永远都不会知道答案。

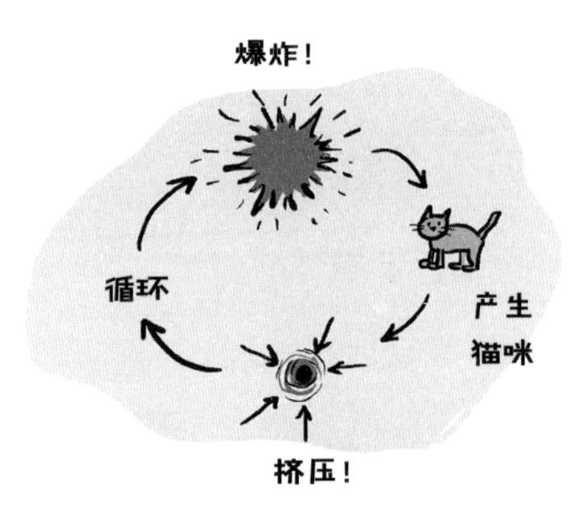

也许宇宙不止一个

另一种可能是，具有负压的这种怪东西膨胀得很快，并且在膨胀过程中产生了更多怪东西。尽管这种怪东西会衰变成正常的物质，但是它有可能衰变得没有那么快。

如果这种东西产生的速率快于衰变的速率，那么宇宙会一直暴胀下去，因为新产生的怪东西总是比衰变的怪东西要多。如果这个理论是正确的，那么这些东西引发暴胀的过程现在还在持续。

发生衰变的地方是什么样的呢？每一处衰变之地都代表了宇宙大爆炸

在那一部分空间的完结。在这样的地方，充满正常物质的宇宙开始缓慢地膨胀。

每一处这样的地方都可以形成一个“口袋宇宙”，我们就居住在某一个“口袋宇宙”中。暴胀一直在持续，多重宇宙不断地出现。如果暴胀持续产生空间的速度快于光在其中穿越的速度，那么不同的“口袋宇宙”永远不会有交集，因为它们之间的物质暴胀得太快了。

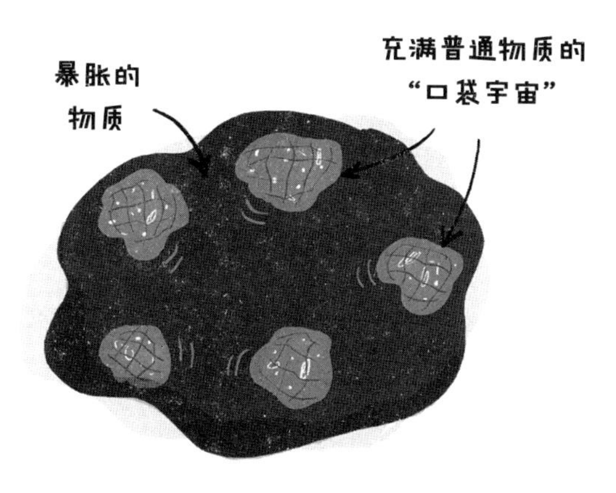

“口袋宇宙”：把它们都抓住

其他的“口袋宇宙”是什么样的呢？我们当然不知道。也许，每一个“口袋宇宙”都和我们的宇宙相似，拥有同样的物理学定律，只是随机初始条件略有不同。“口袋宇宙”的结构也大致相同。如果暴胀一直在继续，那外面可能存在无穷多个“口袋宇宙”。

“无穷”是一个非常强大的概念，因为这意味着每一种可能都会发生，无论它有多么不可能。在无穷多的宇宙中，一个几乎不可能的事件甚至可以发生无数次，只要它不是完全不可能。如果这个理论是正确的，那就意味着其他的宇宙可能容纳着地球的翻版。它们中有的居住着没有经历过小行星灾难的恐龙，有的居住着殖民北美的维京人，有的居住着另一个你，正在读用丹麦语写的这本书。在某处，你的猫可能真的喜欢你。

宇宙大终结

我们能够研究宇宙大爆炸的物理学线索——这个事实本身就令人惊讶。这就像一个人有望凭一己之力了解自己出生时的场景，别忘了，你不认识当时在场的任何人，而且这件事发生在 140 亿年前。

对于那样的时间尺度，我们在地球上的人生只不过是一个瞬间。但我们却在这个瞬间审视宇宙、寻找线索、回溯时间的原点、展望可观测宇宙的最远处。

在这个瞬间之外，人类会发现什么？也许有一天，人们会明白暴胀从何而来，并在这个过程中了解新物质或者已有物质的新特性。

也许还有更激动人心的事发生。也许有一天，我们的知识会超越宇宙的起点，我们将看到宇宙大爆炸之前发生了什么。我们会在另一边找到什么呢？是飘浮在怪东西中的其他宇宙，还是正在遭受挤压的另一个世界？

现在，这些都是哲学问题，但是在未来的某一天，它们有可能具有科学意义。而我们的后代（以及他们的宠物猫）会知道问题的答案。

今天的哲学，明天的科学。

宇宙大爆炸的另一边是什么？
咪切皆有可能。

第 15 章
宇宙有多大?

它为什么这么空?

在一个晴朗的日子爬上山顶，你会为美景而惊叹。你将有机会一览连绵数千米的大好风光，除非那里有一家咖啡店。

这种体验肯定会让你印象深刻，因为早上喝咖啡的时候，你从家中窗户只能看到几米远的景色——除非你是拥有顶层豪宅的亿万富翁。或许你家跟旁边那栋楼近得不得了，邻居可以从你背后偷偷看到这本书。

有口皆碑

然而，每晚仰望星空的时候，你会看到更为宏大的景象。你可以凝望几十亿千米外的深空。每一颗星星都像宇宙海洋中的一座小岛。仰望无边无际的天空时，你会看到无数会发光的小岛飘浮在空中的奇景。在这片广袤的星辰之海中，你所居住的地方只是地球这座小岛的一个角落，这样的景象或许会令你恍惚。

这种景象之所以能够出现，是因为宇宙大得令人难以置信，并且大部分地方都是空旷的。

如果星星彼此靠得更近，夜空会变得更加明亮，人在夜里入睡也将变得更为困难。如果星星之间离得更远，夜空会暗得令人压抑，我们对宇宙其他地方的了解也会变少。

更糟的是，如果太空不那么“透明”，这样的美景将被笼罩在雾霭之中，我们甚至难以认清地球在宇宙的哪个地方。令人欣喜的是，太阳发射的光能够很好地穿透星际气体和尘埃，我们的眼睛也很擅长接收这种光，尽管红外线和波长更长的电磁波穿透力更强。

即使不是亿万富翁，我们也都是非常幸运的人，因为我们都能看到太空深处。但是看到并不意味了解。我们的祖先跟我们看到的景象相同，但他们得出了很多错误的结论。在史前时代，最富有的人也对身边的伟大知识一无所知；而今天，在望远镜和现代物理学的帮助之下，人们可以深入地探索太空，并了解人类在宇宙中的位置，知晓恒星与星系的分布。

但我们对宇宙的了解并不比古人多很多。已知的一切只会让我们提出更多

问题：在我们看不到的地方有更多的星星吗？宇宙有多大？在那么远的地方我还能买到一杯还不错的拿铁咖啡吗？

在本章，我们要讲的是最大的主题：宇宙的大小和结构。

请坐稳，我们要出发了。

我们在宇宙中的位置

你正在地球上的某个地方读这本书，具体地点不重要。也许你正坐在沙发上逗弄宠物仓鼠，也许你正躺在阿鲁巴岛上的吊床里，也许你在某个咖啡店的厕所里。在宇宙的宏大尺度之下，这些细枝末节都变得无关紧要，哪怕你是个土豪，拥有自己的小型空间站。

我们地球和它的七个姐妹行星[1]绕着太阳转，太阳绕着银河系的中心旋转。我们的星系是一个巨大的盘状旋涡星系，明亮的中心延伸出几条旋臂。我们大约位于银河系其中一条旋臂的中间。我们的太阳是银河系中上千亿颗恒星中的一员，它既不是最古老的也不是最年轻的，既不是最大的也不是最小的。金发姑娘[2]觉得刚刚好。当你在夜晚仰望群星时，你看到的基本都是这条旋臂上的恒星，从宇宙尺度看，它们是我们的近邻。在晴朗的夜晚，如果远离光污染的话，你会看得足够远，可以看到星系盘的其他部分。它看起来像一条很宽的带子，其中密密麻麻地布满了恒星，好像泼在天空中的牛奶。你在夜空中看到的一切差不多都属于我们星系，因为它们最近、最明亮。

温馨的家

1　冥王星，再见！

2　金发姑娘（Goldilocks），英国童话《金发姑娘和三只熊》中的人物，喜欢不软不硬的椅子、不热不凉的菜，常被用来比喻“刚刚好”的状态。——译者根据最新消息，宇宙的其他部分密布着其他星系，目前人们没有发现飘浮在星系之间的孤星。100 年前，天文学家还以为恒星均匀地点缀在太空中。他们不知道恒星会聚集在一起形成星系，直到建造了威力足够强大的望远镜，人们才明白那些模糊的遥远天体究竟是什么。人们原本以为自己生活的星系就是整个宇宙，结果却发现它只是宇宙中可见的数十亿星系中的一员。这在当时一定是极为不凡的重大发现。在此之前，人们刚刚发现地球不是宇宙中唯一的行星，而我们的太阳也不过是众多恒星中的一颗。每一次这样的发现都会使我们前进一大步，但在宇宙的尺度上，我们的一大步不算什么。

最近，我们发现星系在宇宙中也不是均匀分布的。它们倾向于聚集在一起形成松散的星系群[1]和星系团，这些又组成了更大的超星系团，每个超星系团中都有数十个星系团。我们所在的超星系团的重量大约是太阳质量的 10^{15} 倍。真够重的!

根据我们目前知道的情况，在超星系团的尺度之下，宇宙的结构层级分明:卫星绕着行星转，行星绕着恒星转，恒星绕着星系的中心转，星系绕着它们的星系团的中心转，星系团绕着超星系团的中心转。奇怪的是，事情到此为止了。超星系团不会再形成巨星系团、超巨星系团或超凡星系团，但它们做了更不可思议的事情：它们形成了横跨数亿光年却只有数千万光年厚的片状和纤维状结构。这些超星系团构成的片状结构极为巨大，它们弯曲形成不规则的球状和丝状结构，将空荡荡的宇宙巨洞包裹其中。那里没有超星系团也没有星系，不过说不定你会找到一些恒星、卫星或者超级富豪。

1　我们的星系被机智地命名为“本星系群”。

宇宙的结构

你

……是 80 亿人之一。

人类是 900 万物种之一。

太阳是 1000 亿恒星之一。

银河系是几十亿星系之一。

这些星系聚集成星系团。

这些星系团形成超星系团和不可想象的巨大结构。

超星系团组织是宇宙中人们已知的最大结构。如果你继续放大视野，你会看到恒星—星系—星系团—超星系团—片状结构这一基本模式在其他地方反复出现，而不会看到更大规模的结构。接下来没有什么有趣而复杂的巨型结构了。那些片状结构就像随机散落在地板上的积木，均匀地遍布宇宙。为什么这种模式以这样的尺度为终结？超星系团片状结构形成的“泡泡”从何而来？为什么宇宙在这一层次上如此均匀？

别踩到超星系团

有一件事情是显而易见的：在这样的尺度之下，我们微不足道。我们在宇宙中没有占据什么特殊的地位。我们住的地方不是什么核心地带，我们不是宇宙版曼哈顿的居民。[1]在拥有数十亿星系[2]，每个星系有上千亿颗恒星的宇宙中，提到生命和智慧，我们也不一定有那么特殊。

它是怎么变成这样的？

我们的读者是兼具学问和颜值的人[3]，所以你一定知道，我们在银河系中的位置就是这么一回事。但是这也引出了一个非常有趣的问题：为什么宇宙会有这样的结构？

以另一种形式存在的宇宙并不是很难想象的东西。为什么所有的恒星没有聚集在一起形成一个巨星系呢？为什么每个星系不是只有一颗恒星呢？星系为什么会存在？为什么宇宙中的恒星不能像老房子里悬浮的尘埃一样均匀分布？

宇宙结构的其他可能

说到底，宇宙为什么一定要有结构呢？宇宙似乎也可以一开始就是均匀和对称的，粒子在各个地方有着完全相同的密度。如果这些是真的，那么我们会得到一个什么样的宇宙？如果宇宙无限且光滑，那么每一个粒子在每个方向都会受到相同的引力，这意味着没有一个粒子会被迫向任何方向移动。所有粒子

1 我们顶多是波基浦西市民。（波基浦西市是纽约州东南部的一个城市，位于整个纽约都会区的最北部。——译者）

2 最新的观测表明存在着上万亿个星系。——译者

3 你是不是瘦了？你看起来棒极了！

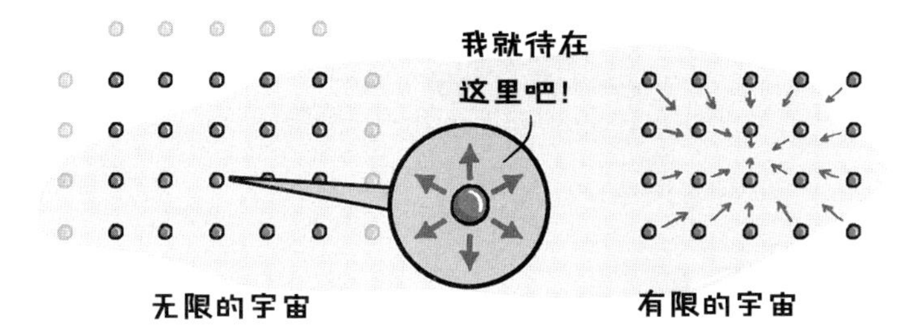

永远不会聚集在一起，而宇宙也是凝滞不动的。如果宇宙有限且光滑，那么每个粒子都将被吸引到一个共同的地方：宇宙质量的中心。[1]

在每一种情况下，你都不会找到任何聚集在局部的团块或结构。宇宙要么是均匀的，要么聚集到一处。

关于宇宙如何变得结构遍生且不均匀，物理学家有一套不错的说法。理论上讲，早期宇宙中微小的量子涨落被时空的快速扩张（比如暴胀）拉伸成了无数巨大的褶皱，为恒星和星系在引力作用下的形成埋下种子，这一过程也受到了暗物质的助推，并且从某一时刻开始，暗能量将空间拉伸到更远的地方。

呼，让我喘口气。我们说了这是一套不错的说法，可没说它简单。

你看，为了使今天的宇宙有一定的结构，你需要它在年少时具有某种成团性。[2] 一旦有了哪怕最微小的质量团块，一个局部的引力热点就出现了，它能将越来越多的原子拉到一起，并使它们远离所有其他原子的引力作用。

你可以想象一下，好几家星巴克咖啡店均匀地分布在一座城市里。每一位咖啡爱好者都能被最近的几家店吸引，但这些咖啡店和他的距离都差不多，所以他总是犹豫不决，不知道该去哪一家店。然而，如果某一家咖啡店通过冲泡过程中的一点小变化而制作出了更加香醇的咖啡，那么这一家店就会吸引更多的客人。客人多了，就会有更多咖啡店来到同一条街，这又吸引了更多的客人……这样的反馈环路会造成某种级联，很快就会有星巴克店开在其他的星巴克店中，促使星巴克奇点产生。如果没有最初的那个热点，这一切就无从开始。在星巴克诞生之前的早期宇宙，那个最早的“热点”对于今天的恒星和星系结构绝对是至关重要的。

那么，在宇宙的婴儿时期，是什么造成了第一个“热点”呢？我们所知道

1　如果空间是弯曲的，宇宙还有可能有限但没有中心。你可以想一想球体的表面，它是有限的，却没有中心。

2　早期宇宙完全处在失控的状态，真的。

量子扰动如何产生宇宙结构

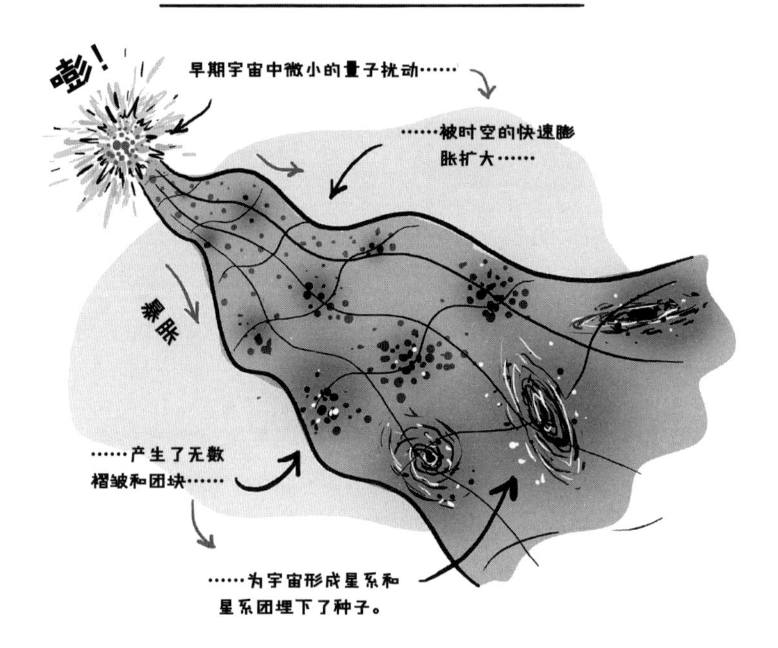

的讲得通的机制只有量子力学的随机性。

这不是猜想，而是已经被观测到的事实。你可以回想一下我们从宇宙微波背景中看到的宇宙婴儿时期的样子，它向我们展示了宇宙在从高热带电的离子态冷却为中性气态占主流的时刻。在那幅图像中，我们看到的宇宙是均匀的，但又不完全均匀。一些微小的涟漪体现了早期宇宙中的量子涨落。

在宇宙大爆炸中，暴胀极大地拉伸了空间，并将那些微小的涟漪放大成了时空构造中的巨大褶皱。接着，这些时空褶皱又产生了团块聚集和引力热点，并在之后发展出更复杂的结构。

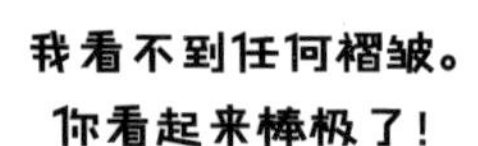

物理学家知道怎么奉承别人

总之，量子层面上的随机事件的空间被快速扩张放大了，这引发了我们今天所看到的一切。如果没有暴胀，宇宙看起来会很不一样。

物理学家怀疑，宇宙中之所以没有比超星系团的片状和球状结构更大的结构，是因为引力还没有足够的时间把那些大家伙拉到一起。事实上，今天宇宙中的某些部分直到最近才开始受到彼此的引力影响，因为引力作用同样受光速的限制。

未来又会如何呢？如果暗能量没有使宇宙不断扩张，那么引力将继续发挥聚集作用，由此形成更大的形状和结构。不过，暗能量的影响也不容小觑。宇宙中有两种相互竞争的作用：引力把事物聚集到一起，暗能量却要把它们拉开。在这一刻，两种作用似乎得到了完美的平衡，这意味着我们生活在一个完美的时代，所以我们见证了宇宙中这些庞大的结构。

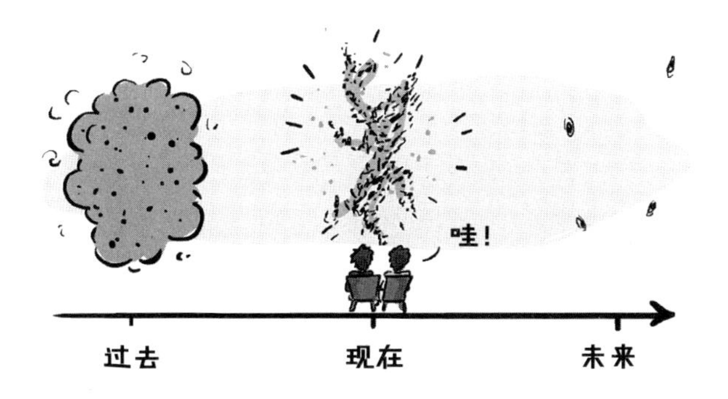

事情真的是这样的吗？我们生活在宇宙的奥兹曼迪斯[1]时代只是一个巧合吗？[2]自以为特殊（比如地球是宇宙的中心）的想法应该让我们警惕，因为我们很有可能是在抚慰自己脆弱的自尊心。

据人类现在掌握的知识，我们似乎生活在一个特殊的时代。但事实是我们也不能确定这一点，因为我们不敢确定暗能量的未来。如果它继续将宇宙拉伸，那么星系和超星系团就不会有足够的时间聚集成更有趣的结构。但如果暗能量有所改变，那么引力就有机会把宇宙中的事物拉到一起，形成我们还没来得及命名的全新结构。50 亿年后再来查看有没有更新吧！

1 《奥兹曼迪斯》是诗人雪莱的一首十四行诗，奥兹曼迪斯是埃及法老拉美西斯二世的希腊文名字，其执政时期是埃及新王国最后的强盛年代，他本人也拥有相当光辉的战绩。——译者

2 “观吾大尺度超星系团，尔等强者，尽皆屈服！”（作者恶搞了《奥兹曼迪斯》中的诗句，原文为：“观吾大业，尔等强者，尽皆屈服！”——译者）

引力和压力

无论如何，宇宙中之所以有结构，是因为量子涨落带来了最初的密度褶皱，后者又被暴胀放大，从而为我们当前宇宙的形成埋下了种子。但是，这些种子又如何长成了我们所看到的行星、恒星和星系？引力和压力之间的平衡是关键。

在宇宙大爆炸之后约 40 万年间，宇宙还是一个有着微小密度褶皱的炽热中性气团。引力就是在这个时候开始有所行动的。

这时每一样东西都是中性的——这非常重要。所有其他的作用力都在这一点上达到平衡。强核力使夸克结合成了质子和中子，电磁力将质子和电子拉到一起形成了中性的原子，但是引力既不能被平衡也不能被抵消。它还是非常耐心的：在漫长的亿万年间，这些褶皱吸引周围的气体，形成了越发致密的团块。

在所有其他的力达到平衡之后，
引力开始行动了。

宇宙已经存在了很长时间。你可能想知道，为什么引力还没有将所有东西聚集成一个大团块，形成超大的恒星、巨大的黑洞，甚至巨型星系。事实是，宇宙中刚好有足够的物质和能量可以让引力将空间变“平”，空间不会弯曲到足够使所有事物重新聚集到一起。记住，暗能量在使空间扩张，所以最终的结果是，在大尺度上事物都在相互远离。

即使无法赢得这场拔河比赛，引力仍然取得了局部的胜利。在最初的密度褶皱中形成的气体和尘埃成为团块，只不过这些团块在整个宇宙中是分散的。

如果引力把这些气体和尘埃的团块拉到一起，那么会发生什么呢？这取决于这些团块有多大。

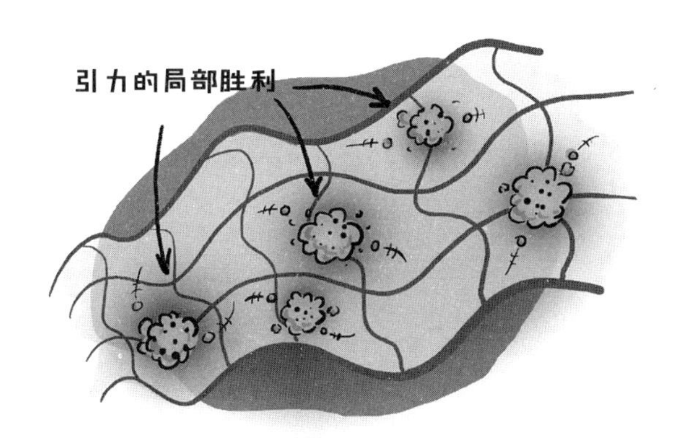

一小团物质的引力只能形成小行星、大岩石，或者星冰乐。这些东西之所以没有在引力的作用下坍缩成一个小点，是因为它们还有来自内部的压力。岩石中的原子不愿意挤得太紧，它们会“反抗”。你试过把岩石挤成一枚钻石吗？那可不容易。这些东西最终的状态是引力和压力之间达到平衡的结果。

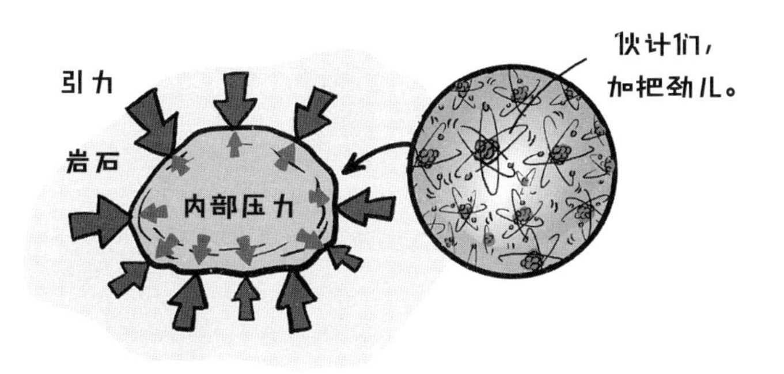

质量更大的东西，比如像地球那么大的行星，其引力足够把中心的岩石和金属压缩成熔化的岩浆。地球中心滚烫的岩浆就是这么产生的。如果你想嘲笑引力不够强，不如先问问自己是否有能力把岩石榨成灼热的岩浆。

这就是我所想到的。

如果有一团足够大的物质，引力还可以通过炽热的离子态把这团物质变成一颗恒星。恒星从本质上说就是处于不断爆炸中的热核弹。唯一能使它们不散架的就是引力。引力也许弱小，但是可以把足够多的物质聚集到一起产生不断爆炸的核弹，并且使其维持数十亿年之久。这些恒星之所以没有立即坍缩成更致密的天体是因为其内部有压力。一旦燃料消耗殆尽，无法再提供对抗引力的压力，恒星就会坍缩成黑洞。

这种引力和压力之间的平衡存在于惰性岩石、中心为熔岩的行星，以及恰好能自我维持的核聚变动力恒星之中。这还能解释为什么恒星会聚集成星系而不是和黑洞随机散落在全宇宙。

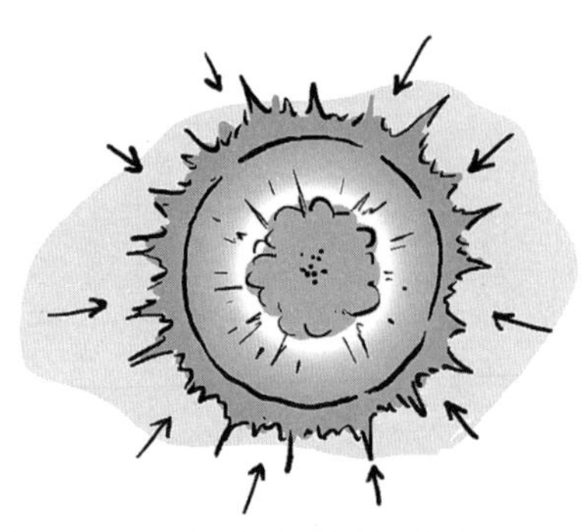

阳光的外表下有着爆炸性的品格

记住，宇宙中的大部分质量不是用来形成行星、恒星和咖啡豆的那些物质。大约 80% 的质量（总能量的 27%）是以暗物质的形式存在的。暗物质可能具有我们不太了解的作用，但我们可以肯定的是，它的质量对引力效应是有贡献的。但它没有电磁力和强核力，所以它也没有用来对抗引力的同一种压力。它会像普通物质那样聚集到一起，但是会持续地聚集下去，形成巨大的暗物质晕。在有暗物质晕形成的地方，普通物质会被强大的引力拉进去。事实上，目前人们认为是暗物质让宇宙更快地形成了早期的星系。在没有暗物质的宇宙中，最初的星系需要多花好几十亿年的时间才能形成。然而，我们现在看到的星系在宇宙大爆炸之后仅仅几亿年就形成了，这要感谢暗物质引力的无形之手。

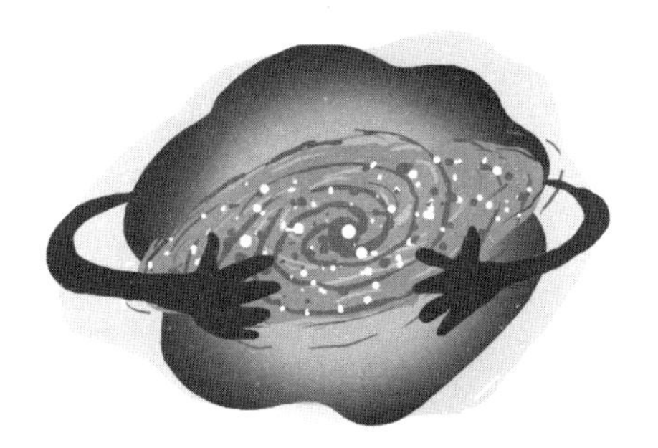

暗物质只是想要一些亮晶晶的东西

星系也会被引力拉到一起，但它们有很多种不同的压力可以对抗引力，所以不会坍缩成巨大的黑洞。具体情况因星系而异。旋涡星系没有坍缩是因为它们旋转得非常快，角动量能够有效地使所有恒星保持距离。这也是暗物质没有坍缩成更稠密团块的原因。暗物质粒子的速度和角动量使得引力很难将它们拉到一起。

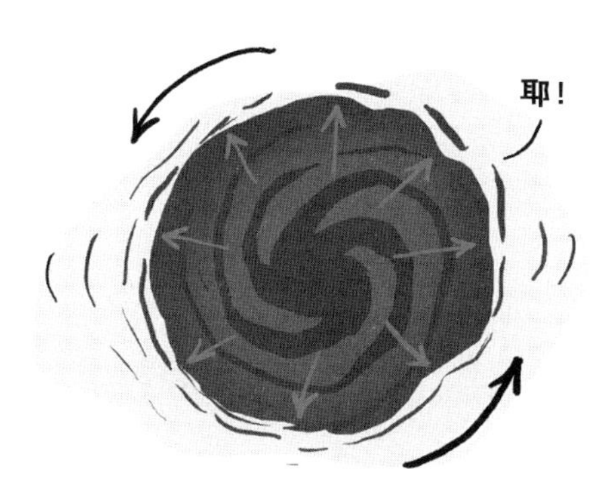

所以，我们看到的宇宙充满了由超星系团构成的巨大片状和球状结构，其中每个星系都有数千亿颗恒星在围绕着黑洞旋转，还有很多气体、尘埃和行星。至少一颗行星上居住着人类，我们正在仰望群星，并思考自己的存在。

但是这番景象会延伸到多远的地方呢？

这些巨大的片状和球状结构会永远延伸下去吗？或者，宇宙中所有的物质更像是虚无之中的孤岛或者大陆？

宇宙到底有多大？

宇宙的大小

如果我们能喝一杯八倍意式超浓缩咖啡并且以极快的速度飞过整个宇宙，那么我们会更清楚地知道物质在宇宙中是如何排布的，更重要的是，我们会知道宇宙能延伸到多远的地方。

遗憾的是，大多数咖啡店顶多提供四倍意式超浓缩咖啡[1]，而且我们在宇宙中东奔西跑并到处拍照的速度有上限。这意味着在开发出曲速引擎（warp drive）之前，我们只能试着利用从辽阔的外部世界来到地球的信息回答这些问题。

来自外太空的光让我们看到了怪异而美丽的宇宙画面，但光只有 138 亿年的时间可以到达我们这里。这意味着在 138 亿光年之外，任何物体对于我们来说都是不可见的。可能有星系那么大的蓝色巨龙在我们的视线之外又蹦又跳、吞云吐雾，我们却不知道。当然，没有证据表明这样的龙存在，但是我们

1　如果我们要两份四倍意式浓缩咖啡，人们会向我们投来诧异的眼光。

视野之外的东西又有多大可能跟我们身边的东西一样呢？自然的世界充满了古怪离奇和出人意料的东西，等着我们去发现。

可观测宇宙是非常大的。我们看不到外面有什么，但我们仍能想象它有多大。以下是几种可能。

A. 因为没有什么能跑得比光速还快，所以可观测宇宙的半径一定是宇宙的年龄与光速的乘积，也就是 138 亿光年。

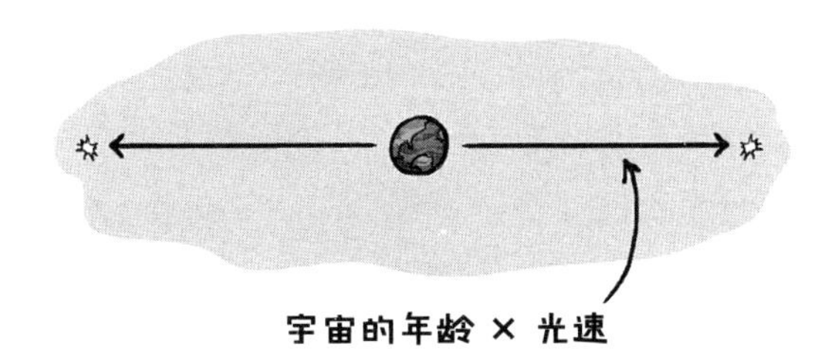

B. 因为空间本身可以扩张得比光速快，所以我们可以看到原本在我们的视野之中后来又超越了我们视野的东西。因此，可观测宇宙的半径最大为 465 亿光年。

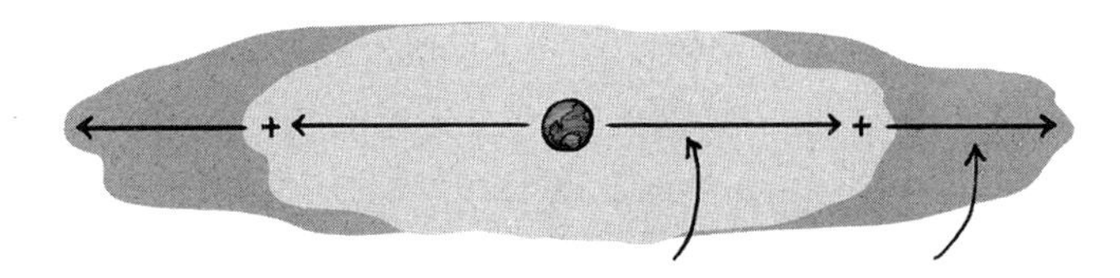

C. 可观测宇宙是最偏远的两家星巴克咖啡店之间的距离，新的分店建成速度太快，科学家目前无从得知可观测宇宙的半径。

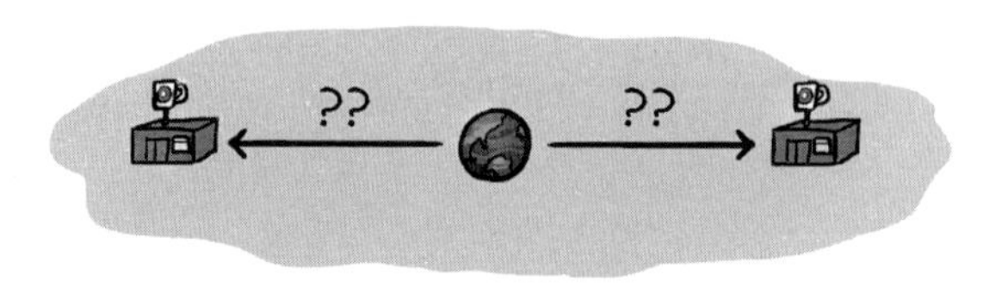

正确答案是 B。因为空间在扩张，所以我们能看到那些曾经离我们比较近的东西。可观测宇宙要比光速乘宇宙的年龄大得多，这就是我们可以看到的宇宙。

好消息是，我们可以看到几十亿个星系里 10^{21} 颗恒星中的 $10^{80}\sim10^{90}$ 个粒子。另一个好消息是，可观测宇宙的半径在以每年至少 1 光年的速度增长，我们不用为这种增长做任何事。[1] 我们要感谢数学的威力。按体积算，可观测宇宙的增长更加惊人，因为每年增长的空间都比上一年更大。你永远也不会有机会踏足的绝美星系已经多得让你无法理解了。

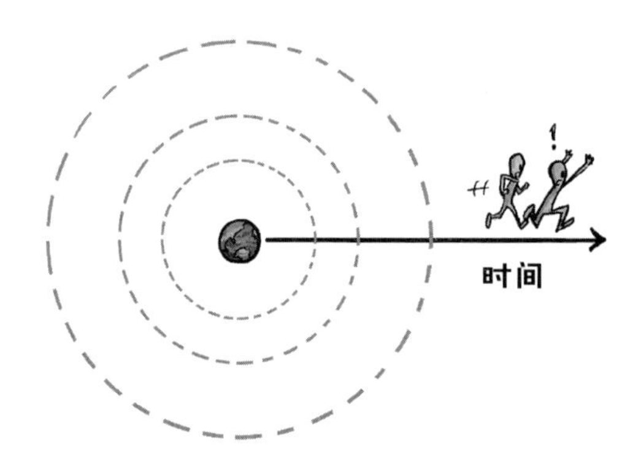

但事情并没有那么简单。宇宙万物都在远离我们，与此同时，空间本身也在扩张。有一些东西与我们的距离增加得太快，来自它们的光永远也无法到达我们这里。换句话说，可观测宇宙可能永远也无法追上真实的宇宙，这意味着我们可能永远也看不到宇宙中的一切。

1　这取决于空间扩张速度，目前这个速度是大于零的。

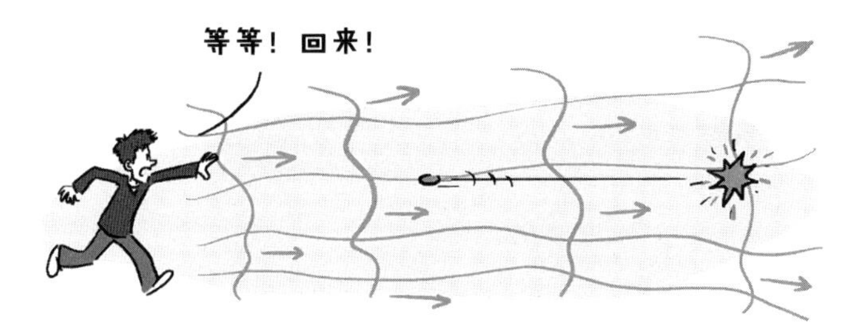

坏消息是，我们不知道宇宙的确切范围。事实上，我们可能永远也不会知道这个。如果你想成为宇宙制图师，那这个消息就太糟糕了。

让我们猜一猜

宇宙有多大？让我们来猜一猜。

也许无限空间中存在有限宇宙

也许，宇宙的大小是有限的，只不过空间扩张使我们无法看到宇宙的边界。一些科学家研究了这种可能性，并试图通过听起来合理的假设估计宇宙的大小。以下是几个例子。

· 在暴胀之前，宇宙的大小差不多等于光速乘以它存在的时间，因为空间还没有开始伸展。

· 宇宙中的粒子数量是一个相当大的数字。

· 没有人知道比 10^{20} 更大的数字是个什么概念，所以你基本上可以随便猜一个数。

将这些假设与人们当前对于宇宙大爆炸和暗能量的了解相结合，你就能得到关于宇宙大小的一个估计值。

但这个估计值的具体数字可能多达 10^{20} 个。如果这听起来依然是个悬而未决的问题，那就对了。如果有人说你的房子面积在 2000 平方米到 10^{23} 平方米之间，那你立马就知道他在瞎猜。即使你相信宇宙中物质数量有限这一未经证实的假设，你仍然不知道宇宙有多大。

尽管存在这些不确定性，在某些情况下我们仍有可能计算出宇宙的大小。

也许有限空间中存在有限宇宙

如果宇宙的确是弯曲的，那么空间也许就像球体的表面，属于三维甚至更高的维度。在那种情况下，空间本身是有限的。它绕着自己转了个大圈，朝着一个方向前进并最终回到了出发的地方。这可能令人震惊，但我们至少能知道宇宙是有限的而不是无限的。

这样的情景让人头大。光在这样的宇宙中也会绕圈（这里假设这一圈足够小），甚至有可能不止一次地经过地球。这是我们有可能看到的现象！这意味着你会在天空中多次看到同样的天体——这个天体的光每绕一圈你就会看到它一次。[1] 遗憾的是，科学家试图在星系结构和宇宙微波背景中找寻这样的效应，却没有发现任何证据。如果宇宙是有限的而且会绕圈，它一定是比我们能看到的部分要大。

“严格地说，无限就是有限的。”
——这是物理学家说的一句实话

1　引力透镜效应使我们在天空中看到的天体复本与此不同，引力透镜效应会扭曲我们所看到的天体。而在这种情形中，重复的版本看起来都是未扭曲的。

也许宇宙是无限的

空间可能是无限的，它所容纳的物质和能量也是无限的。这是一个令人匪夷所思的可能，因为无限是一个奇怪的概念。这意味着宇宙中的各个角落正在发生一切可能发生的事情。一件事不管有多离奇，只要它发生的可能性不为零，它就能发生。在无限的宇宙中，有某个跟你非常像的人读着这本书印在波点帆布上的版本。在无限的宇宙中，有居住着蓝色巨龙的行星，每条龙的名字都是塞缪尔，它们总是搞不清楚谁是谁。这些听起来是不是很离奇？没错。但是在无限的宇宙中，任何可能发生的事都会发生。想知道某件事在无限的宇宙中会发生多少次，你只要用它发生的概率乘以无穷大就好。任何事，只要概率不为零，它就一定会发生——而且会发生无穷多次。也就是说，无限的宇宙中有无穷多住满了糊涂蓝巨龙的行星。怎么样，是不是脑洞大开？

但是无限宇宙中的景象与我们所看到的一切相符吗？无限宇宙也是通过大爆炸形成的吗？是的，只要你不再假设宇宙大爆炸是从一个点开始的。你可以想象一下，宇宙大爆炸同时发生在各个地方。这太烧脑了，但这恰恰与我们观察到的现象一致。在这样一个宇宙中，宇宙大爆炸会在各个地方同时发生。

一串宇宙大爆炸

以上哪一个才是真实的情况呢？我们不知道。

为什么宇宙这么空？

另一个关于宇宙结构的重要谜题是：为什么宇宙这么空？为什么恒星和星系之间会有这样的距离？

太阳系的宽度大约是 90 亿千米，离我们最近的恒星在大约 40000 亿千米远的地方。我们的银河系有大约 10 万光年宽，离我们最近的仙女座星系却在大约 250 万光年远的地方。

无论空间有多大，也无论它是什么形状，宇宙中都有足够的地方让各种东西离得更近一些。难不成某个宇宙家长故意让自己的孩子分开，防止它们在后座上争吵？

幸运的是，“空旷”只是角度问题，我们可以把这个问题划分为两个不同的问题。

1. 为什么我们不能比光速更快？

2. 为什么空间会因宇宙大爆炸膨胀至今？

光速是我们在宇宙中衡量远近的标尺。如果光速比现在快得多，那么我们就能看得更远、行进得更快，宇宙中的事物看起来也不会那么远了。如果光速比现在要慢，那我们就更不可能造访附近的星星或者是向它们发送短信了。[1]

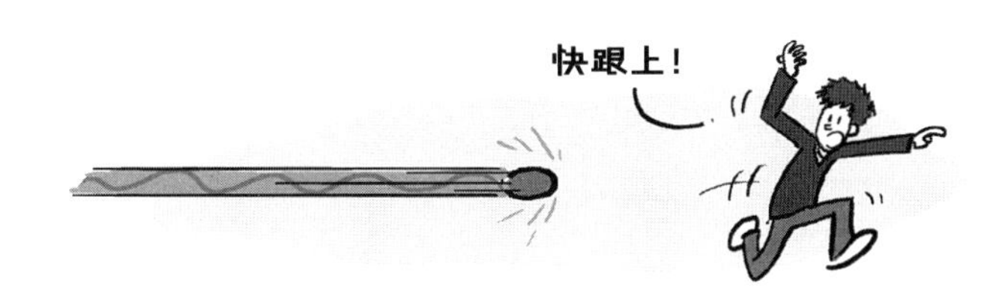

另一方面，我们也不能全怪光速。如果宇宙大爆炸没有让空间在一瞬间膨胀太多太多，那么今天的万事万物都将离得更近。如果暗能量没有把一切都推得越来越远，那么星际旅行的前景也不会每时每刻都变得更为暗淡。[2]我们可以想象一个适当膨胀的宇宙，那个宇宙不会像我们的宇宙一样大得离谱。

所以，宇宙的空旷要归因于两个量的作用，一个是决定了距离尺度的光速，另一个是把万事万物都拉得更远的空间膨胀。我们不知道它们为什么是现在这样，但如果你对它们做出了更改，你就将得到一个与我们的宇宙看起来截然不同的另一个宇宙。我们有这么多巨大的谜团，但只有一个宇宙可以研究，所以

1　漫游费会要人命的。

2　不好，暗物质。这很不好。

我们不知道这是不是宇宙组织的唯一方式。我们不知道别的宇宙会不会有非常小的膨胀，那里的人会不会比我们更加亲近彼此。

总结

当你一边品热咖啡一边仰望星空时，别忘了反思这个事实：我们关于宇宙大小和结构的所有知识都来自我们在地球上所能看到的情况。当然，我们已经向其他行星派出了探测器，也向太空发射了望远镜，甚至还把人送上了月球，但是从宇宙的角度来看，我们基本上只是在原地打转。我们对于宇宙的了解全部基于我们从宇宙的某个角落进行的观察和猜测。

处在这样一个普通的位置，我们已经回答了一些年代久远的问题（天上的星星是什么？它们为什么会移动？），也纠正了一些长期存在的错误观念（我们处在宇宙的中心）。

但是然后呢？我们的宇宙是有限的还是无限的？几十亿年后，宇宙的结构会发生什么变化？这些问题的答案将大大影响我们对宇宙和人类自身的看法。

第 16 章
万物之理存在吗?

如何最简洁地描述宇宙?

直到不久前，人类才对周围的世界有所了解。

在几百年前，也就是科学还没怎么进步的年月，人们经常会对一些常见的事感到困惑。古人无法理解闪电、星星、疾病、磁力，还有狒狒。这个世界仿佛充满了神秘的事、强大的力量和怪异的动物，它们都超出了人的理解范围。

神秘力量：狒狒的“磁力”

最近，这种困惑被酷酷的信心代替。我们自以为了解了周围的世界。这对于人类的历史来说，还是相当新鲜的。你基本上不会在日常生活中遇到非常神秘的事。你几乎没见过让你觉得完全无法解释的事。闪电、星星、疾病、磁力，还有狒狒，你知道这些的背后是自然规律。这些事物十分复杂、令人敬畏，但它们都会受到物理定律的约束。事实上，迷茫而找不到解释的体验是非常珍贵的，我们宁愿花钱去再感受一次，也正因如此，魔术表演才显得十分有趣。

除了理解，我们还能掌控身边的事物。我们可以定期让重达 400 吨的飞机飞越大洋，可以控制芯片中几十亿晶体管的量子力学效应，可以将人体切开并植入器官，也可以预测狒狒兴奋状态下的交配习性。是的，我们生活在一个满是奇迹的时代。

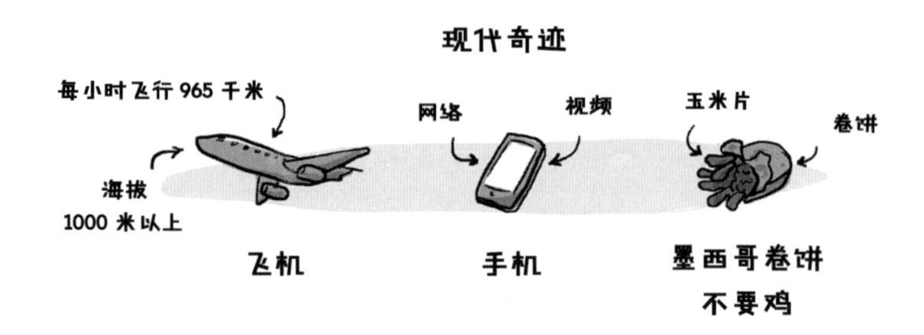

我们这么善于解释现实世界中的大趋势和小细节，这是否意味着我们已经知道了一切呢？我们的理论解释得了万事万物吗？

你应当已经想到了，答案绝对是“不”，除非你没看前面那些章节。我们对宇宙中到处都是的东西（暗物质）以及超强的能量（暗能量）几乎一无所知。我们的控制力只存在于宇宙中的一个小小角落，我们被浩瀚的无知之海所环绕着。

我们要面对这一点：我们理解周围的世界，却对宇宙一无所知。我们离发现终极理论——万物之理（Theory of Everything，ToE）——还有多远？这样的理论存在吗？它是否可以解释宇宙中所有的谜团？

是时候跟宇宙的大脚趾[1]对决一番了。

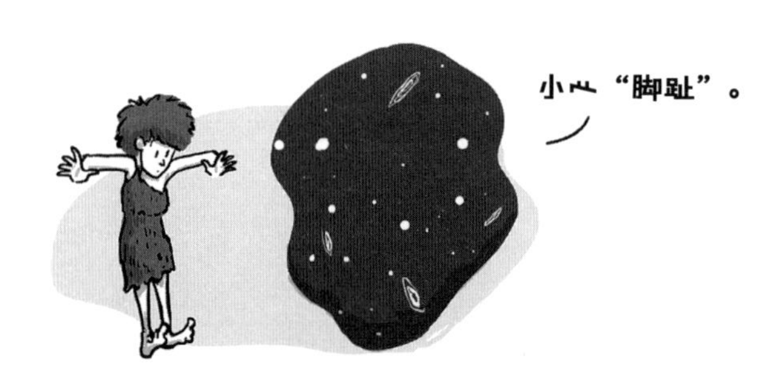

什么是万物之理？

讨论这个问题之前，让我们先聊聊万物之理。简而言之，万物之理就是“对时空以及宇宙中所有物质和力最深入、最简洁的数学描述”。

1　万物之理的英文缩写 ToE 也有“脚趾”的意思，后文还有多处这样的双关。——译者让我们分析一下。

这个定义中包含了“物质”，因为这个理论必须能够描述构成宇宙的一切事物。这个定义中还包含了“力”，因为我们不希望这个理论仅仅描述惰性的物质团块。我们想要知道物质是如何相互作用的，以及万物之理能做到什么。

这里还包含了“空间”和“时间”，因为我们知道这两个概念都在某种程度上具有延展性，并影响着宇宙中的物质和力（同时也受这两者影响）。

最重要的是，我们需要这个理论“最简洁”“最深入”，因为我们希望这个理论对宇宙进行最本质的合理描述。它应该是不可简化的、梗概性的（使用尽可能少的变量和未解释常数）。而且，它应该能在最小的尺度上描述整个宇宙。我们想要找到构成万事万物的最小积木，我们还想知道让它们组合在一起的最根本的机制是什么。

说实在的，
乐高积木人只有两个脚趾。

你看，我们生活在一个洋葱般的宇宙当中。这样说并不是因为它让每个剥开它的人流泪，也不是因为它是所有好汤的必备原料，而是因为它是由很多不同的“层”构成的。

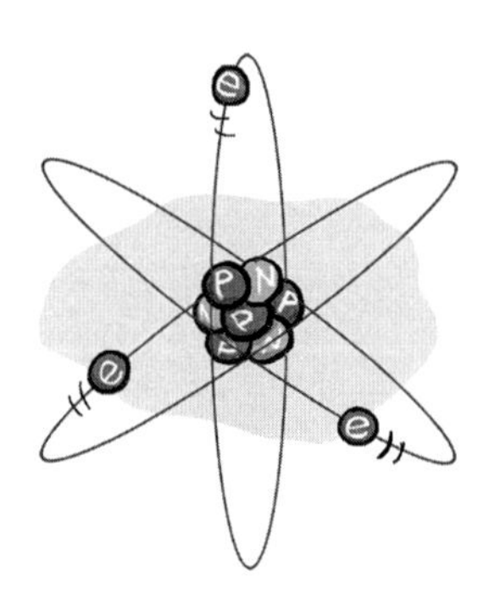

上面这幅图展示了原子的结构。原子拥有由质子和中子组成的原子核，以及围绕着原子核旋转的电子。这很可能是最广为人知的一个科学模型。提出这个模型是非常了不起的成就，我们这样说不仅是因为这个模型有名气，还因为它意味着人类不再将原子当作物质的基本单位。人类由此明白了一个更深的道理：物质是由更小的零件构成的。

这还不算完。在这些比原子还小的零件中，有一些实际上是由更小的部分构成的。比如，质子和中子是由夸克构成的。不仅如此，在这种尺度下，微粒的运动方式也和我们所料想的全然不同。事实上，这里的不同点多得不能再多了。电子、质子和中子不是聚集在一起的、相互环绕的、具有坚硬表面的小圆球。它们是由波定义的、受不确定性支配的、模糊不清的量子粒子。

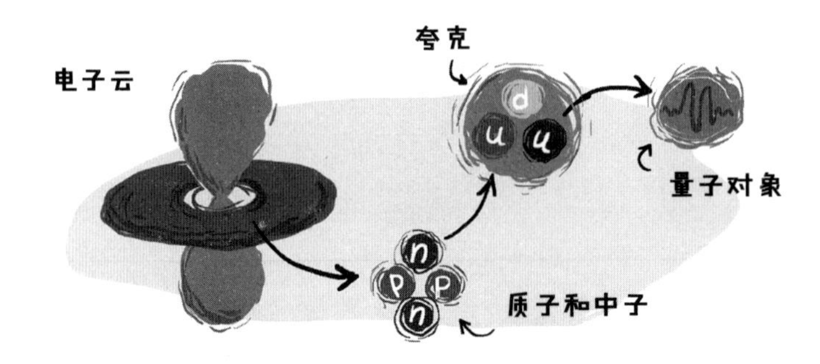

原子拆开看

但是，这些观点只在某种程度上成立。你可以说原子像弹球，这有助于你理解气体原子如何在容器中横冲直撞。你也可以说原子是被电子环绕的紧密粒子团，这有助于你理解元素周期表中的元素。新的量子粒子观点则可以非常好地解释各种自然现象。

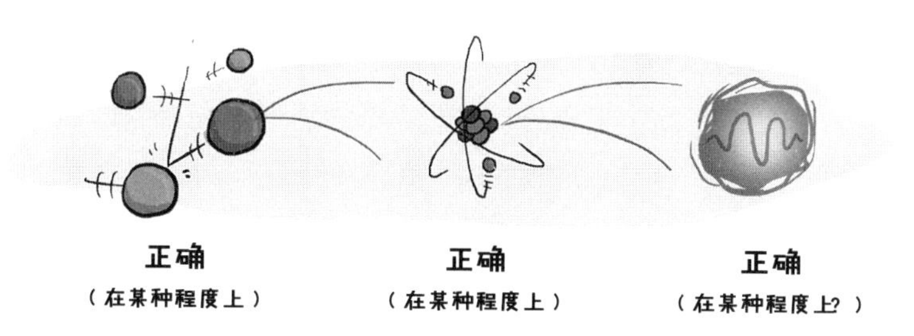

关键是，在我们所生活的宇宙中，很多理论确实可以在完全忽略较小尺度的情况下发挥作用。换句话说，你可以精确地预测某样东西所有小零件的集体行为，即使你并不知道每个小零件在做什么（你甚至不需要知道它们是否存在）。

举个例子，经济学研究可以描述群体行为，但经济学家其实不需要分析每个个体的心理。众多购物者和商人的行为决定了物价的宏观变化，这可以用几个方程来描述。你可以研究和描述一个群体的经济行为，而不需要了解任何个体的选择和动机。

物理学中有很多这样的例子。比如，即使我们还没有发现物质的最基本单元，并且仍不知道引力如何在量子理论体系下起作用，我们依然能够准确地预

测一只狒狒从屋顶跳进游泳池时会发生什么。牛顿力学可以预测狒狒的抛物线运动，流体力学可以告诉我们水的泼溅情况，心理学可以解释你为什么不喜欢游泳池有狒狒的味道。

事实上，宇宙中的理论也是一层一层的。我们在了解 DNA 之前就有了进化论。我们在知道希格斯玻色子等粒子之前就把人送上了月球。

这一点非常重要，因为终极理论这样一个能让所有物理学家甩着大衣，丢下麦克风，振臂高呼“是的，我们做到了！”然后转身离开（这很可能意味着失业）的理论会描述自然最基本的核心。这一终极理论不会去描述高层次的现象，而会描述宇宙基本构件本身及其构成机制。

声名狼藉的万物之理先生[1]

这让万物之理的概念变得有些微妙，因为我们可能永远也不会 100% 确定我们已经有了这样的理论。在我们看来十分基础的理论，其背后也许还有宇宙洋葱的另一层。我们要如何辨别其中的区别呢？

更糟的是，如果宇宙有无穷多层怎么办？终极理论会不会根本不存在呢？

把宇宙层层剥开

既然我们已经定义了万物之理，下面我们就来说说人类在理解自然的过程中所取得的最深层次的进展，不管它是否能帮你把狒狒弄出游泳池。

我们可以问的一个问题是，宇宙中是否存在最小距离。我们习惯于把距离看作可以无限分割的东西。在 0 和 0000.1 之间，你可以找出无穷多个距离。

1 恶搞自美国传奇说唱歌手声名狼藉先生（The Notorious B.I.G.），他是匪帮说唱代表人物，图中是其标志性打扮。——译者但如果事实并非如此呢？如果在某个临界点，更短的距离会失去作用和意义呢？如果现实世界就像屏幕的像素一样，那又会怎样呢？如果有这样的一个距离，那么一旦我们描述了这一尺度上的物体和相互作用，我们就可以认为这个理论是最根本的，因为不会再有任何更小的东西了。但如果不存在这样的距离，如果事物可以无限小或是可以在无限小的距离下移动，那么我们就永远无法确定下一层还有没有其他东西。

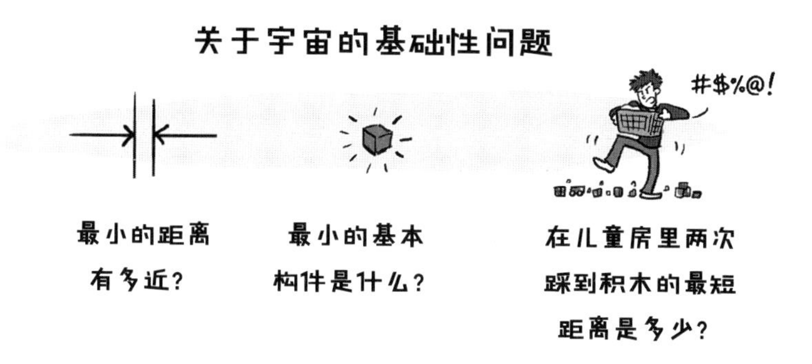

解决这个问题的另一个思路是思考这样一个问题：我们要描述的对象，也就是这些“积木”，它们是否真的是最基础的？我们已经发现的电子、夸克和其他粒子是不是宇宙中最小的零件？还有更小的粒子存在吗？

还有最后一个问题：这些对象是如何相互作用的？它们是有很多种不同的作用方式（作用力），还是只有一种作用方式，只是表现不同？宇宙中各种作用力的最基本描述是什么？

让我们从最小的距离开始。

最小距离

我们的宇宙是否有最小距离或者基本的分辨率？现实世界是不是像素化的？让我们花点时间思考一下现实世界可以被像素化的想法有多奇怪。

量子力学告诉我们，我们不能绝对精确地知道一个粒子的位置。那是因为，量子力学所研究的对象是有随机性的。但是除此之外，量子力学还告诉我们，一个粒子的精确位置是“不确定的”，突破了某个界限，在更小的尺度上，位置信息就不存在了。这是一条线索，宇宙中可能有一个最小的有意义距离，我们或许可以把这种量子距离理解为像素。

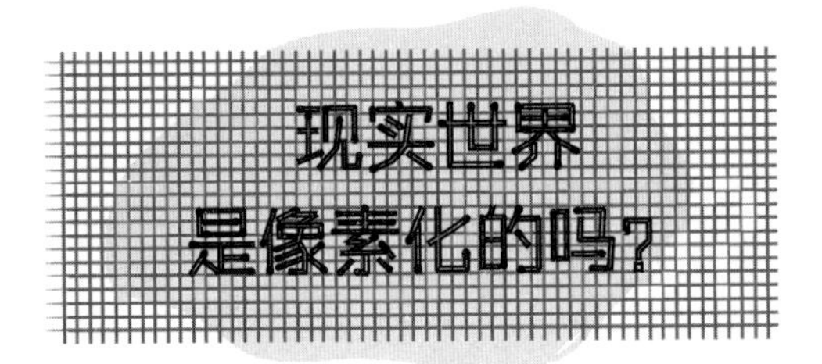

但是如果现实世界是像素化的，那这些像素有多小呢？我们真的不知道。物理学家东翻西找，把几个关于宇宙基本信息的基本常数结合起来，进行了粗略的猜测。这些常数中有量子力学中的普朗克常数 h。这是一个非常重要的数字，因为它关乎能量的基本量子化，你可以把这理解为能量的像素化。

为了得到一个能够定义距离的数字，物理学家用普朗克常数乘以另外两个常数：宇宙的最大速度（c）和引力的强度（G）。将这些常数以特定的方式组合在一起，我们就能得到一个可以代表单位距离的数字。[1]这个数字非常非常小，只有 10^{-35} 米，也就是 0.00000000000000000000000000000000001 米。

我们称这个数字为普朗克长度。它意味着什么呢？我们还不太清楚，但是它可能给出了对宇宙像素的粗略估计。把这些数字组合在一起其实没有什么道理，但它们每一个都代表了量子层面的物理学要素，所以合在一起时，它们也许能提供关于宇宙基本尺度的线索。

我们能证实这件事吗？还不行。我们用于探索微小距离的工具，已经从可以探测可见光波长（约 10^{-7} 米）的光学显微镜，发展到了电子显微镜，后者可以在约 10^{-10} 米的尺度上探测物质。此外，高能粒子对撞机可以在约 10^{-20} 米的尺度上观察质子的内部。

1　普朗克长度等于 $(hG/c^3)^{1/2} = 1.616 \times 10^{-35}$ 米，其中 h 是普朗克常数，G 是引力常数，c 是光速。

遗憾的是，这意味着我们距离检验普朗克长度的真相还有 15 个数量级那么远。也就是说，我们很可能仍旧无法搞懂很多细节。有多少细节呢？想象一下，如果你拥有的最小的尺子或你眼睛能看到的最小的东西有 1000000000000000（10^{15}）米长，相当于太阳系宽度的 100 倍，那你必然对小于这个尺度的事情一无所知。在 15 个数量级的尺度上，你会错过很多很多。

我们还有希望在普朗克长度上探索事物的真相吗？技术进步在一两百年的时间里让我们从（光学显微镜下）10^{-7} 米的世界来到了（粒子对撞机中）10^{-20} 米的世界，我们很难预测未来的科学家会让我们看到什么。但是，如果我们根据粒子对撞机的使用方法进行推断，那么要想在普朗克长度上看到东西，加速器的能量就要比我们今天用的这个高出 10^{15} 倍。遗憾的是，这意味着它的个头儿也要增大 10^{15} 倍，而花销将增长 10^{15} 倍。这么多个 10^{15} 实在让人难以承受。

我们没有宇宙像素化的确凿证据，但是量子力学和我们至今已经测量到的宇宙常数强烈暗示着宇宙最小距离的存在。当然，这个距离肯定非常非常非常非常小。

最小粒子

我们所发现的电子、夸克和其他基本粒子真的是宇宙中最基本的粒子吗？很可能不是。

电子、夸克和它们所有的表亲看起来很有可能是某种东西的涌现现象，或许它们只是更小、更基本的粒子或粒子群的集群结果。

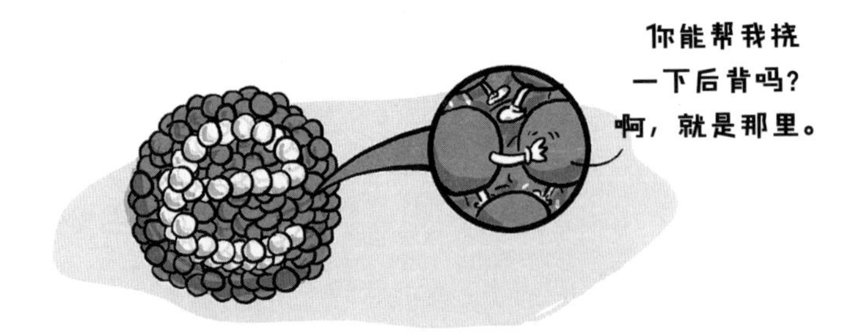

我们之所以这样认为，是因为我们至今发现的所有粒子都能在一张很像元素周期表的表中找到自己的位置。正如第 4 章提到过的，我们至今发现的最小粒子都可以排进下面这张表中。

基本粒子表

这种整齐的排列和其中的模式告诉我们，这一切背后可能还有别的东西在发挥作用。科学家从化学元素周期表中找到了线索，发现所有元素都是电子、质子和中子的不同组合。这张表则让物理学家怀疑这些粒子可能是由一些更小的粒子构成的，其中可能涉及某种尚未确定的定律或法则。不论如何，线索就在那里。

我们要如何知道电子和夸克中都有什么呢？我们得让各种东西不断地相互碰撞。

如果一个粒子实际上是由更小粒子构成的复合粒子，那么这些更小的粒子就必须通过某种具有结合能的约束方式拴在一起。比如，一个氢原子实际上是一个质子和一个电子通过电磁力结合形成的，而质子实际上是三个夸克通过强核力结合形成的。

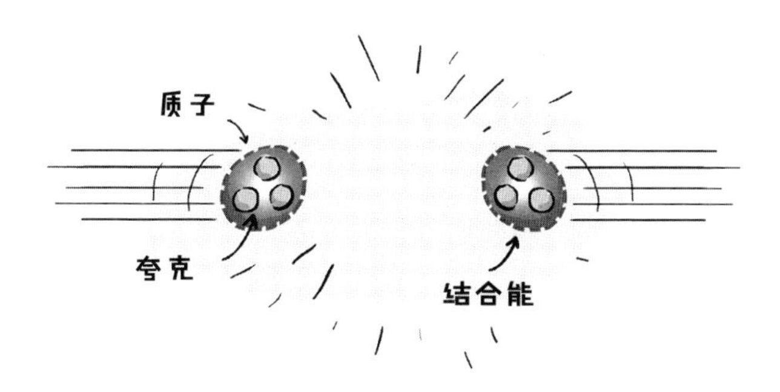

如果你用低于小粒子之间结合能的能量去撞击一个复合粒子，那么这个复合粒子会表现得很像一个实心粒子。比如，如果一只狒狒将一个棒球很轻柔地扔到你的车上，你会看到那个球弹开，而你和狒狒都会觉得你的车是一个整体。但是，如果狒狒重重地掷出那个棒球，棒球所携带的能量比将车子所有零件维持在一起的能量还高，那么它就会把车打掉一块。你会看出你的车有更小的零件，并且这车产地很可能是美国。

所以，要知道电子和夸克是否由更小的粒子组成，一种方法就是让它们用越来越高的能量去撞击。如果撞击能量比让电子和夸克维持在一起的能量还要高，那么它们就会被拆散，我们也就能知道它们是由更小的部分构成的了。

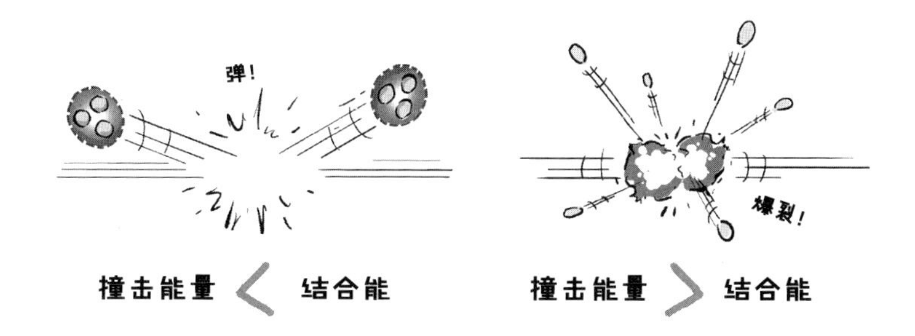

但是我们实际上并不知道电子和夸克是不是由更小的零件构成的。就算它们真的有更小的零件，我们也不知道需要多大的能量才能把它们击散。到目前为止，我们的对撞机，包括日内瓦那台超贵的大家伙，都没有足够的能量找到比电子、夸克或是它们的表亲更小的粒子。

还有一种方法：我们也许能通过计算得出基本粒子周期表的规律，并且找出能填到表里的新粒子。如果找到电子和夸克的更多表亲，我们就有可能推断出表中模式的含义，摸出深层结构的更多线索。这可能会告诉我们是否有更小的零件潜藏在我们现有的粒子集中。

最基本的力

构建万物之理的最后一块拼图是对宇宙中基本作用力的描述。

我们知道，物质粒子会以几种不同的方式相互作用，但是这里一共有多少种力呢？它们会是同一现象的不同部分吗？

找到宇宙中作用力的最基本描述无关强弱，关键是要找出我们所知的哪些力是一回事。

举个例子：如果你让原始人科学家奥克和古可列出宇宙中所有的力，他们可能会交出下一页那张表。

这个列表还可能包含更多似乎毫不相干的经历。但是时间长了，科学家逐渐明白其中的很多力都是相互关联的，表中的内容可以概括为几种力。我们知道，让人从羊驼上摔下来的力和让天上的大光球（太阳）运动的力都是引力。

宇宙中的力

作者：奥克和古可

让我从羊驼上摔下来的力
让天上的大光球运动的不知道什么力
风力
折断树枝的力
乳齿象踩到我脚趾的力
让狒狒从洞穴游泳池中出来的力
等等

我们也知道，物体（树枝、乳齿象）相互接触时发挥作用的力也是同一种力，那就是相互靠近的原子相互排斥的力。

电磁一体的观点 19 世纪才出现。詹姆斯·麦克斯韦（James Maxwell）发现电流能够产生磁场，而移动磁体可以生成电流。因此，他写下了当时所有已知的电磁方程式（包括安培定律、法拉第定律、高斯定律），发现它们是完全对称的，电和磁完全可以作为概念以另一种方式重写。它们不是两种不同的东西，它们是同一枚硬币的两面。

最近，同样的事在弱核力和电磁力上重演了。两种看似截然不同的力被发现是同一枚硬币的两面。相似的数学描述可以把它们概括为同一种力（弱电力）。另外，我们都熟悉和热爱的光子背后还有一种更深层次的力，这种力能生成传递弱核力的 W 玻色子和 Z 玻色子。

力	传递力的粒子
弱电力	光子、W 玻色子、Z 玻色子
强核力	胶子
引力	引力子（仅限理论）

我们把奥克和古可列出的表变成了上面这样。

我们能把力的数目减少到什么程度呢？有没有可能所有这些力本质上都是同一种力呢？

宇宙中有唯一的力存在吗？我们不知道。

我们离万物之理还有多远？

万物之理以最简洁、最基本的方式描述宇宙中的万事万物。这意味着，只要宇宙的最小距离存在，万物之理就能在这个最小尺度上成立，它必须将宇宙中最小的积木也纳入“管辖”。它还必须以最统一的方式描述所有积木之间所有可能产生的相互作用。

到目前为止，我们已经有了一些关于宇宙最小距离的线索和想法。我们有一张不错的表，包含十二种物质粒子，这些粒子目前还无法进一步被分解。我们总结了这些粒子相互作用的三种可能（弱电力、强核力、引力）。

我们离万物之理还有多远？我们不知道。但是没有什么能阻止我们进行大胆的猜测。

以目前的趋势推断，对于宇宙中的物质、力和空间，我们最终有可能得到只描述一种粒子和一种力的万物之理。它也许会指出宇宙的最小像素，或者证明这种像素不存在。

有了这个理论，你应该能够剥开宇宙万物的每一层，用一种力、一种粒子解释一切。

这样看来，我们还是有方向的。记住，我们至今掌握的所有理论只涵盖了宇宙的 5%！我们还不知道如何去理解宇宙其余的 95%。毫不夸张地说，我们只能让“大脚趾”发痒。

引力与量子力学的统一

将引力与量子力学结合在一起的难度，是我们追求万物之理的一大障碍。下面我们来谈一谈这件事。

本来，对于宇宙，我们有两种理论（确切地说是理论框架）：量子力学和广义相对论。在量子力学中，宇宙中的每一样东西，甚至包括力在内，都是量子粒子。[1] 量子粒子是实体的微小扰动，因为具有波动特性，所以具有内在的不确定性。这些扰动在宇宙的某个层面四处运动，它们相互作用时会交换波状粒子。我们有强核力和弱电力的量子理论，但却没有引力的量子理论。

广义相对论是一个经典的理论，这意味着它的提出早于量子力学。它不假设宇宙是量子化的，也不假设物质和信息是量子化的。但是广义相对论非常擅长将引力模型化。在广义相对论中，引力不是两个具有质量的物体之间的力，而是空间的弯曲。当某个物体具有质量时，它就扭曲了周围的时空，使得附近所有的东西都向这一物体弯曲。

1　量子力学有一种更现代、更有力的理论，这就是量子场论，在这里，宇宙的基本元素是无处不在的场，而粒子只是得到了激发的场所在的位置，但是这不在本书的讨论范围内。

这样，我们就有了能解释多数基本作用力的伟大粒子理论（量子力学），以及引力的伟大理论（广义相对论）。现在的问题是，这两个理论不相容。

如果我们能以某种方式将两个理论融合到一起，那就太棒了，那样我们就能得到一个通用的理论框架，可以由此构建一种万物之理。遗憾的是，这还没有实现，这并不是因为我们不够努力。

当物理学家试图将量子力学和广义相对论融合到一起时，出现了两个大问题。第一个问题是，量子力学似乎只在平坦、无趣、无弯曲的空间中有效。如果你试着让量子力学对弯曲且摇摆不定的空间中的引力发挥作用，则会有奇怪的事发生。

要知道，起初，为了让量子力学有意义，物理学家必须应用一种被称为“重正化”的特殊数学技巧。这让量子力学能够处理一些奇怪的无限问题，比如点粒子电子的无限电荷密度问题，还有电子辐射无限多低能光子的问题。通过重正化，物理学家能把所有这些无限问题扫到地毯之下，假装一切都好。

遗憾的是，当你试图把重正化应用到弯曲空间的量子引力论中时，它就不起作用了。你刚摆脱了一个无限问题，另一个就接踵而至。无论你想要藏起多少，后面都有无限多的问题在等着你。也就是说，目前的量子引力论总会给出包含无限性的疯狂预测，这意味着它们无法被检验。大家对此的理解是，引力有某种反馈效应。空间弯曲得越厉害，引力就越强，其吸引的质量也越多。引力的反馈效应显然是非线性的，而在弱电力和强核力的量子描述中不存在这种情况。

整合广义相对论和量子力学的第二个问题是，这两个理论对引力的见解有很大差异。如果我们要把引力纳入量子力学，那么就需要找到传递它的粒子，但从没有人见过这种粒子。严格地说，我们直到最近才掌握了探测此类粒子（还记得第 6 章中的引力子吗？）的技术，而且我们还没有探测到它们。

因此，这两个描述宇宙运行的理论很难融合，我们甚至不知道它们是否有融合的可能。我们不知道引力子会是什么样子，而量子引力的融合理论总会做出有无限倾向的无意义预测。

也许我们还没有找到真正适合融合这两种理论的数学工具，或者我们的融合方法有问题，也可能两种原因都有。我们知道如何计算量子力学中的力，但是我们不知道如何用它去计算空间的弯曲情况。

我们怎样才能知道大功告成了？

现在，让我们假设科学家成功造出了太阳系那么大的粒子加速器——我们称它为 RLHC（Ridiculously Large Hadron Collider，胡扯淡的大型强子对撞机）——并由此得到了普朗克长度，也就是最小的有意义距离上的基本物质元素。我们可以想象，一旦掌握了这一物质元素，我们就能够解释这些物质的基本量如何相互作用并共同形成更大尺度上的自然现象。

这是否就意味着我们大功告成了呢？

自发明奥卡姆原理剃刀的威廉[1]以来，科学家和哲学家都爱简洁的解释胜过冗长复杂的理论。举个例子，假如你某天回到家，发现游泳池有一股狒狒味，那么你会猜测国际犯罪组织将一滴狒狒香水滴到了游泳池里并以此设计抢劫贾斯汀·比伯（Justin Bieber）和三个专业篮球运动员，还是猜测你的宠物狒狒偷偷干了坏事呢？

如果两个理论都能解释一件事，那么比较简单的那一个更有可能是正确的。物理学家运气一向很好，他们总能发现不同现象背后的相同本质，并成功地简化理论。

我们可以追问是否有最简洁的理论，就如我们可以追问是否有最小的粒子。我们有可能证明宇宙有最小距离或最小粒子，但我们能证明万物有最简洁的理论吗？我们怎样才能知道这件事已经大功告成了呢？我们可能认为自己已经成功了，却又发现外星物理学家拥有更简洁的理论。

我们首先要考虑如何衡量一个理论的简洁度。什么样的理论才是简洁的理论呢？理论是不是越容易描述越好？是不是公式越对称越好？是不是要看看它能否写在一件 T 恤上？

一个重要的评判标准就是数字的个数。假设你想出了一个万物之理，你的

1　在 14 世纪，威廉·奥卡姆（William Occam）发明了“奥卡姆剃刀”，这是剃削技术的重大突破，这也许是人们第一次公认东西还是简洁的好。

公式中有一个数字。先别管这个数字到底是多少，反正它很重要，我们假设它是最基本的粒子“微子”的质量，而且人们必须知道这个数字的具体值才能应用这一理论（比如预测从羊驼背上摔下来需要多长时间）。你自然会想到使用对撞机测量微子的质量，然后再把这个值代入你的理论。瞧，你的理论完成了，然后你坐在被撞瘪了一块的车子里，等候诺贝尔奖委员会喊你去领奖。

可是这时另一个人带着另一个万物之理出现了。他的理论有一点不同：该理论推导出了微子质量的准确值，这个值一定是精确的那一个，否则这个理论就不会成立。他不需要测量这个值，他的方程告诉了他这个值应该是什么。这样一来，他的理论就比你的少了一个人为的变量。

你的方程可能看起来比其他人的更具有一般性，他的方程却呈现了更多关于宇宙的信息。这是因为他的方程会告诉我们为什么微子的质量必须是那个值。它涉及的数字更少，这意味着它更简洁、更基础。你可以对诺贝尔奖说再见了。

通过这个例子，我们希望说明这一点：想知道我们是否找到了万物之理，有一个方法是数一数这个理论涉及多少个人为的数字。这样的数字越少，我们就越接近“洋葱”的中心。

也许这个中心没有任何数字，也许宇宙的精华是一种了不起的数学，我们知道的所有数字（比如引力常数、普朗克长度、乳齿象踩到你脚的次数）都能从中推导而来。

目前，标准粒子模型中还有很多参数。下面列出了其中的 21 个，这还不涉及引力、暗物质或暗能量：

用于描述夸克和轻子质量的 12 个参数

决定夸克之间相互转化的 4 个弱混合角（也叫温伯格角）[1]

决定弱电力和强核力强度的 3 个参数

用于希格斯理论的 2 个参数

站在梨树上的 1 只鹧鸪[2]（理论值）

真相是，我们不知道如何判断一个理论是不是万物之理。没人说得准宇宙中的数字是不是随机的。如果我们发现最终的理论中有数字“4”，这是否意味着数字“4”有什么深刻的含义呢？

基本数字也可能是在宇宙早期随机设定的，在其他的口袋宇宙中，它们有着不同的值（详见第 14 章关于多重宇宙的讨论）。要小心，大多数这样的观点都背离了可证伪的科学假设，沉入了无法检验的哲学深海。

伸手去够“脚趾”

既然我们距离探测普朗克长度还有 15 个数量级，并且仍在奋力寻找可以描述 5% 宇宙的统一理论，那么我们也许该试试另一种方法了。

如果我们不穿过“洋葱”的每一层向下钻研，而是从中心出发，结果又会如何呢？

目前，我们离“洋葱”的中心非常之远，可以自由地进行猜测。

“宇宙洋葱”食谱

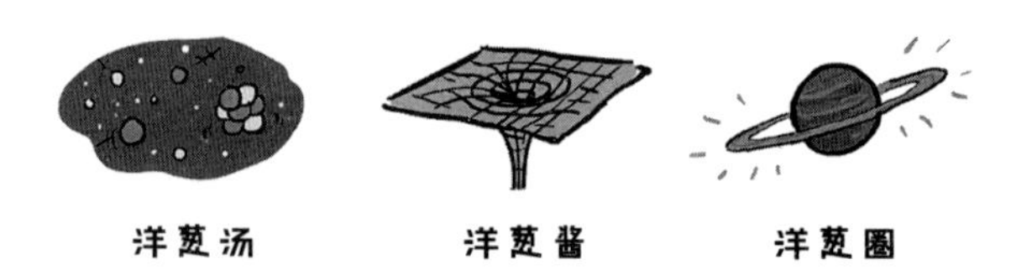

1　最近有人发现，中微子也能相互转化，这意味着还有另外 4 个参数存在。

2　出自圣诞歌曲《圣诞十二天》（*The Twelve Days of Christmas*）的歌词，指耶稣。——译者

也许宇宙是由某种微粒构成的，比如香肠子或是狒狒子。

只要你提出的万物之理最终能够解释我们今天看到的粒子和力，那么从技术上说你的理论就是驳不倒的。难道对宇宙本质的探索是一场没有规则的智力游戏吗？这也没错，但玩家仅限哲学家和数学家。如果你想对它抱以科学的态度，那你的理论就不能只进行描述而不进行可检验的预测。它必须得到证实。你的狒狒子理论要和香肠子理论区分开。

弦理论

在现代理论物理学中，弦理论大概是最流行也最有争议的理论。它指出，宇宙中的时空可能有十维、十一维，甚至更多。这些维度我们看不到，因为它们要么呈卷曲状，要么非常小（详见第 9 章），其中充满了微小的弦。

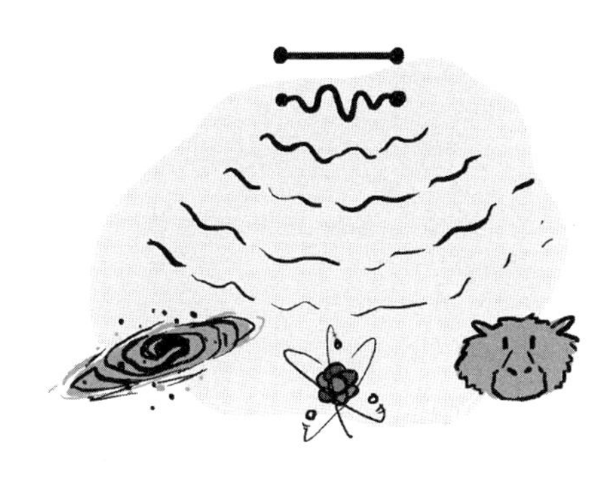

这些弦在振动，因为有多种振动方式，所以它们可以表现得很像我们已经发现的任何一种粒子。它们甚至可以解释我们尚未见过的粒子，例如引力子。更棒的是，弦理论被认为具有数学之美、理论之美。弦理论是一种真正的万物之理，因为它统一了所有的力，在最基本的层次上描述了现实。不过，在弦理论教的信徒名单上签下你的名字之前，你还需要知道几个小细节。你可以认为这些是争议，也可以为此有所顾虑——好吧，这里的问题可能比较严重。

第一，尽管弦理论有希望描述整个宇宙，但它现在还没能完全做到这一点。物理学家还没有找到弦理论无法成为万物之理的迹象，但这个理论还很不完整。

它的数学方法仍在完善当中，而在把它看作是一个完整的描述性理论之前，还有一些部分需要落实到位。

第二，弦理论只是一个描述性的理论，它无法做出任何我们能够检验的预测。一个理论拥有数学之美并不意味着它能在科学上提出有效的假设。

为了让人们搞清楚宇宙的最小单位到底是微子还是振动的弦，每一种理论都必须做出可供检验的预测。因为弦理论目前只在普朗克长度上研究物体，所以我们还无法对其进行科学检验。从这一点看，弦理论很像深空猫咪理论，它可能是对的，也可能不是，但在没有实验证实的情况下，是否相信它是一个哲学、数学或信仰问题，而不是物理学问题。

弦理论实际上是猫须理论

当然，在未来的某一天，更发达的实验技术和更聪明的物理学家可能会在可检验的尺度上找到宇宙所具有的一种特性，而这种特性正好契合弦理论的独特之处，这样一来弦理论也就通过了检验。但这还未成为现实。

关于弦理论的最后一个难题是参数方面的。弦理论所预言的动力学是由时空维度的数量和形状决定的。人们可以通过很多种方法选择维度。很多是多少呢？大约有 10^{500} 种，比宇宙中的粒子数多 10^{410} 倍，比你的脸书好友数多 10^{497} 倍。弦理论的进一步公式化有望将这个数字缩小，但如果你打算以参数的个数来判断一个理论的完成度，那么弦理论还有很长的路要走。

要蒙“圈”了

另一种完全不同的理论提出了最小层次的空间量子化。在这个理论中，空间由不可分的微小单位组成，这被称为“圈”。你可以这样理解：圈的直径就是普朗克长度（10^{-35} 米）。足够多的这种圈交织在一起，就有可能衍生出所有的空间和物质。

这个被称为“圈量子引力论”的理论可以将引力和其他的力统一，并解释宇宙最小单位的本质。遗憾的是，它也遇到了和弦理论一样的难题：在没有办法进行证实的情况下，它无法晋升为一种科学理论。它倒是做出了一个具体的预测，即宇宙大爆炸是一个被称为“宇宙大反弹”的循环过程的一部分。在这一过程中，宇宙反复不断地进行膨胀和收缩。虽然这一理论有可能得到证实，但科学家要再等几十亿年才能看到下一次大反弹，然后才能申请领取梦寐以求的诺贝尔奖。

彩虹手链的万物之理

这些都只是人类为这个问题迈出的试探性脚步。基于这些想法或者受这些观点的启发，物理学家也许能够找到万物之理，解释万事万物，并做出可检验的预测。

这到底有没有用？

在回答与日常事物有关的问题时，万物之理有多大用处？

从实际的角度讲，用处不大。

即使万物之理可以揭示宇宙在其最基本层面上的内在运行机理，它在实际的方面可能还是没有多大的用处。它肯定没办法帮你设计罩住游泳池的防狒狒网。

宇宙就像涌现效应的多层洋葱，这一想法的有趣之处在于，不同的理论在不同的层次上同时有效。比如，当你想描述一个弹球的运动时，你可以根据上高中时学到的牛顿力学，把整个球作为一个受力物体来看待。在这种情况下，你可以画出一条简单的抛物线，用一行数学公式把情况说清楚。

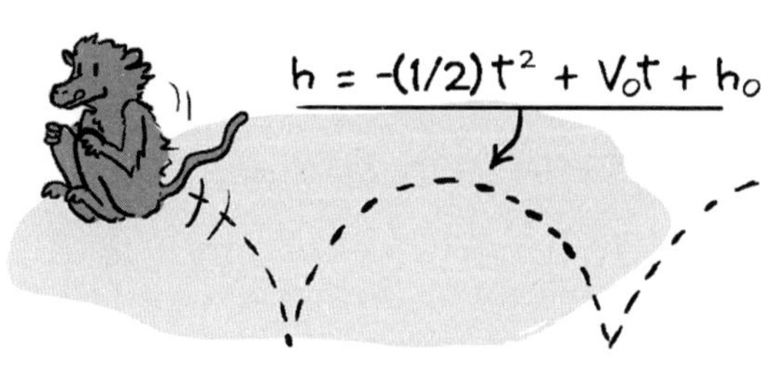

一只有弹性的狒狒似乎能画出
更漂亮的抛物线

你也可以用量子场论来描述这个弹球，对组成弹球的 10^{25} 个粒子进行量子力学的模型化，追踪它们在与彼此和环境相互作用时发生了什么。这不现实，但在原理上讲得通。从理论上说，这样得出的答案也是对的，只不过我们完不成这个任务。

如果有关于最底层现实的正确理论，那么理论上我们可以从中得到一切知识——从星系形成到流体力学再到有机化学。但实际上，这简直是天方夜谭，而且科学不是这样研究的。

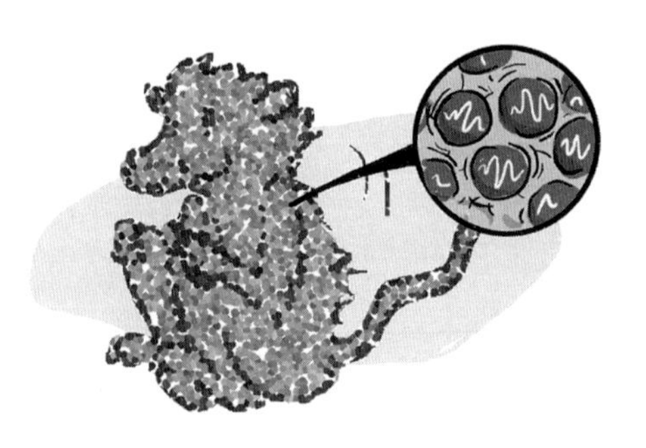

宇宙在多层次上可理解、可描述，这已经足够令人惊奇了。你不需要从最底层研究有机化学或试图理解我们对狒狒的执念。你会头痛的，不是吗？没有人指望一个冲浪者去了解弦理论，并计算出一个波浪中有 10^{30} 个粒子在运动中帮助他从冲浪板上站起来。烤蛋糕时，你也不希望拿到用夸克和电子写成的菜谱。[1]

菜谱不能太细致

如果在人类开启发现之旅时，早期的科学家必须从最基本的粒子开始进行研究，那么我们就不可能取得任何进展。

从头顶到“脚趾”

在寻找万物之理的过程中，人类一直在努力，我们想要获得从未获得过的科学成就：揭示宇宙最深层、最基本的真相。

已经得到证明的是，人类很擅长系统地描述周围的世界。从化学到经济学再到狒狒心理学，我们将很多科学的描述用于改善生活、治疗疾病，以及获得更快的网速。这些描述不够基本，只能描述涌现现象，但这并不影响它们的实用性和有效性。

我们只是不能从这些理论中得到揭示宇宙真正运行机制的满足感。

我们想知道最深层次的真相。这不是因为它能帮我们制服狒狒，或者改善我们的刷剧体验，而是因为它将帮助我们理解我们在宇宙中的位置。

1　超市总会出售很多夸克和电子，只是不单独打包。

遗憾的是，和宇宙中大多数重要问题一样，万物之理对我们来说也是一个谜。目前，我们怀疑我们所知的最小粒子可能比宇宙的基本构件大 10^{15} 倍。二者的尺度差距堪比星系和恒星。那可能就是我们与真正的万物之理之间的距离。

而且，我们还无法成功地用一个理论描述所有的力。引力仍然与量子力学玩不到一起，尽管经过了一个世纪的调解。我们仍然无法保证宇宙中确实有这样的一种万物之理存在。

但是这些统统无法说服我们停止寻找。每当我们揭开又一层真相，每当我们向宇宙洋葱的中心又前进了一步，都会有新奇的结构出现在我们眼前，让我们对自己的存在方式产生全然不同的理解。

第 17 章
我们在宇宙中是孤独的吗？

为什么没有外星人造访我们的星球？

如果你到国外旅行，你会兴致盎然地发现，当地人的生活方式与你在家乡的生活方式有很多不同之处。

那边的咖啡是大杯装且味道寡淡的，还是小杯装且浓烈得让人头疼呢？厕所是可以关起门来保护隐私的小房间，还是无法掩饰你水土不服的简陋小隔间？点头的意思是好、不好，还是表示你想在冰沙里再加点眼球和触手？那里的人吃饭是用叉子、筷子、手，还是蝴蝶刀？他们的车子沿着道路左边、右边，还是随便哪一边开？[1] 更重要的是，他们的生活围绕着什么展开？是攒钱、寻找真爱，还是惹自己的亲戚生厌？

奇怪隔间里的陌生人

另一方面，你也能找到很多与你家乡相似的地方：不管哪里的人都会吃饭、睡觉、交谈。哪怕他们的早餐里有小眼球，哪怕他们会用鞋子盛淡咖啡，归根结底，他们也像你一样会吃会喝。

1　说你呢，意大利。

重要的是，见识其他文化能让你了解自己的文化中有哪些部分是全人类共有的，它们一般来自人类的基本需求（包括吃饭、睡觉、熬夜）。而某些看似很基本的需求，也可能只是一部分人的选择（包括厕所有隔间、餐具用陶瓷、早餐吃触手），可能因地域不同而有所改变。观察其他的文化可以很好地帮助你认清你以为的普适价值。

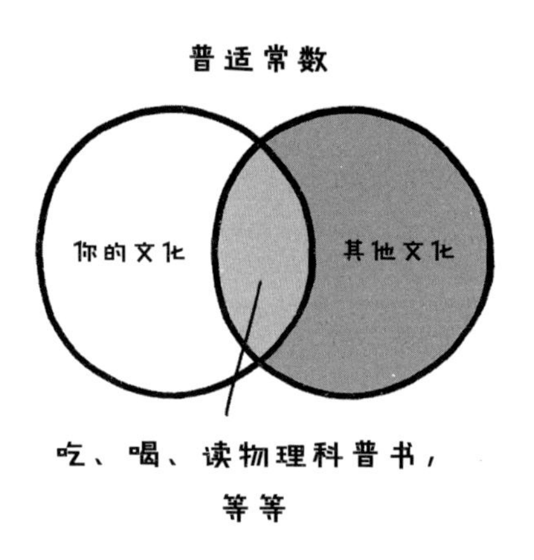

早餐吃什么的原则同样适用于科学。我们关于宇宙的很多错误观念都来自对地球经验的过度推广。上千年来，人类把自己想象成宇宙的中心，甚至误认为我们的世界就是整个宇宙，而太阳和星星都是只为我们而存在的道具。以我们在地球上的经验来看，这些完全是顺理成章的想法。

也许在 5000 年后，我们再回头看现在的观点，也会认为自己幼稚得叫人尴尬。天文学已经给我们上了艰难的一课——我们只是浩瀚宇宙中一个不起眼角落里的一颗微粒上的一群小小的人。我们还有别的误解吗？我们是不是把地域性的东西当成了全宇宙普适的东西？你能在半人马座 α 星凌晨 3 点买到好吃的煮眼球吗？

从经验上讲，我们所能提出的最重要的问题关乎生命本身——生命在宇宙中是普遍存在的，还是罕见的？

宇宙中是到处都有生命，还是只有地球上有？仅探索地球和附近的星球，我们很难得出结论。我们是像与世隔绝的原始部落那样生活在丛林深处，对外面的文明世界一无所知，还是生活在广阔沙漠中孤单的绿洲里？遗憾的是，这

两种可能性都与我们的经验相符，所以我们分辨不出它们之间的区别。

如果——这是一个大写的如果——在某个地方有一种智慧生命，那我们紧接着就要问：为什么我们还没有见到他们？为什么我们还没有收到任何信息、信件，或是生日晚会邀请？我们是宇宙中唯一觉醒的生命吗？其他文明是离我们太远，还是故意无视我们，让我们放任自流，就像对待躲避球游戏中大家都不理睬的人一样？

如果能和掌握了科技的外星生命接触，我们能学到什么？他们对世界的了解和我们有什么不同？我们主要通过电磁辐射（例如可见光）探索宇宙，因为我们的眼睛能够接收光。也许外星人发现宇宙充满其他形式的信息（中微子或某种我们尚不知道的粒子），也许他们对万物的运行有着全然不同的描述。也许他们没有眼睛！这些都是大胆的猜想，但是所有这些都有可能符合事实，问题是我们不知道哪一种情形会出现在我们的宇宙中。

甚至，跟外星人学习的想法本身就做出了很多关于有知觉生命传递信息的假设。他们写书吗？他们会不会直接连通大脑，将信息瞬间传递给彼此？他们也有数学吗？数学是我们地球人创造出来的吗？他们有科学这回事吗？说起来叫人尴尬，我们的科学直到最近才真正起步。即使到现在，很多科学家还是会把很多时间花在喝咖啡和尬聊上，偶尔灵光乍现，用极少的时间得到实际的进展。

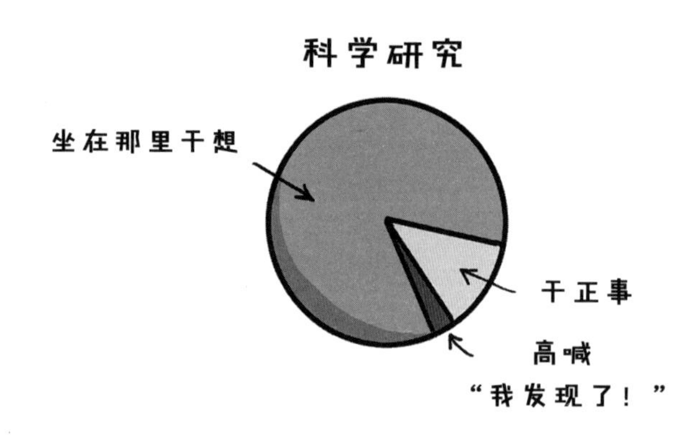

在本章，我们将讨论关于生命的深层次问题。我们是孤独的吗？如果不是，那为什么外星人还没有来找我们？我们想要接触他们吗？如果和外星人接触，我们会了解到哪些关于生命、宇宙和万事万物的知识？[1]

1　“42”除外。（道格拉斯·亚当斯的科幻小说《银河系漫游指南》中“关于生命、宇宙和万事万物的答案”就是“42”。——译者）

外星人存在吗？

如果全宇宙只有地球有生命，那么这里一定是有什么极为与众不同的地方。在辽阔的宇宙中，我们的孤单意味着生命是极为罕见的。如果宇宙是无限的，那么作为某种唯一的存在，我们就不光是罕见的了，我们几乎是不可能出现的。在无限的宇宙中，任何只有一点点存在的可能性的事物都一定会出现。事实上，任何具有有限存在概率的事物都会出现无限多次。只有那些存在概率无限小的事物才会只出现一次。

如果我们不是孤独的，那么我们就会更强烈地感受到，生命，甚至智慧和文明都无法使我们在宇宙中拥有特殊的地位。这意味着人类的经验对于揭示宇宙本身任何深刻而有意义的方面都是微不足道的。这种感觉既令人感到卑微又引人兴奋。

真相究竟是怎样的呢？我们是特殊的，还是平凡无趣的？

问题在于，我们很难把地球上的经验套用在整个宇宙中。我们只知道两种可能：（1）我们是宇宙中唯一的生命；（2）宇宙中到处都是生命，我们之所以还没有见到外星生命，是因为他们与我们相距甚远，或者与我们相差太大，我们没有认出他们。

假如你是一个小学生，有一天你意外地发现数学卷子里夹了一张写着答案的字条，你先是很兴奋，但随后就开始疑惑——你是唯一得到答案的人吗？也许这本来就不是考试，只是没人告诉你。也许还有其他孩子得到了答案，但他们不想让别人知道。你不知道你是不是唯一的幸运儿。如果其他学生都没有答案，他们就永远也想不到去问这件事。你拥有答案这个事实并不代表你特殊，也不代表你不特殊。从你自己的经验出发，你无法知晓关于更大图景的一切。

就生命而言，我们能做的事情比身处上述情景时多一些，但也有限。我们可以环顾地球，研究存在于其上的各种生命。如果在不同生物之间有一些特性（例如皮肤颜色、对冰激凌口味的偏好）差异很大，那么我们就能确信它们对于生命不是必要的和基本的，其他星球上的生命可能会有完全不同的选择（也许蒜味冰激凌在兹莱布罗克西亚星球上大受欢迎）。另一方面，如果地球上所有形式的生命对某些东西（例如能源和水）都有需求，我们就可以猜测这些可能对任何地方的生命都很重要。这一论点尤为有力，因为我们可以证明，生命共有的几个要素都是各自独立的几次进化的结果。举个例子：地球上的绝大多数动物都有眼球。（我们没开玩笑！）

把这一问题以数学形式记录下来可能有助于对其中的一些重要方面进行分析。如果想估计附近邻居的人数，你可以做一个详尽的入户调查，也可以用周边的住房数乘以一个典型家庭的平均人数。

我们也可以用以下方程估计有可能与我们打交道的智慧物种的数目（N）：

$$N = n_{恒星} \times n_{行星} \times f_{宜居} \times f_{生命} \times f_{智慧} \times f_{文明} \times L$$

右侧各个变量的意义如下。

$n_{恒星}$：银河系中恒星的数目

$n_{行星}$：每个恒星系统中的行星平均数

$f_{宜居}$：可以产生生命的行星比例

$f_{生命}$：实际发展出生命的宜居行星比例

$f_{智慧}$：有生命行星中发展出智慧生命的比例

$f_{文明}$：智慧生命中发展出科技文明并向太空发送了信息或派出了宇宙飞船的比例

L：他们与我们同处一个时代的概率

这是一个非常简单的数学公式（被称为“德雷克方程”），但它非常有用，因为它把这个问题分解成了几个部分，并证明了只要有一个部分为零，那么我们将永远也无法收到外星人的消息，即使他们真的存在。

但是要记住，这只是我们基于经验的一种估计。从根本上说，星际旅行现在对我们来说还不现实。我们可能小心翼翼地列出了生命的最普遍要求，但这可能只基于我们所能想象的生命形式。生命完全有可能以我们目前无法想象的形式存在着。也许有的生物新陈代谢慢得不可思议，生命周期长得无法想象；也许有的生物极其庞大，与外界环境或其他同类生物之间界线模糊。记住，关于智慧生命存在的必要条件，我们的认识有可能是完全错误的。而确定这些条件的唯一途径，就是在宇宙的其他地方找出实例。

以此警告在先，下面就让我们来逐一解释方程中的每一项。

恒星数（$n_{恒星}$）

天文学家已经确定，我们的银河系中恒星的数目极为庞大，约有 1000 亿颗。这样大的一个数字很让人振奋，因为方程中的其余各项可能全都是极为微小的概率。

为什么只关注我们的星系呢？我们的可观测宇宙中大约还有一两万亿个星

系。恒星之间的距离在我们的星系中很远，在其他星系更是远得叫人绝望。在那样的尺度上旅行或通信几乎没什么希望，除非我们依靠像虫洞那样的“漏洞”或是借助曲率引擎。让我们暂时先把目光停留在我们的星系，将那几万亿个星系放到我们的后口袋中，等我们沮丧到无以复加时再考虑它们。

宜居行星数（$n_{行星} \times f_{宜居}$）

在我们星系的所有恒星中，有多少伴有适合生命居住的行星呢？什么样的行星才是宜居的呢？生命的家园一定是像地球这样的岩质行星，还是有很多种其他可能？

例如，也许有些生命可以生活在巨大而寒冷的气态巨行星的大气顶层，也许还有些生命可以在小而热的行星表面的岩浆中游泳。

让我们先把搜寻范围集中在类地行星上，它们是岩石世界而不是气体行星，而且它们的大小和接收到的太阳能也与地球差不多。这种思考方式具有较大的局限性，但是考虑到地球是我们所知的唯一拥有生命的行星，这也更为现实。

那么，我们的星系中有多少像我们星球这样舒适的行星呢？我们的望远镜还无法找到可能正绕着遥远的明亮恒星运行的暗淡岩石行星。这不仅是因为那些行星太远，还因为它们距离它们的恒星要比距离我们近得多，这意味着它们的光芒被恒星彻底掩盖了。如果你注视着一个巨大而明亮的聚光灯，那么你可能永远也发现不了它旁边的小石块。

这就是为什么我们直到最近才知道一颗典型的恒星周围有多少颗行星，以

及它们中有多少与地球相似。然而在过去的几十年中，天文学家也发明了一些非常聪明的技巧去间接地探测行星。他们可以探测恒星位置的微小摆动，这意味着这颗恒星被其行星的引力轻微地拉动了。他们还可以探测恒星亮度的周期性变化，这意味着绕其运行的行星正从它前面经过。运用这些技巧以及其他方法之后，天文学家有了一个惊人的发现：大约五颗恒星中就有一颗拥有和地球大小相似的岩质行星，且其表面接收的太阳能与地球差不多。这就意味着仅仅在银河系中，就有数百亿颗行星可能成为宜居行星。啊哈！到目前为止，对外星旅游业来说还是好消息多。

拥有生命的宜居行星数（$f_{生命}$）

就“本地”而言，我们这里有大约1000亿颗恒星和大约200亿颗类地行星。“200亿”意味着有很多的培养皿可以用来创造生命。这个数字似乎很令人鼓舞，但是现在我们要思考更复杂的问题了：有多少宜居行星真的拥有生命？

我们首先要问：生命的必要成分是什么？通过研究地球上种类众多的生命，我们可以得出结论——为了进行复杂的化学反应和物质交换，水似乎总是必需的；大量的碳似乎也必不可少，因为要生成很多复杂的化学物质并提供支撑结构，例如细胞壁和骨骼；此外，生命还需要氮、磷、硫等生成DNA 和关键蛋白质。

我们所知道的生命可以在没有这些元素的情况下形成吗？有人猜测硅可以代替碳的功能。这是一个拓宽思路的有趣尝试，但是硅要比碳重得多也复杂得多（硅有 14 个质子，碳有 6 个质子），对于开辟大量新生命之路来说，它们的数量可能还不够充裕。

这里还有一个更微妙的问题：对生命来说有这些成分是否就足够了呢？如果某个地方有一颗温暖宜人的行星，那里有巨大的海洋和充足的这些元素，它们四处游荡并相互碰撞，在这种情况下，生命出现的概率有多大呢？这在生物学中是最深刻和最基本的问题，很难回答。在地球这里，我们知道生命起源于水覆盖地球表面几百万年之后。但是我们对其中的细节所知甚少，我们当然也不知道，对于搅拌这锅化学汤并耐心等待的时间来说，这样的年头是异乎寻常地短，还是过于漫长。

科学家尝试过重复某些从无生命的化学汤中培育出有机体的公认的必要步骤。一个著名的实验是在这样的化学汤中加入电火花以模拟原始地球上的

闪电效应。弗兰肯斯坦[1]倒是没有造出来，但是出现了形成生命所需的复杂分子。这意味着，至少对于某些步骤来说，你可能只需要各种材料齐全，然后等待正确的能量注入，能量的来源可能是地热、闪电，或者是外星人的激光武器。

所以，我们目前对于生命如何从地球的贫瘠环境中孕育出来所知甚少。[2]如果我们知道得多一点，那么对于条件和地球相似的其他星球，我们就能对生命存在的概率做出合理的推断。在此之前，我们真的不知道地球上生命出现的过程是必然会发生的，还是只有百万分之一甚至千万亿分之一的机会。记住，生命可能会以极为不同的形式出现，而每一种都伴随着从贫瘠之汤中诞生的独有概率。

事实证明，地球不是附近唯一有构建生命的化学组分的地方。同样的东西人们已经在火星上发现了很多（包括液态水！），但是到目前为止，外星还没有任何生命存在的证据，不管是大是小。

太阳系中的其他地方可能不会被你列为度假目的地，但是它们也都是承载生命的合理候选地。木星的卫星欧罗巴很可能有巨大的地下海洋，而土星的卫星泰坦有大气层，还有能构建早期生命形式的化学物的海洋。虽然还没在地外找到真正的生命，但我们至少知道生命的各种成分还是分布甚广的。

我们的猜测没有任何根据，我们能完全确定地球就是生命起源的地方吗？在所有难以置信的可能性中，有一个听起来像是来自科幻小说，但真实概率并不为零，那就是生命起源于别处，又被陨石带到了地球。

1　出自玛丽·雪莱的小说《科学怪人》。在小说中，一个怪诞的科学家用科学手段制造了一个人造人。此处是作者的一处误用，弗兰肯斯坦是科学家的名字，而不是人造人的名字。——编者

2　作者中没有一个人是生物学家，但即使是我们认识的生物学家也承认自己在这个问题上的无知。

如果你觉得这个想法很可笑，那可能是因为你以为这意味着微生物造了微火箭，又花了数不清的年头才降落在地球上。实际上，微生物不需要建造它们自己的火箭也能完成星际穿梭。当某个巨大的物体（比如一颗小行星）撞到一颗行星时，撞击会把行星的一些碎块送入太空。这些小碎块会飞行一段时间——有时是很长一段时间。它们有时会在太空中游荡几十亿年，有时会因为太靠近一颗恒星而变成飞灰。但是它们偶尔也会落入另外一颗行星的怀抱。科学家在地球上发现了一些极有可能来自火星的石块，它们就是这样来到地球的。如果这些石块中正好有活的有机物、微生物，甚至微型动物，并且它们能在真空的太空里生存[1]，那么生命从一颗行星跃入另一颗行星也就不是不可能的了(就算这令人难以置信)。

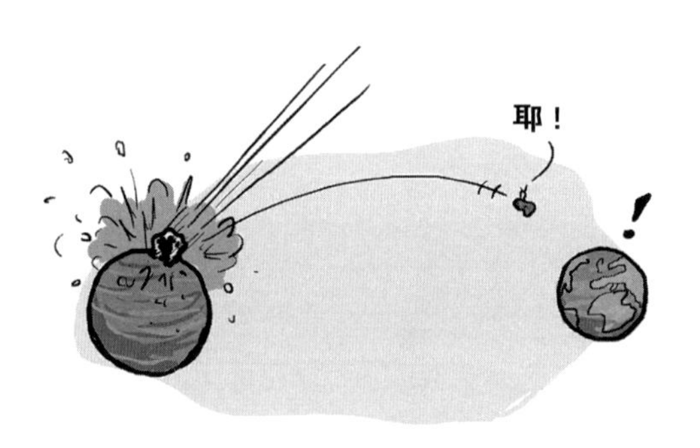

虽然我们还不能证明这是真的，但如果这就是真的，那就意味着外星生命真的存在——我们自己就是外星生命！事实上，科学家曾经发现过一个显然来自火星的石块，它的内部甚至有无法解释的奇怪痕迹，很像生命体，类似于地球上的微生物。很多科学家都无法确定它们能作为火星有过生命的证据，但是这确实证明了一点：如果火星（或其他地方）曾经有生命，它们可能会搭便车来到年轻的地球，并在上面播下种子。

这不是让我们怀疑我们的曾曾曾曾祖父是地外生命，而是给了我们一个机会。如果其他行星上存在生命，那么我们就有可能通过研究小行星发现证

1 百度一下“水熊虫”，准备好大吃一惊吧。

据。这些星际的垃圾碎片可能没有创造生命的条件，但如果它们来自遥远的行星，它们就有可能携带着那些遥远世界存在生命的证据。

拥有智慧生命的宜居行星数（$f_{智慧}$）

微生物需要什么条件才能形成复杂生命乃至智慧生命呢？

这肯定需要充足的时间，也就是说可能摧毁脆弱的初始种群的灾难要相隔足够远，让生命有时间发展壮大。在地球上，智慧生命出现在 5 万年到 100 万年之前，具体年代取决于你如何定义智慧生命（有人认为我们现在也还不够格）。从生命出现到智慧生命出现，这中间怎么也有数十亿年了，所以这不是一个很快的过程。

这对生命可能出现的地点施加了一些约束条件。例如，如果行星太靠近星系的中心，它将笼罩在来自中心黑洞和中子星的残酷辐射之中。这种辐射会给脆弱的生命带来毁灭性打击。

生命还有一个不想太靠近老年恒星和致密的星系中心的理由：那附近所有的天体都有可能通过碰撞或是引力扰动，改变流星和小行星的轨道，这种东西砸落到行星表面会引发灭绝事件。一些科学家推测，在我们的太阳系中，两颗巨大的地外行星（土星和木星）起到了某种宇宙清道夫的作用，它们俘获了很多天体，如果没有这两颗大行星，那些天体可能对地球构成威胁。

另一方面，你也不能离星系中心太远，因为你需要足够多的重元素来完成复杂的化学反应。这些元素只能通过恒星中心的聚变作用形成，并在之后的坍

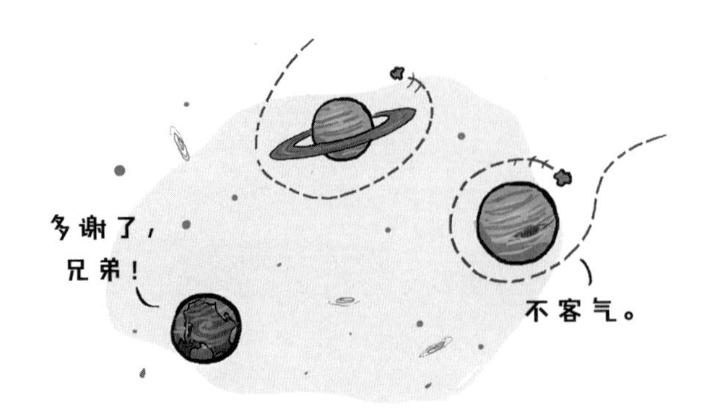

缩及爆炸过程中扩散出来。而在星系边缘，这些恒星相对稀少。这还不仅仅是时间够不够的问题，也许智慧生命并不是必然会出现的，而是需要好的运气或特殊的环境。智慧生命是否需要灵活的双手去开发工具并对环境加以改造？科技文明是否需要复杂的社会群体去形成语言和符号性思维？如果恐龙没有因为那颗巨大的小行星而灭绝，今天或是以后的地球上是否会存在智慧生命？我们不知道。

简而言之，对于简单生命转化为复杂生命或是发展成为智慧生命并拥有科技文明的频率，我们几乎完全不了解。很多人对这些问题冥思苦想，有人甚至得出了听起来很有道理的论点，去说明为什么生命应该是罕见的或是普遍的。但是，这些理论毕竟都从我们局部的经验外推而来，所以它们无法摆脱一个共同的缺陷：我们不知道我们这种智慧生命有哪些特性是个别的和非根本的，又有哪些方面是普适的和根本的。

我们很容易在地球上审视智能生命演化的具体细节，并认为所有的细节都是必需的。它们中的一些肯定十分独特，甚至在宇宙中极其罕见。这是否意味着生命就是罕见的呢？未必如此。关键问题在于：我们的经验能否总结出我们所知的生命的唯一可能？那是否仅仅是我们所知生命的众多可能之一，甚至是通往我们没有想象过的生命的众多可能路径之一？

就 $f_{智慧}$这个因子来说，它可能是 1、0.1、0.0000000000001，甚至更小。

拥有先进通信技术的文明数（$f_{文明}$）

为了便于讨论，我们先假设目前已经考虑过的各部分（$n_{恒星} \times n_{行星} \times f_{宜居} \times f_{生命} \times f_{智慧}$）最终给出的数字很大。我们没有任何正当理由假装这是真的，但这可以让我们继续思考其他部分，避免仓促收尾。

如果银河系中有其他智慧生命，甚至就生活在我们附近，我们怎样才能探测到他们呢？我们在探索宇宙的过程中，会使用电磁辐射的多个波段：无线电波、可见光、X 射线等。我们的选择源于我们对视觉的热爱，因为我们的眼球可以接收这种波段携带的信息。但是外星人会用什么呢？也许他们更愿意用中微子束、暗物质冲击波或者空间本身的涟漪来发送信息。我们并不知道他们的主要感觉器官可能是什么，以及他们可能会对什么敏感。我们甚至不知道他们是否有感觉器官。

他们也可能不通过辐射进行对外沟通，而是派出机器人探测器去探索宇宙。如果这些探测器能够对小行星进行开采并自我复制，那么它们就可以实现爆发式增长，并且在大约 1000 万年到 5000 万年的时间里探索完整个星系。这听起来时间很长，但和星系的寿命比起来还是相当短的。

我们再一次为厘清思绪而进行简化，假设他们的确使用电磁辐射，就当这是一种概率未知但必须存在的巧合。

如果他们没有向我们发送信息，而只是漫无目的地向太空进行广播，或者只是从他们的电视和无线电广播中泄露了一些电磁辐射，那么我们不大可能收到他们的信息，除非他们离我们非常非常近，或者我们建造了更大的望远镜。这种信号实在是太微弱了。我们最强大的射电望远镜——位于波多黎各的阿雷西博（Arecibo）[1]——也只能接收 1/3 光年内广泛发送的微弱信号。但离我们最近的（太阳系外）恒星也要比这个距离远 10 倍以上。我们要想接收到来自遥远星辰的信息，它就必须几乎是直接对准我们发送的。

我们同处一个时代的概率（*L*）

宇宙不只空间巨大，而且历史悠久。130 亿年以上的宇宙历史足够恒星们形成、燃烧、暗淡、死亡几轮了。任何一个新的恒星周期发生地一旦形成了足够多的重元素，都可以成为创造类地行星和生命宜居条件的备选地。这意味着外星生命可能存在的时间跨度是极长的。但是，要想与他们交流，我们就必须

1 现在最大的是我国贵州的 500 米 FAST 望远镜。——译者

与他们同处一个时代。

智能物种作为一个整体的寿命有多长呢？我们的经验有限，很难进行推测，但人类历史在不断重演着文明的兴起和覆灭，而这些文明大多以数百年为期。我们现在的自毁能力远超以往任何时期。在 500 年、5000 年或 500 万年后，我们还在接收信息吗？我们还存在吗？

一种完全有可能的情况是，在几百万年前或几亿年前，外星文明曾经存在过，繁荣过，向太空发送过信息，然后走向了自我毁灭……同样的过程也可能发生在几百万年后或几亿年后。要想与外星人交流，我们就得盼着他们要么到处都是，要么存活很长时间。

想象你自己还在读小学，你的学校不让所有学生同时休息，而是随机地为每个学生指定休息时间。你有多大概率可以跟你的朋友，甚至跟任何别的学生一起休息呢？如果你的休息时间只有 5 秒钟，而你们学校只有 2 个学生，你就只能自己玩躲避球游戏了。而如果你的休息时间有 5 小时，或者你的学校有 200 亿个学生，那么情况就大不一样了。

那么他们到底在哪里？

即使我们为德雷克方程中所有的自变量都设定一个乐观的值，并假设银河系中到处都是长寿的外星文明，我们仍有很多问题有待解答。

外星人想跟我们交谈吗？从我们的角度来看，这个问题似乎很荒唐——谁会不想跟外星智慧生命交流一下呢？想一想我们可能由此了解到的东西吧！但这假设了我们有文化上的共同立场。我们并不知道这些假想的外星人可能想要什么。也许他们曾经与其他物种交流过，结果很糟糕，于是他们在长达 10000 年的时间里没有再查看过星际邮件，也没有再更新过太空脸书。

鲍勃 · D. 外星人
状态：失恋中
最近一次发布信息：10000 年前

即使是在异常幸运的情况下，即使有一种外星智慧生命存在，并且在离我们很近的地方向我们发送了无线电信号，我们又如何确定自己能够察觉这一切呢？我们有从天空接收信号的射电望远镜，但是我们不清楚他们的信号是什么样的。当然，我们知道自己会怎样发送信息，但是要想让外星人向我们发送我们能够识别的信息，我们和他们就需要有一系列共同的知识基础：互通的交流符号、兼容的数字编码系统、相似的时间观念，等等。外星人有可能思考得太快或太慢，以至于我们根本无法识别他们的信息。（如果他们每十年只发一比特的信息会怎么样？）不是没有这样的可能性，也许他们现在就在向我们发送信息，然而我们却无法将他们的信号从噪声中分辨出来。

1977 年，美国俄亥俄州的一个射电望远镜探测到了一个奇怪的信号。它持续了 72 秒，是从人马座方向的某个地方发出的。这个信号非常强烈，并且它的强弱变化非常像你所期待的那种深空信号，当晚值班的科学家立刻把它记了下来并在打印件上写下：“哇！”遗憾的是，这个“哇！”信号再也没有出现过（尽管科学家一直在耐心守候）。关于它，人们没有可信的地球范围内的解释，它也无法被明确地界定为某种地外信息。（这并没有阻止科学家在 2012 年回复这条信息。万一联系上了呢？）

更糟的是，一些接近妄想的情况也是我们无法排除的。也许我们被古老的外星种族包围，但他们避免与我们接触，只为观察我们自然进化的过程，我们就好像待在某种可笑的宇宙动物园里。也许，掌握高科技的物种很多，但是大家都只是倾听而没有人发言，这是出于高度谨慎和被入侵的恐惧。也许，他们已经到访过我们的星球，只是行动异常诡秘而没被我们发现。考虑到我们对假想外星种族的假想科技一无所知，任何可能性都是有待讨论的。

大家都在哪里？

为什么我们还没有在其他行星上发现生命？到底是所有形式的生命都很罕见，还是微生物很普遍但复杂生命很罕见？还是复杂生命很普遍但智慧生命和文明很罕见？还是能够使用 iPad 且精通科技的外星人遍布整个银河系只是不跟我们说话？还是这些外星人曾经存在过并在几百万年前灭亡了？还是他们正在和我们说话只是交流方式不被我们理解？

尽管从这样的相遇中学到东西的想法很诱人，但是第一次接触[1]的危险也是真实存在的。想想在人类历史上一个强大的文明遇到一个弱势文明时常常发

1　指人类与外星生命的第一次相遇，一般认为来自美国作家默里·莱因斯特（Murray Leinster）1945 年的中篇科幻小说《第一次接触》（*First Contact*）。——译者

生什么吧——更原始的一方很少会有好的结局。在我们还没有掌握探访其他行星或恒星的能力时，我们是否应该将我们存在的迹象散播出去，邀请我们星系中的客人到访并随意享用我们冰箱中剩下的馅饼（甚至我们自己）呢？

我们能跟他们学物理吗？

星际旅行困难重重，那么星际对话呢？

想象一下这样的对话会是什么样的吧。由于距离漫长，每一条信息都要传递几年（或几十年、几百年），在最乐观的情况下，外星人的思维方式与我们相似，我们仍需要通过几条信息才能达成一些基本的通信协议。而宇宙超大的尺寸和较慢的速度极限意味着任何这样的对话都要花费几代人的时间。以我们社会的进步速度和我们科学观的发展进程来看，在接收到答案时，我们可能已经发现自己之前的问题是多么愚蠢和选择不当了。

我们是孤独的吗？

也许有一天，你会拿到一本名为《孤独星球》（甚至《孤独星系》）的旅行指南。通过这本手册，背包客们能够得到很棒的建议，比如去半人马座 α 星的赫里兹克西泼德（Hrzxyhpod）聚会需要带些什么，或者在开普勒 61b 星上去哪里能买到最好吃的触手味棒冰。这本手册会有多大？它会有几百页厚吗？它会不会把整个宇宙中以各种奇怪方式演化而来的 N 多生命实例都编录在册？它会不会只有一页，除了描述地球上的生命之外再无其他内容？

这仍然是最大的科学谜团之一：生命有多稀有？

一方面，我们这种特殊类型的生命看起来就不可能存在。想一想为了能让你在这一时刻的这个地方读这本等着获奖的物理书[1]而必须发生的所有那些不可思议的巧合吧。我们的太阳必须刚好有适当的大小和温度，我们的行星必须在适当的轨道上运行，水必须奇迹般地（可能从深空中的某处通过彗星或冰质小行星飞过天际）降落到这里。在这颗行星上，原子和分子必须形成适当的组合，某一天，必须有雷电击打出生命的第一点星星之火。这一点星星之火有多大的可能发展成燎原之势呢？在这片冷酷无情、怪石嶙峋的大地上，它必须经历多少不可思议的巧合，才能一点一点发展壮大，直到成为我们？至少可以这样说，生命这种错综复杂的机制似乎是不太可能出现的。

但这是针对我们这种具体类型的生命来说的。诚然，有一长串的事件序列必须通力合作以专门制造出人类，但是如果其中一个事件没有发生，也许会有

1　他们会给低级趣味的物理书颁奖的，对吧？

另一个物种或另一种生命形式生活在我们的星球。要论证生命并不普遍存在，就要证明任何其他的事件序列都会导致一个没有生机的星球。但是我们并不知道生命的所有可能形式，我们无法证明这一点。

我们之所以不知道如何精确地估计产生生命的条件，是因为我们只有一个数据样本：我们自己。如果你只见过一次闪电，你要怎样估测它的发生概率呢？也许我们对于地球上的生命就充满了偏见，并因此对生命或许多达数百万种的其他诞生方式视而不见。也许我们自己生命的开始就像一道不太可能发生的闪电，但在整个宇宙中可能到处都有“电源插座”。而我们并不知道！

要记住，就算生命存在的概率极小，我们仍然生活在一个大得无法想象的宇宙中。在庞大到不可思议的宇宙中，存在数不清的星系，每个星系中又有数不清的恒星和行星。我们在宇宙中是否孤独取决于这样两个因素：（1）生命存在的可能性；（2）宇宙的浩瀚无垠。如果第二点打败了第一点，那我们仍然有望找到外星朋友。如果你掷足够多次骰子，那么几乎不可能的事也很有可能会发生。

但有一件事是确定的：真相就在那里（你可以在脑海里播放《X 档案》的背景音乐）。要么其他行星上（现在、过去，或者将来）有生命存在，要么没有。答案是客观的，不管我们是否在这里，不管我们是否问出了这个问题。

任何一个答案都令人兴奋不已，而其中一个就是真相。

好消息是，我们已经对宇宙的大小、构成，以及它的行星数量开始有了切实的了解。在这颗行星的整个生命史中，第一次有人为探索宇宙睁开双眼，将我们的知识领域扩展到了新的极限。

也许，我们在宇宙中是孤独的，而人类是这个广袤宇宙现在和未来所拥有的唯一自我觉醒之光。

也许，宇宙的每一个角落都充满了生命，有几百万种不同的分子排列方式可以产生能自我复制、承载意识和食用眼球的生命，而我们自己只是其中的一种。

答案也可能介于两者之间，生命是罕见的，但又没有那么罕见。也许宇宙的历史长河中只有有限的几个生命站点，由于时空太过深邃，不同星球上的生命永远也不会相互联络或彼此了解。

在任何情况下，我们都不应忘记这一点：生命是存在的，我们就是最好的例证。

第 18 章
一个勉强凑数的结论

终极之谜

这本书终于快结束了。

如果你买了、借了或偷了这本书，是因为你想要找到宇宙重大问题的答案，那你很可能找错了书。[1] 这本书里没有答案，只有问题。

在前面的 17 章中，你知道了我们还有很多需要破解的谜团。我们不知道宇宙的 95% 是由什么构成的，我们对宇宙中的很多东西（比如反物质、宇宙射线、宇宙的速度极限，等等）都不甚了解，这可能会让你感到有一点失望。发现自己被名为暗物质的未知物质围绕、被名为暗能量的东西拉扯，谁都难免如此吧？这足以让准备踏出家门的人心慌。

1　我们知道这个警告提得稍微有点晚。

但同时，我们希望你从本书中学到了最重要的一点：我们应该对我们不知道的这一切感到兴奋。我们还不知道如此多的宇宙基本真相，这意味着前方仍有许多不可思议的发现在等待着我们。谁知道沿着这条道路，我们将会得到什么令人惊奇的见解，开发出什么令人惊叹的科技？人类探索与发现的时代远未终结。

如果你真的把这一点铭记在心，那么你就可以听我们讨论这本书的最后一个谜团了。它来自这样一个被很多人称为“终极之谜”的深刻问题：

宇宙为什么存在？

这个时候提出这个问题可能会让你们中的某些人担忧。毕竟，非常重要的另外一点就是要时刻注意“科学的边界”。在你能提出的所有问题当中，有一些是在科学范围之内的，因为它们的答案是可检验的。而其他问题的答案则无法通过实验来检验，这些问题可能更深刻也更引人入胜，但它们已经脱离了科学的疆域，更适合容身于哲学王国的领土。“宇宙为什么存在？”——这听起来就离归入哲学范畴的那类问题不远。

为什么？因为当你问出这个问题时，你真正想要寻找的是基于某种宇宙基本规律或事实的解释，它要证明宇宙必须存在，并且不可能是任何其他的样子。如果宇宙可以变成另一种模样，那么另一个问题就来了：为什么宇宙是现在这样？

即使你找到了合理的答案，并且发现一些基本规律不能以任何其他方式存在（也就是没有任意参数或随机参数），你还是要面对更多的问题：

基本规律为什么存在？宇宙为什么要遵循这些规律？

如你所见，这些问题即使对于哲学家来说也是非常棘手的，它们的答案显然很可能存在于科学范围之外。

事实上，有可能我们在这本书中解释过的很多谜题都超出了科学探索的范畴。这是否意味着我们永远也无法找到这些问题的答案呢？

可检验宇宙

对于有的问题，我们可能永远也得不到答案，但有的问题也会从哲学领域迁入科学范畴。随着我们遥望宇宙和洞察粒子的技术不断进步，我们可以用科学去检验的事物也在逐渐增多，可检验宇宙的范围也越来越大。

你可能想起了前文中的可观测宇宙。它是指我们实际上可以看到的那部分宇宙，宇宙自诞生以来经过了很长的时间，足够这部分发出的光到达我们这里。除此之外的所有一切对我们来说都是不可见的，因为它们发出的光还没有到达我们这里。

与之类似，可检验宇宙是指我们可以通过科学了解的那部分宇宙。它不只包括了我们视野的外边界（我们能看到的最远的太空），还包括了我们视野的内边界（我们所能看到的最小空间和物质单位）。它包括了我们在最小尺度和最大尺度上所能分辨的精细程度和精确程度的极限，它也包括了我们的理论和理解能力的极限。[1]

就像可观测宇宙一样，可检验宇宙也比完整的宇宙小得多。这就意味着还

1 最后一条有点可怕：如果宇宙有着完美的解释并且可以用一个优美的数学理论来描述，但这超出了我们的理解能力，那我们该怎么办？

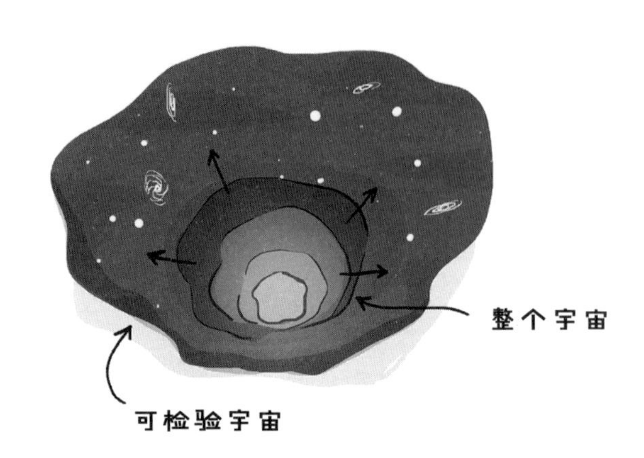

有太多的知识不在我们的掌握之中。但是最激动人心的是，尽管还有很多问题远在科学的疆域之外，但是科学本身也从未停止过成长。

就像可观测宇宙一样，可检验宇宙也在不断膨胀。每当我们开发出新的技术和新的工具，可检验宇宙就又变大了一些。我们理解周围世界和回答宇宙未解之谜的能力每年都在提高。事实上，令人感到惊奇的是，可检验宇宙是在加速增长的。

几百年前，当科学处于萌芽阶段时，可检验宇宙还非常小，而且增长缓慢。在科学探索的最初几十年，我们的科技和我们理解自然并为之建立模型的能力相当有限。

在一百多年以前，因为科技进步给了我们探索周围环境的新工具，所以可检验宇宙开始了快速的增长。如今，我们已经可以回答从前留给哲学家的有关量子物理、宇宙形成和物质本质的问题。

时至今日，可以毫不夸张地说，可检验宇宙正在经历它自身的宇宙暴胀，这是我们从未见过的、超越一切的膨胀。现在，我们可以深入研究宇宙大爆炸，还可以研究宇宙的边缘。我们可以猜测并有希望弄清楚空间是不是无限的，或者它是否弯曲得像一个土豆。我们可以深入观察质子的内部，并把物质加速到光速的 99.999999%。我们甚至已经开始将无人驾驶的宇宙飞船发射到太阳系之外，并让探测器在彗星表面着陆。

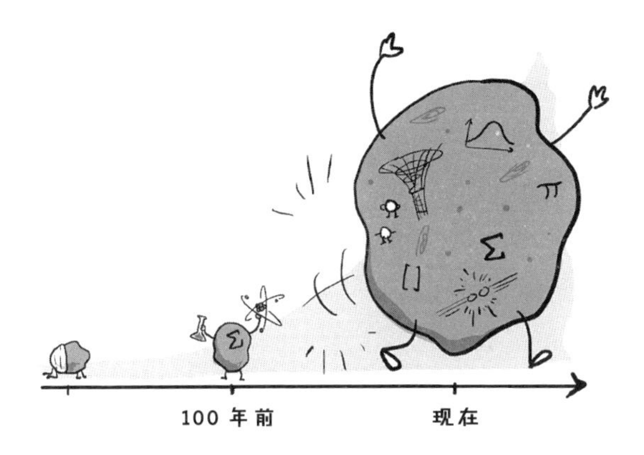

科学进入了青春期

对于如今依然在可检验宇宙之外的问题，以上那些成就又意味着什么呢？我们应当回顾近代的历史，并为我们知识的快速增长而深受鼓舞。今天开发出来的科学工具和技术在未来将继续增加我们所能研究的事物的数量，以及可能拥有可检验答案的问题数量。

是否有一天，我们将有能力回答最深刻的宇宙问题呢？

我们不知道。

但这无疑将是一段激动人心的旅程。

敬请期待我们的续篇
《我们知道了一些》。

致 谢

我们感谢以下诸位提供的宝贵科学见解和验证，他们是 James Bullock、Manoj Kaplinghat、Tim Tait、Jonathan Feng、Michael Cooper、Jeffrey Streets、Kyle Cranmer、Jahred Adelman 和 Flip Tanedo。

我们非常感谢为本书初稿提供反馈意见的读者，他们是 Dan Gross、Max Gross、Carla Wilson、Kim Dittmar、Aviva Whiteson、Katrine Whiteson、Silas Whiteson、Hazel Whiteson、Suelika Chial、Tony Hu、Winston Cham 和 Cecilia Cham。

我们特别要感谢的是我们的编辑 Courtney Young，感谢她对本书的信心和对我们稳步有序的指导，我们也要感谢 Seth Fishman 帮本书找到了归宿。感谢格内特公司（Gernert Company）的团队成员，包括 Rebecca Gardner、Will Roberts、Ellen Goodson 和 Jack Gernert。非常感谢河源图书公司（Riverhead Books）的各位为这本书的制作和发行付出的时间和才智，包括 Kevin Murphy、Katie Freeman、Mary Stone、Jessica Miltenberger、Helen Yentus 和 Linda Korn。

我们还要感谢多年来一直在网上持续关注着我们的各位朋友，是你们激励了我们继续做有趣的事情。

最后，我们还要感谢许许多多的科学家、工程师和研究者，是你们的工作把我们的知识前沿不断向前推进。这本书因你们的思想而存在。

参考文献

第1章&第2章

这里提到的暗物质和暗能量的比例来自普朗克团队（Planck）2013年的测量。更新的测量数据也有，但其中涉及的原理没有本质的变化。

详见网址：https://arxiv.org/abs/1303.5062

星系旋转曲线由薇拉·鲁宾（Vera Rubin）和肯特·福特（Kent Ford）在20世纪六七十年代最早提出。

详见文献：Vera Rubin, W. Kent Ford Jr., Norbert Thonnard. 1980. *The Astrophysical Journal 238: 471–87.*

引力透镜实际上包含两种不同的方法。强引力透镜表现的是单一星系发生强烈形变，而弱引力透镜从统计基础上测量许多星系的微小形变效应。

详见网址：https://arxiv.org/abs/astro-ph/9801158

https://arxiv.org/abs/astro-ph/0307212

这里提到的星系碰撞关乎子弹星系团。人们对碰撞的研究发现，暗物质没有很强的自相互作用。

详见网址：https://arxiv.org/abs/astro-ph/0608407

https://arxiv.org/abs/astro-ph/0309303

关于暗物质的已有知识，以及寻找WIMPs的综述文章网上已有资料。

详见网址：http://arxiv.org/abs/1401.0216

第3章

这些Ia型超新星是由高红移超新星搜索团队（High-Z Supernova Search Team）和超新星宇宙学项目（Supernova Cosmology Project）所找到的。尽管这些超新星没有同样的观测峰值亮度，但是它们有一个可以被校准的特征光变曲线，也就是它们在当地的总亮度随着时间变化的函数曲线。这些超新星可以通过这种方式帮助我们测量距离。

详见网址：https://arxiv.org/abs/astro-ph/9805201

https://arxiv.org/abs/astro-ph/9812133

文献：*Phillips, Mark M. 1993. The Astrophysical Journal* 413, no. 2: L105–108

第 4 章

关于我们当前对粒子的理解，有许多细节可以从粒子数据组（Particle Data Group）的网站找到。

详见网址：http://pdg.lbl.gov

第 5 章

$N=10^{23}$ 时，结合能与羊驼块的能量差不多，这是一个宏观物体内大致的原子数（阿伏伽德罗常数）。

放射性衰变试验可以观察结合能对质量的影响，中子贝塔衰变（neutron beta decay）就是一个例子。一个中子的质量为 939.57 MeV，衰变成一个质子后质量为 938.28 MeV，一个电子的质量为 0.511 Mev，中微子质量可以忽略。于是，消失的质量为 939.57−(938.28+0.511）= 0.78 MeV，质子结合能变低，转变成质子、电子和中微子的动能。一个相反的例子是氧分子（O_2），它的质量比两个氧原子的质量少，因为两个氧原子互相吸引形成氧分子后会释放能量。

本章提到的 0.005 这个数字基于如下事实：每个核子的结合能一般为 1～9 MeV，而核子的质量接近 1000 Mev。

上夸克和下夸克的质量要小于 5 MeV，而质子和核子的质量大约是 1000 MeV，所以核子内的夸克总质量大约占 15/1000 或 1%。

顶夸克的质量约为 170000 MeV，上夸克的质量约为 2.3 MeV，二者的比例大约是 1∶75000。

关于希格斯场如何工作还有它是如何解决了 W 玻色子和 Z 玻色子的质量问题还有更专业的解释

详见网址：http://arxiv.org/abs/0910.5095

https://vimeo.com/41038445

第 6 章

有几种方式可以比较引力和其他力的强度。我们可以比较引力的耦合常数 $\alpha_g = Gm_e^2/\hbar = 1.7518\times10^{-45}$，和电磁力耦合常数（也叫精细结构常数）$1/137 = 7\times10^{-3}$，这个比值是 10^{-42}。

但是物体受到的引力和电磁力还取决于质量和电荷。比如，如果你比较两个质子的引力和电磁力（电荷＝ 1，质量＝ 1000 MeV），会发现：

$F_g = G(m_p m_p/r^2)$

$F_{em} = k_e(q_p q_p/r^2)$

$F_g/F_{em} = G(m_p m_p)/k_e(q_p q_p) = [G(m_p)^2]/[k_e(q_p)^2] = [6.674\times10^{-11}\ Nm^2/kg^2\ (1.67\times10^{-27}\ kg)^2]/[8.99\times10^9\ Nm^2/C^2\ (1.6\times10^{-19}\ C)^2] = 8\times10^{-37}$

结果非常接近 1×10^{-36}。

引力波会以极其微小的效应扭曲空间。由 LIGO 第一个发现的引力波导致的空间变形比例约为 1×10^{-21}。

详见网址：https://arxiv.org/abs/1602.03837

第 7 章

根据 WMAP 卫星 2013 年对宇宙微波背景辐射的测量和对大三角形角度之和的研究，空间平坦度在 0.4% 以内。

详见网址：http://map.gsfc.nasa.gov/universe/uni_shape.html

https://arxiv.org/abs/astro-ph/0004404

第 8 章

关于时间之箭的更多内容，我们推荐肖恩 · 卡罗尔（Sean Carroll）的一本好书：《从永恒到这里》（*From Eternity to Here*）。

第 9 章

太阳中微子流量约为每平方厘米每秒 7×10^{10} 个粒子。这一数据来自克劳斯 · 格鲁彭（Claus Grupen）所著《天体粒子物理学》（Astroparticle Physics）。

关于引力和电磁力之间的差异，详见第 6 章的讨论。

有关量子力学及其时间观的脚注指向不确定性原理，这把能量上的不确定和时间上的不确定联系到了一起。

第 10 章

想更加了解相对论，你可以去看一看《给科学家和工程师的现代物理》（*Modern Physics for Scientists and Engineers*），作者约翰 · R. 泰勒（John R. Taylor）、克里斯 · D. 扎菲拉托斯（Chris D. Zafiratos）、迈克尔 · A. 杜普生（Michael A. Dubson）。

光速是每秒 299792458 米。这是一个非常精确的数字，它现在也被用来定义 1 米的长度。

在研究战斗机的驾驶问题时，人类对重力加速度的忍耐极限已经得到了研究。这一点在夫 · 鲍尔丁（Ulf Balldin）所著的《严酷环境的医学特点》第二卷第 33 章（*Extensive Air Showers Medical Aspects of Harsh Environments,* Volumn 2, chapter 33）中有所体现。

在 3 个重力加速度（$30m/s^2$）的情况下，耗费 1 千万秒（1/3 年）能达到光速。注意，保持这样的加速度需要持续增加的能量。

离开地球最近的恒星有 4.2 光年远，也就是 4.0×10^{16} 米远。

第 11 章

彼得 · 格里德（Peter Grieder）的《大范围的空气簇射》（*Extensive Air Showers*）较为全面地介绍了宇宙射线及其探测机制。

超高能宇宙射线减速是由于它们与产生于宇宙早期的背景光子（宇宙背景辐射光子）相互作用，这被称为 GZK（Greisen-Zatsepin-Kuzmin）效应。

注意，这一章的许多数值都是近似值。高能粒子的流量有很大的不确定性，但是定性不受影响。

第 12 章

CERN 每分钟能制造 1 千万个反质子。

详见文献：*Niels Madsen, 2010. Cold Antihydrogen: A New Frontier in Fundamental Physics, Philosophical Transactions of the Royal Society*

1 克反物质加 1 克普通物质会释放 $2g \times c^2$ 的能量，也就是 $(2 \times 10^{-3}kg)(3\times10^8$ 米/秒$)^2 = 1.8 \times 10^{14} J = 4.3\times10^7kg$

科学家也在寻找反物质构成的星系。

详见网址：http://arxiv.org/abs/0808.1122

CERN 的 ALPHA 实验制造并且分析了反氢。

详见网址：https://home.cern/about/experiments/alpha

第 14 章

根据普朗克（Planck）卫星 2013（2015）年的数据，宇宙的年龄是 136（138）亿年。

1964 年，阿诺・彭齐亚斯（Arno Penzias）和罗伯特・威尔逊（Robert Wilson）偶然发现了宇宙微波背景辐射，这使他们获得了 1978 年的诺贝尔物理学奖。根据 2013 年普朗克卫星的数据，宇宙变得透明的时间是在大爆炸后的 38 万年。

详见网址：https://www.mpg.de/7044245

关于暴胀理论，这里我们用了比较粗糙但具有代表性的数据。暴胀开始于大爆炸之后的 10^{-30} 秒，在很短的一段时间里膨胀了 10^{25} 倍。

第 15 章

银河系内恒星的数量没有确定值，估计在 1 千亿到 1 万亿之间。

详见网址：http://www.huffingtonpost.com/dr-sten-odenwald/number-of-stars-in-the-milky-way_b_4976030.html

可观测宇宙的星系数量也没有确定值，估计在 1 千亿到 2 千亿之间，可能达到 2 万亿。

详见网址：http://www.space.com/25303-how-many-galaxies-are-in-the-universe.html

https://arxiv.org/abs/1607.03909

超团质量大约是太阳质量的 10^{15} 倍。

详见网址：http://arxiv .org/abs/astro-ph/0512234

模拟显示，星系的形成依赖于暗物质的存在。

详见网址：http://arxiv.org/abs/astro-ph/0512234

在任意方向上，可观测的宇宙的大小估计为 142.6 亿秒差距，或者 465 亿光年，也就是 4.40×10^{26} 米。

详见网址：https://arxiv.org/abs/astro-ph/0310571

宇宙中粒子数的估计是非常粗略的，主要来自恒星数目的估计和暗物质与普通物质的比例，因为暗物质的质量是未知的，所以这里有很大的不确定性。

详见网址：http://www.universetoday.com/36302/atoms-in-the-universe/

第 16 章

质子的半径大约是 10^{-16} 米，但是它的定义有一点哲学意味。

LHC 的碰撞能量达到了 10 TeV，也就是 10^{13} eV，对应 10^{-20} 米。

第 17 章

有像地球一样行星的恒星比例的估计来自开普勒卫星数据。

详见网址：http://arxiv.org/abs/1301.0842

陨星公报数据库（Meteoritical Bulletin）当前包含了 177 个被记录为关乎火星起源的陨石。

详见网址：http://www.lpi.usra.edu/meteor/index.php

推荐阅读

《穿越平行宇宙》（*Our Mathematical Universe*），作者马克斯·泰格马克（Max Tegmark），Knopf 出版社 2014 年出版。

《从永恒到这里》（*From Eternity to Here*），作者肖恩·卡罗尔（Sean Carroll），Dutton 出版社 2010 年出版。

《七堂极简物理课》（*Seven Brief Lessons on Physics*），作者卡洛·罗伟利（Carlo Rovelli），Riverhead 出版社 2015 年出版。

译后记

PHD Comics 出书了，还是天文学方面的科普书。这是我最喜欢的网络漫画之一。十多年前，我在美国读研究生的时候首次接触 PHD Comics，作者豪尔赫 · 陈通常会用夸张而生动的漫画描绘理工科研究人员的种种生活趣事和囧事，配以理科生常用的梗作为对话。作为理科博士生，我当然对他们画中所言心有戚戚焉，从一见倾心到现在成为忠粉，我时常感叹创作者敏锐的洞察力和丰富的表现力。2017 年初听到 PHD Comics 要出书的消息时，我非常兴奋地与很多朋友分享，包括同为忠粉的合译者尔欣中博士。不过，当时我们都不知道会有机会翻译此书。

翻译此书有些机缘巧合。因为一直喜爱他们的漫画，所以我对他们的新书很是期待，也很期待自己有机会将此书翻译成中文。之前做过书的翻译，我也大概了解整个翻译流程，知道首先需要国内出版社获得版权。偶然听说此书版权早已被国内某个出版品牌买走，我便准备打听一下。不过，目前出版科普图书的品牌太多，这种消息打听起来如同大海捞针，我也没抱啥希望，只是向之前联系过的几家出版社问了问。结果无心插柳柳成荫，有一家说他们已经购得版权，但是还未找到合适的译者。我听到后喜出望外，很快就和对方签订了译者合约。这个图书品牌就是未读。

接下来，我就约了几位有经验的朋友一起翻译此书。我们在翻译的过程中发现，这本书的可读性非常好，它还保持了 PHD Comics 一贯诙谐幽默的风格，可以说是少有的趣味性和科学性都很好的图书。它不需要你具备高深的数理基础，是一本人人都能读得懂也会爱读的书。在这里，我想说一下翻译此书的另外一个初衷：中国科技已经得到很大发展，然而科技的中心依旧在英语国家中，我们翻译此书，是想在带给大众科学知识的同时，也把有趣的表达方式传递给大众。

在过去的几百年中，尤其是在最近的 100 年，人类在科学领域取得了巨大发展和突破：人类登上了月球、“旅行者一号”探测器飞出了太阳系、哈勃望远镜看到了 100 多亿年前的宇宙图景、引力波被直接探测到……即便如此，在面对大自然和宇宙时，还有无数的谜团让我们困惑：光速为什么有个上限？质量是什么？为什么我们的世界仅仅由三种基本粒子构成？就像此书的书名所言，对 95% 的世界，我们依旧无知，宇宙和自然界还有太多奥秘。不过读者也不必为此感到担心和焦虑，其实正因如此，人类才有了孜孜不倦追求理解自然的乐趣。而本书作者写此书的一个重要目的就是激励年轻读者在未来解决其中的某些问题。

记得诺贝尔奖获得者吉普·索恩教授在一次演讲中说过，“我们对宇宙认识的巨大飞跃开启于 400 年前伽利略将望远镜指向天空的那一刻，而如今，引力波的直接探测又为我们开启了一扇认识宇宙的新窗口，自此之后的400年，我们的认识又会有多大的飞跃呢？”引力波是一扇窗口，而之后或许还会有其他的探测窗口被打开。这些新的窗口注定会为我们带来意想不到的众多发现，解开其中的一些谜团。

本来此书早应该在书店里销售了，可是科学的部分容不得一丝马虎，我们花费了很多时间校对，保证科学翻译的准确性。现在，我们很高兴看到此书的中文版终于要出版了，我们感觉一项任务完成了，一个愿望实现了。最后，我们衷心希望读者能够喜欢这本书。

苟利军
2018 年初冬于北京

译者介绍

苟利军，中国科学院国家天文台研究员，恒星级黑洞及其爆发研究课题组负责人，中国科学院大学教授。

张晓佳，北京大学天体物理学博士，香港大学地球科学系博士后，主要研究方向为早期行星形成与轨道演化。

郝小楠，北京大学学士，英国斯特灵大学硕士，经济学编辑，天文爱好者。

尔欣中，德国波恩大学博士，中国科学院国家天文台和意大利罗马天文台博士后，云南大学中国西南天文研究所副教授，主要研究方向为引力透镜。

一想到还有95%的问题留给人类，我就放心了

[巴拿马] 豪尔赫·陈 [美]丹尼尔·怀特森 著
苟利军 张晓佳 郝小楠 尔欣中 译

图书在版编目（CIP）数据

一想到还有 95% 的问题留给人类，我就放心了 /（巴拿马）豪尔赫·陈，（美）丹尼尔·怀特森著；苟利军等译 . — 北京：北京联合出版公司，2018.12（2024.12 重印）

ISBN 978-7-5502-9507-0

Ⅰ . ①一… Ⅱ . ①豪… ②丹… ③苟… Ⅲ . ①宇宙学—普及读物 Ⅳ . ① P159-49

中国版本图书馆 CIP 数据核字（2018）第 257247 号

We Have No Idea

by Jorge Cham and Daniel Whitson

北京市版权局著作权合同登记号 图字：01-2018-7649 号

选题策划 联合天际
责任编辑 龚 将 夏应鹏
特约编辑 边建强 张 憬
美术编辑 小圆子
封面设计 @broussaille 私制

出 版 北京联合出版公司
北京市西城区德外大街 83 号楼 9 层 100088
发 行 北京联合天畅文化传播有限公司
印 刷 三河市冀华印务有限公司
经 销 新华书店
字 数 236 千字
开 本 710 毫米 × 1000 毫米 1/16 20 印张
版 次 2018 年 12 月第 1 版 2024 年 12 月第 17 次印刷
I S B N 978-7-5502-9507-0
定 价 68.00 元

关注未读好书

客服咨询

本书若有质量问题，请与本公司图书销售中心联系调换
电话：(010) 52435752